工业和信息化部"十四五"规划教材

浮式平台设计原理

主　编　孙丽萍　艾尚茂
副主编　王宏伟　孟　巍　杜君峰

科学出版社
北　京

内 容 简 介

浮式平台是深水资源开发利用的主要工程设施,浮式平台设计是我国向深水海洋工程进军过程中需要掌握的核心技术之一。浮式平台设计原理是研究浮式平台总体方案设计基本理论和方法的一门应用学科。

本书围绕 SEMI、TLP、SPAR 等典型浮式平台总体方案设计的基本理论与设计分析方法展开介绍。首先,结合规范与深海油气开发中的典型平台特点介绍浮式平台的总体尺度及结构规划原则与方法;然后,从设计分析的角度阐述平台的稳性、响应传递函数、气隙等的总体性能分析方法,平台结构总体强度、局部强度与疲劳分析方法,以及浮式平台定位系统设计与分析方法;最后,介绍浮式平台和海床井口连接设施——海洋生产与钻井立管的设计与分析方法。

本书可作为船舶与海洋工程专业及相关专业的高校研究生教材,也可作为从事深海油气田开发、海洋能开发利用、深海养殖等深海应用工程领域的工程技术人员的参考书。

图书在版编目(CIP)数据

浮式平台设计原理 / 孙丽萍,艾尚茂主编. —北京:科学出版社,2024.3
工业和信息化部"十四五"规划教材
ISBN 978-7-03-076236-8

Ⅰ.①浮… Ⅱ.①孙… ②艾… Ⅲ.①海上平台-浮式开采平台-设计-教材 Ⅳ.①TE951

中国国家版本馆 CIP 数据核字(2023)第 158206 号

责任编辑:朱晓颖 张丽花 / 责任校对:王 瑞
责任印制:师艳茹 / 封面设计:迷底书装

科学出版社 出版
北京东黄城根北街 16 号
邮政编码:100717
http://www.sciencep.com

涿州市般润文化传播有限公司 印刷
科学出版社发行 各地新华书店经销
*
2024 年 3 月第 一 版 开本:787×1092 1/16
2024 年 3 月第一次印刷 印张:13 3/4
字数:330 000

定价:98.00 元

(如有印装质量问题,我社负责调换)

前　言

浮式平台是深海油气勘探、资源开发的大型关键设施，是海洋工程高科技的集中体现。设计、建造和安装技术是浮式平台的三个主要关键技术，而其核心内容之一是平台的总体设计，该阶段要确定平台总尺度、结构尺寸、基本特性，为立管系统设计提供依据。本书阐述的深水油气田开发领域中的 SEMI、TLP、SPAR 典型浮式平台的总体方案设计基本理论与设计分析方法，也可推广至海洋能开发利用、深海养殖等深海应用工程领域，为各式各样的深海利用开发装备的设计工作做出理论上的准备和指导。

党的二十大报告指出："发展海洋经济，保护海洋生态环境，加快建设海洋强国。"加快发展深水海洋资源开发装备和技术不仅是国家资源开发的现实需求，也是维护我国领海主权的重要抓手，更是国家综合实力的象征。

深水海洋资源开发装备和技术具有发展快、实践超前于理论的特点，本书编写贯穿了如下指导思想。

(1) 坚持以服务于海洋工程领域的高水平人才培养为宗旨，服务国家"海洋强国"的重大需求。

(2) 注重跟踪国内外相关深海工程新技术的发展趋势，深水浮式平台、系泊定位、立管系统等内容紧跟国际学术前沿和时代发展步伐。

(3) 注重阐述海洋装备设计基本原理、设计流程，并吸收最新研究成果，引领读者面对海洋工程装备研发的难点与挑战。

(4) 凝聚国内外高层次人才的智慧，吸收国内海洋工程领域企业与科研院的研究成果，紧密结合专业方向，注重深海油气资源开发勘探及生产装备的组成、特点及关键系统设计方法与内容的论述。

全书共 6 章。第 1 章介绍深水油气开发中典型平台形式及其特点，第 2 章叙述典型平台的总体尺度规划及结构规划原则与方法，第 3 章阐述平台稳性、响应传递函数、气隙等总体性能的分析方法，第 4 章介绍平台结构总体强度、局部强度与疲劳强度的分析方法，第 5 章介绍定位系统设计与分析方法，第 6 章叙述海洋生产与钻井立管的设计与分析方法。另外，书中部分图片加了二维码链接，读者可以扫描相关的二维码，查看彩色图片。

"浮式平台设计原理"是高等院校船舶与海洋工程类方向研究生的一门重要专业课程，是在"船舶设计原理""船舶原理""船舶与海洋工程结构物强度""造船工艺学""船舶制图"等课程的基础上发展出来的一门工程设计理论课。本书是遵照课程教学基本要求和知识点，吸收兄弟院校、科研院所的相关教材、专著之长，根据作者多年来从事教学实践和深海工程技术研究工作的经验编写而成的。

本书由孙丽萍、艾尚茂主编,具体分工如下:第 1、2 章由孙丽萍、艾尚茂编写,第 3 章由孟巍编写,第 4 章由董岩、艾尚茂编写,第 5 章由王宏伟编写,第 6 章由艾尚茂编写。

中国海洋大学杜君峰、上海外高桥造船有限公司马曙光等对书稿做了详细的审阅并提出了宝贵的意见。闫玉宁、陈博耀、苏佳银、程望健等协助内容录入与绘图工作。作者在此一并表示深切的谢意!

若书中存在疏漏之处,敬请读者不吝指正。

作 者

2023 年 6 月

目　　录

第1章 绪 论

人类开发利用的海洋资源主要有海洋生物资源、海洋化学资源、海底矿产资源、海洋能资源、海洋空间资源和海洋旅游资源等。在这些海洋资源的开发利用中，海洋平台为海上作业和生活提供场所，承载一切设施设备和人员载荷，同时要抵御恶劣的海洋环境，保证作业安全。浅水资源开发一般采用固定式平台，而深水油气田勘探开发活动主要依靠浮式平台。

本章主要介绍在深水油气田开发领域应用广泛的典型浮式平台，阐述各类型平台发展现状，以及在结构、建造与安装方法方面的特点；在初步了解典型浮式平台的基础上，叙述浮式平台设计原理课程内涵与主要内容。

1.1 典型浮式平台及其特点

随着深水油气田勘探日益增多，浮式结构获得了越来越多的应用，其中获得巨大成功应用的典型浮式平台包括张力腿平台(Tension Leg Platform, TLP)、深吃水单立柱式平台(也称为 SPAR 平台，来源于英文 spar 圆筒的含义)、半潜式平台(Semi-Submersible Platform, SEMI)和浮式生产储卸油装置(Floating Production Storage and Offloading，FPSO)等。

1.1.1 张力腿平台

张力腿平台(图 1-1)是干树式采油井所必需的浮式平台之一。平台由上部组块、浮体(包括立柱与浮箱)、张力腿、立管系统(包括顶张力井口立管、外输/输入悬链式立管)和锚固基础构成。浮体的作用是支撑上部组块和立管的重量，提供立管所需的预张力，并保持足够的浮力使张力腿一直处于拉紧状态。张力腿的作用是把浮式平台拉紧固定在海底的锚固基础上，限制平台的竖向位移，使平台运动在环境力作用下处于允许范围内。张力腿的桩基通常采用打桩，以提供张拉时所需的摩擦力。张力腿平台可用于钻井和生产，很多情况下设计为采油生产平台。实践证明它在油气开发方面的技术使用已经很成熟，可应用于大型和小型油气田，水深也可从几百米到 2000m。

世界上在建和在役的张力腿平台的工作原理一致，但是结构形式和应用方式却大不相同，目前典型张力腿平台有四种类型(图 1-2)，除传统式张力腿平台外，其他三种当前都有专利保护，其特点如下。

(1) 传统式张力腿平台由四根立柱和四个连接的浮箱组成，立柱的水线面较大，自由浮动时的稳定性较好。一般在上部组块和主体先安装好后，再将平台整体拖到场地并连接到张力腿上。

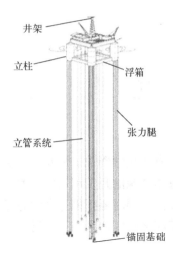

井架
立柱
浮箱
张力腿
立管系统
锚固基础

图 1-1 张力腿平台结构示意图和实物

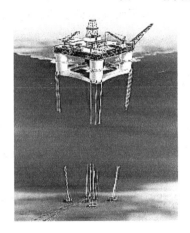

(a)传统式张力腿平台

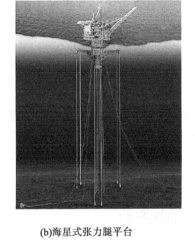

(b)海星式张力腿平台

(c)迷你式张力腿平台

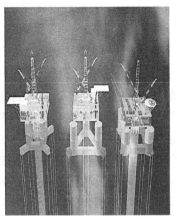

(d)扩展式张力腿平台

图 1-2 典型张力腿平台类型

(2) 海星式张力腿平台由一根立柱和三个延伸连接的张力腿浮箱组成，锚固系统通常由三组张力腿组成，每组张力腿由两到三根连接浮体的筋腱组成。海星式张力腿易于建造，且延伸的立柱臂使得横摇及纵摇周期较小，平台主体和上部组块的安装也都需要吊装船辅助进行。这种平台结构对上部组块重量限制严格(通常不宜过大)，且自由漂浮时稳定性较差，通常只适用于相对小型的油气田开发。

(3) 迷你式张力腿平台底部有一个很大的基座，由延伸的张力腿支撑结构和四根立柱组成。张力腿连接到基座上，浮力主要由基座和支撑结构提供。立柱相比于传统式张力腿要小得多。其主要优点是动力反应性能好，效率高，立柱间距的减小降低波浪的挤压作用、减小甲板主梁的间距，从而减轻甲板重量，可用于小型到大型的油区；主要缺点是立柱的水线面较小，自由浮动时的稳定性受到一定限制。

(4) 扩展式张力腿平台是在传统式张力腿平台的基础上，延长了张力腿支撑结构，使结构的动力性能有大的提高，但自由漂浮时的稳定性受到一定限制。

总而言之，张力腿平台有许多优点，主要表现在：①平台由张力腿固定于海底，运动少，几乎没有竖向移动和转动，整个结构很平稳；②由于平台的竖向移动很小，钻井、完井、修井等作业可以使用"干式采油树"，井口操作简单，且便于维修。从平台上直接钻井和直接在甲板上进行采油操作，降低了采油操作费用；③由于平台的垂向运动较小，能同时具有顶张力立管(Top Tension Riser，TTR)和钢悬链立管(Steel Catenary Riser，SCR)，且简化了钢悬链立管的连接，平台运动的减少相应地对各连接部件的疲劳性能要求降低，这对钢悬链立管的连接起到了很大的帮助作用。工程实际应用的典型张力腿平台基本信息见表1-1。

表 1-1　典型张力腿平台基本信息(按时间顺序)

平台名称	作业方	海域	水深/m	投产年份	张力腿平台类型
Hutton	Conoco Phillips	英国北海	147	1984	传统式
Jolliet	Conoco Phillips	墨西哥湾	536	1989	传统式
Snorre A	Statoil	挪威海	335	1992	传统式
Auger	Shell	墨西哥湾	873	1994	传统式
Heidrun	Statoil	挪威海	345	1995	传统式
Mars	Shell	墨西哥湾	894	1996	传统式
Ram-Powell	Shell	墨西哥湾	981	1997	传统式
Morpeth	Eni	墨西哥湾	518	1998	海星式
Marlin	BP	墨西哥湾	990	1999	传统式
Allegheny	Eni	墨西哥湾	1006	1999	海星式
Ursa	Shell	墨西哥湾	1226	1999	传统式
Typhoon	Chevron	墨西哥湾	639	2001	海星式
Brutus	Shell	墨西哥湾	910	2001	传统式
Prince	Palm Energy	墨西哥湾	454	2001	迷你式
Matterhorn	Total Fina Elf	墨西哥湾	859	2003	海星式
West Seno A	Unocal	印度尼西亚海域	1021	2003	传统式
Marco Polo	Anadarko	墨西哥湾	1310	2004	迷你式
Kizomba A	Exxon Mobil	安哥拉海域	1178	2004	扩展式

续表

平台名称	作业方	海域	水深/m	投产年份	张力腿平台类型
Magnolia	Conoco Phillips	墨西哥湾	1433	2004	扩展式
Kizomba B	Exxon Mobil	安哥拉海域	1178	2005	扩展式
West Seno B	Unocal	印度尼西亚海域	975	2005	传统式
Oveng	Amerada Hess	几内亚海域	271	2007	迷你式
Okume-Ebano	Amerada Hess	几内亚海域	503	2007	迷你式
Shenzi	Billiton Petro	墨西哥湾	1310	2008	迷你式
Malikai	Shell	马来西亚海域	500	2010	传统式

张力腿平台的主要缺点如下。

(1) 对上部组块的重量非常敏感。载重的增加需要排水量的增加，从而会增加张力腿的预张力和尺寸。

(2) 没有储油能力，需用管线外输。

(3) 整个系统刚度较大，对高频波动力比较敏感。

(4) 由于张力腿长度与水深成线性关系，且张力腿的费用较高，因此目前使用的水深一般限制在 2000m 之内。

1.1.2　深吃水单立柱式平台

深吃水单立柱式平台由上部组块、浮体(通常包括具有螺旋侧板的硬舱，以及垂荡板、软舱等)、系泊缆等构成，如图 1-3 所示。立管系统包括顶部张紧式立管及悬链式立管(外输/输入)。浮体的作用是保持足够的浮力以支持上部组块、系泊缆和悬链式立管的重量，并通过底部压载使浮心高于平台重心，形成不倒翁的浮体性能。系泊缆一般由锚链+钢缆/合成锚线+锚链构成，其作用是把浮式平台锚泊在海底的桩基础上，使平台在环境力作用下的运动在允许的范围内。

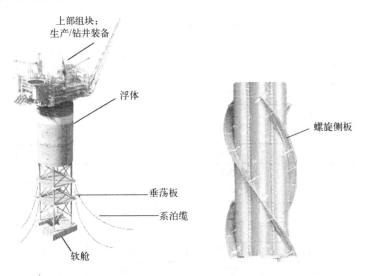

图 1-3　SPAR 平台结构示意图

全球共有二十多座SPAR平台服役,主要分布在美国墨西哥湾,最大作业水深2383m(美国墨西哥湾Perdido平台),典型SPAR平台具体信息见表1-2。我国尚无SPAR平台服役。SPAR平台一般是采油生产平台。目前SPAR平台有传统式、桁架式、多筒式和三柱浮筒式四种类型,其中前三种为单柱式平台,后一种为多柱式平台,如图1-4所示。所有的单柱式平台都有专利保护。

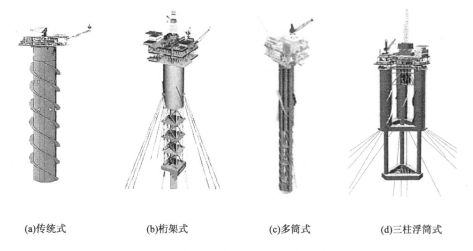

(a)传统式　　　　　(b)桁架式　　　　　(c)多筒式　　　　　(d)三柱浮筒式

图 1-4　典型 SPAR 平台类型

表 1-2　典型 SPAR 平台基本信息汇总(按水深排序)

平台名称	直径/m	长度/m	主体重量/t	设计载重/t	水深/m	吃水/m	海域	投产年份	类型
Neptune	21.9	215	5987	11698	588	198.1	墨西哥湾	1997	传统式
Medusa	28.6	178.6	8890	11700	678	163.4	墨西哥湾	2003	桁架式
Genesis	37.2	214.9	15377	26036	792	198.1	墨西哥湾	1999	传统式
Gunnison	29.9	167	9770	12115	960	152.1	墨西哥湾	2003	桁架式
Front Runner	28.6	179	—	12785	1015	—	墨西哥湾	2004	桁架式
Boomvang	27.4	165.5	7938	10850	1052	150.2	墨西哥湾	2002	桁架式
Nansen	27.4	165.5	7938	10850	1121	150.2	墨西哥湾	2002	桁架式
Atp titan	16	148	—	16273	1219	133	墨西哥湾	2010	三柱浮筒式
Tahiti	39	169.2	26330	21800	1250	152.4	墨西哥湾	2009	桁架式
Aasta Hansteen	50	196	31500	TBD	1300	175	挪威海	2016	桁架式
Tubular Beels	—	—	—	—	1311	—	墨西哥湾	2014	传统式
Holstein	45.5	227.3	23991	21327	1314	—	墨西哥湾	2004	桁架式
Kikeh	32.3	141.7	9770	13426	1330	131	中国南海-马来西亚海域	2007	桁架式
Mad Dog	39	169.1	22236	18934	1347	153.9	墨西哥湾	2005	桁架式
Hoover Diana	37.2	214.9	24040	32505	1463	198.1	墨西哥湾	2000	传统式
Constitution	29.87	168.8	9770	13426	1515	153.6	墨西哥湾	2006	桁架式
Red hawk	19.5	170.7	4264	6532	1615	158.5	墨西哥湾	2004	多筒式
Heidelberg	—	—	—	—	1616	—	墨西哥湾	2016	桁架式

续表

平台名称	直径 /m	长度 /m	主体重量 /t	设计载重/t	水深 /m	吃水 /m	海域	投产年份	类型
Horn Mountain	32.3	169.1	9979	13272	1653	153.9	墨西哥湾	2002	桁架式
Devils Tower	28.65	178.6	7711	10623	1710	163.4	墨西哥湾	2004	桁架式
Lucius	33.5	184.4	20439	19430	2173	167.6	墨西哥湾	2015	桁架式
Perdido	36	170	18250	20573	2383	153.9	墨西哥湾	2010	桁架式

四种典型 SPAR 平台结构特点如下。

(1) 传统式 SPAR 平台主体是一个具有规则外形的大直径、大吃水浮式柱状结构，长度通常在 200m 以上。浮力由上部"硬舱"提供，中部"软舱"起到连接整体的作用，下部固定式压载舱主要起到降低重心的作用。在主体外围通常设有螺旋侧板，用来抑制涡激运动(Vortex Induced Motion，VIM)，提高结构的稳性。

(2) 桁架式 SPAR 平台上部浮力系统和下部压载系统与传统式相似，并且设有垂荡板。中部"软舱"由桁架取代，这样不仅减小了钢结构的重量，同时也减小了水流阻力，对锚固系统的设计提供了帮助。因此，桁架式 SPAR 平台目前已经取代了传统式 SPAR 平台，被广泛使用。

(3) 多筒式 SPAR 平台由几个直径较小(6～7m)的筒体组成一个大的浮筒来支撑上部组块，其主要优点是可以采用制造导管架的制管工艺进行筒体制造，极大地简化了 SPAR 平台的建造，缩短了建造周期。

(4) 三柱浮筒式 SPAR 平台由 3 根立柱支撑上部组块，这种平台就其结构类型而言，更接近于深吃水半潜式平台。

SPAR 平台被广泛用于水深较大的油气田。它的主要优点有：①可支持水上干式采油树，可直接进行井口作业，便于维修，井口立管可由自成一体的浮筒或顶部液压张力设备支撑；②其升沉运动响应和张力腿平台相比要大得多，但与半潜式或浮(船)式平台相比仍然很小。平台的重心通常较低，这样运动幅值相对减小，特别是转动；③对上部组块的敏感性相对较小。通常上部组块的增加会导致浮体主体尺度的增加，但对锚固系统的影响不敏感；④机动性较大，通过调节系泊系统可在一定范围内移动进行钻井，重新定位较容易；⑤对于特别深的水域，造价上比张力腿平台有明显优势。

SPAR 平台的主要缺点表现在：①井口立管和其支撑的疲劳较严重，由于平台的转动和立管的转动可以是反方向的，因此立管系统在底部支撑的疲劳是一个主要控制因素；②立管浮筒及其支撑的疲劳较严重，其设计长期以来也是工程上的一项挑战；③浮体的涡激运动较大，会引起各部分构件的疲劳，如立管浮筒、立管和系泊缆等；④由于主体浮筒结构较长，需要平躺制造，安装和运输使用的许多设备会与主体结构发生接触，造成很多困难，因此建造、运输和安装方案对设计影响大。

1.1.3 半潜式平台

半潜式平台由坐底式平台发展而来，综合了坐底式钻井平台和钻井船的优点，解决了稳定性和深水作业的矛盾,多为综合处理平台。传统半潜式平台通常由平台主体、圆形或者方形立柱和下浮体组成,在下浮体与下浮体、立柱与立柱、立柱与平台之间通常还有一些横撑和斜撑连接。平台本体高出水面一定高度,以避免波浪的冲击,平台上设有钻井机械设备、器材和生活舱室等。下浮体提供主要浮力,沉没于水下以减小波浪的扰动力。平台主体与下浮体之间连接的立柱具有小水线面的剖面,立柱与立柱之间相隔适当距离,以保证平台的稳性,使得整个平台在波浪中的运动响应较小,因而具有较好的深海钻井工作性能。

自 20 世纪 60 年代以来,全球各国相继进入了半潜式海洋平台的建造高峰,大量性能全面优秀的半潜式海洋平台相继出现。多年的发展历程经历了多次半潜式海洋平台的更新换代,表 1-3 总结了每代平台的基本信息。

表 1-3 半潜式平台基本信息汇总(按时间排序)

时间	作业水深/m	特点	典型平台
20 世纪 60 年代	90~180	基于底座式平台发展而来,结构布局还不太合理	Rig No.1、Sedco 135 等
20 世纪 70 年代	180~600	多立柱、双浮体,移动性增强	Sedco 700 等
1980~1984 年	450~1500	结构进一步合理,横撑结构更加安全	Sedco 714 等
1985~1998 年	1000~2000	设备自动化程度更高	Aker H-4.2 等
1998~2005 年	1800~3600	甲板面积更大、自动化程度提高	Ocean Rover 等
2005 年至今	2550~3600	结构进一步优化、自动化设备更高效	Aker H-6、HYSY981 等

目前国外出现的半潜式钻井平台大都具有在水深超过 1500m 水域工作的能力,配备甲板大吊机,采用动力定位系统,结构设计条件高,抗风暴能力强。新一代的半潜式平台趋于大型化和简单化,如图 1-5 所示,平台的主尺度增大,立柱浮体和主甲板间的内部空间增大,物资(水泥、黏土粉、重晶石粉、钻井泥浆、钻井水、饮用水和燃油等)存储能力增强。平台外形结构趋于简化,立柱从早期的八立柱、六立柱、五立柱等发展为六立柱、四立柱,立柱截面形式现多为圆立柱或者圆角方立柱。斜撑数目从 14~20 根大幅降低至 2~4 根横撑,并将最终取消各种形式的撑杆和节点,这些改变降低了节点疲劳破坏风险并减少了建造费用。平台主体结构采用高强度钢,以减轻平台结构自重并降低造价,同时可提高可变载荷与平台自重比,以及排水量和平台自重比。下浮体趋于采用简单的方形截面,平台甲板也为规则的箱形结构。

考虑投资成本、工作水深范围、井口数目、服务年限和工作地域等因素,半潜式平台是很好的选择,其主要技术特点可归结为以下几点:①可适应的水深范围较大,工作水深一般可达 3000m;②由于半潜式平台仅有少数立柱暴露在波浪环境中,抗风暴能力强,船体安全性能良好,能适应较为恶劣的海域;③半潜式平台甲板面积大,钻井等作业安全可靠性较高,具有较大的可变载荷,通过优化设计,其可变载荷与总排水量的比值超过 0.2,甲板可变载荷将达到万吨,因而平台自持能力增强,利于适应更大的工作水深和钻井深度;④半潜式平台的钻机能力强,钻井深度可达 10000m,具有多种作业功能(钻井、生产、起重、铺管等),能应用于多井口海底井和较大范围内卫星井的采油;⑤半潜式平台作为生产平台使用时,可使开发者在钻探出石油之后迅速转入采油,特别适用于深水下储量较小的石油储层。

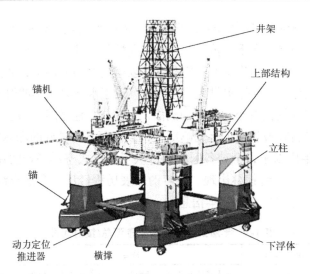

图 1-5　半潜式钻井平台示意图

深吃水半潜式平台是近几年工业界一直在寻求和发展的新概念，它的主要发展目标是改进现有的半潜式平台概念，使其适用于干树式采油方式。其主要手段是通过降低平台的重心以减少平台的垂向运动，使干树式采油系统得以使用。如图 1-6 所示，其概念采用了在传统的半潜式平台底部连接一个具有多个阻尼平板的桁架结构，可以极大地减少平台的竖向位移和运动，使得干树的采用成为可能，同时也可达到上部组块重量不受限制的目的。

深吃水半潜式平台有许多单柱式平台不具备的优点，主要体现在以下几个方面。

(1) 平台不需要大型吊装船来海上安装。

(2) 可以进行岸边安装和连接调试。

(3) 可以采用传统的建造方式，具有更多的建造选择。

(4) 平台的重量比浮筒式结构要小。

"深海一号"是我国自主研发建造的全球首座 10 万吨级深水半潜式生产储油平台。这一最新海洋工程重大装备，被誉为迄今我国相关领域技术集大成之作。"深海一号"能源站尺寸巨大，总重量超过 5 万吨，最大投影面积有两个标准足球场大小；总高度达 120m，相当于 40 层楼高；最大排水量达 11 万吨，相当于 3 艘中型航母。

(a)带垂荡板的干树半潜概念设计

(b)深海一号

图 1-6　深吃水半潜式平台

半潜式平台与自升式钻井平台相比，优点是工作水深大，移动灵活；缺点是投资大，维护费用高，需有一套复杂的水下器具，有效使用率低于自升式钻井平台。

1.1.4　浮式生产储卸油装置

浮式生产储卸油装置(FPSO)是应用范围最广、应用数量最多的浮式生产装备，是集海上油气生产、储存、外输、生活、动力于一体的海洋工程结构物。全球共有 200 多座 FPSO 在役，主要分布在中国海域、巴西海域、西非海域、欧洲北海和东南亚海域，其中最大作业水深为 2896m(美国墨西哥湾 Stones FPSO)。经过 40 多年的实践积累，FPSO 技术已经日臻完善，FPSO 分布在世界各油气生产海域，占浮式装备的半壁江山。基于其经济性、环境适应性、建造灵活性等系列优势，FPSO 在未来油气田开发(特别是超深水油气田开发)中仍发挥着主导作用。

FPSO 系统作为海洋油气开发系统的组成部分，一般与水下采油装置和穿梭油轮组成一套完整的生产系统，是目前海洋工程船舶中的高技术产品，其设计建造技术难度较高。FPSO 系统在 20 世纪八九十年代主要用于海上边际油田或大型油田的早期开采系统中，现在也用于深水油气田的开发中。近年来，随着技术的不断进步，FPSO 系统的作业范围和作业能力都在不断地扩大和提高，已经成为面向不同水深、不同环境条件的海上油气田开发的主流手段。如图 1-7 所示的"海洋石油 119"为 15 万吨级 FPSO，船体总长约 256m，宽约 49m，作业水深可达 420m，采用内转塔式单点系泊系统，串靠尾外输，FPSO 设计寿命 30 年，15 年不进坞，可抵御百年一遇的台风工况。"海洋石油 119"交付后，将服役于南海的流花 16-2 油田群。

图 1-7　海洋石油 119

相较于以传统的固定式采油平台为中心的海上油气田开采模式，FPSO 系统对于边际油田、早期开采系统和深水油气田开发有其独特的优势，近年来得到了大力发展，已经成为海上油气田资源开发的一种主要开采手段。与固定式采油平台模式相比，FPSO 的主要优点有：①投资小、开采风险低；②施工周期短、建造质量有保障；③建造费用对水深和海底地质条件不敏感；④根据不同油气田的开发需要，可灵活调换生产模块；⑤适应范围广、作业水深逐年增大、抗风暴能力增强，当前 FPSO 最大作业水深已经达到 2000m；⑥无须推进动力，可长期系留海上，机动性、运移性和结构稳定性能好，拆迁费用低；⑦工作面宽阔，可在甲板上装卸油，具有大产量的油、气和水生产能力及较强的原油存储能力。

　　FPSO 的主要缺点表现在：①除了油气田作业所需的设备与人员外，需要额外的船用设备和人员，操作费用相对较高；②FPSO 通常不具备钻井能力，需要额外的移动式钻井装置协助其进行钻井和修井任务；③需要采用费用较高的水下采油树和柔性立管；④水线面面积较大，在风浪流作用下的动力响应较大；⑤系统复杂、风险高、安全性要求高。

　　FPSO 的概念可衍生多种浮式平台形式。FSO(Floating Storage and Offloading，浮式储卸油装置)与 FPSO 的不同在于没有生产模块，不能对开采出的油进行处理。FPU(Floating Production Unit，浮式生产装置)和常规船只类似，能够处理从水下井口输送过来的油气，但没有储油功能。LNG-FPSO(Liquefied Natural Gas-Floating Production Storage and Offloading，液化天然气浮式生产储卸装置)是液化天然气生产、储存、卸载装置，开采的天然气由井口平台经单点输送至 LNG-FPSO 上部组块液化处理后，存储进 LNG 液舱内。

　　FDPSO(Floating Drilling Production Storage and Offloading，浮式钻井生产储卸油装置)表示浮式钻井生产储卸油系统的新概念是由瑞士 SBA 公司提出的，即在浮式生产系统的基础上加上钻井功能：浮式生产系统(如 FPSO)+张力腿钻井甲板(张力腿平台)。该装置采用类似张力腿平台的技术用拉索将钻井甲板系于海底，甲板载荷则通过舷外的重块系统平衡，重块位于水下 100m 处，以避免波浪作用和减少摆动。该装置的优点是：几乎没有升沉、纵摇和横摇运动对钻井甲板的影响；没有吃水变化的限制；采油树和防喷器可方便地放在钻井甲板上。

　　FPSO 一般为传统的船型浮式生产系统，而圆筒型 FPSO 具有抵御恶劣海况能力强、适应水深范围大、钢材用量少、经济适用性高等显著优点，代表着国际上 FPSO 技术的最新发展方向。例如，2022 年 11 月我国建造规模最大、智能化程度最高的圆筒型 FPSO——企鹅 FPSO(图 1-8)在青岛完工交付，标志着我国全面掌握了所有船型 FPSO 建造及集成总装技术，对助力我国建设制造强国具有重要意义。

图 1-8　企鹅 FPSO

1.2　浮式平台建造与安装

　　浮式平台是一种大型海洋工程结构，主要由上部组块和浮体组成。半潜式平台与张力腿平台有类似的结构特征，主要由上部组块、立柱和下部浮箱组成；而 SPAR 平台由上部组块和浮体组成，SPAR 平台的浮体结构是由圆柱形硬舱、中间架和下部软舱构成的，其建造方法和程序，以及对建造场地的要求与半潜式平台、张力腿平台有较大区别。由于浮式平台结构和设备系统复杂，因此具有建造浮式平台能力的船厂主要集中在新加坡、韩国和欧洲部分船厂。自"海洋石油 981"在上海外高桥造船有限公司成功建造以来，目前我国国内几个大型船厂都已具备建造浮式平台的能力。

建造浮式平台的关键技术包括结构总体建造技术、上部组块合拢技术、结构焊接技术，其中结构总体建造技术是平台建造技术的基础。平台总体建造方案分为分段建造、分段舾装、总段建造、总段舾装、船坞合拢、坞内舾装、系泊舾装、调试及试航等阶段。结构总体建造方案规划合理，不仅对平台结构顺利建造有利，对保证平台建造质量、合理利用建造资源、缩短建造周期也起着关键作用。浮体结构的合拢是分段建造完成后的结构总组，总组是一个个小的分段组合成一个局部结构的过程。例如，一个立柱可以由三个分段组合而成，在完成一个个分段结构后，将其进行合拢，合拢一般在船坞内进行，也有在船台上进行的，这取决于总体建造方案的先期规划。

平台的主船体分段建造一般按平面板架、立体装配、分段装配的工艺流程进行建造。根据平台的结构情况，甲板区域结构比较复杂，建造精度要求很高，确保该区域分段建造及合拢精度是工艺设计者所要重点解决的问题。

上部组块合拢一般采用龙门吊吊装合拢，由于大部分上部组块悬在空中，上部组块的合拢成为建造中的难点，因此，必须制定出合适的上部组块合拢技术方案。

浮式平台大量地采用了高强度钢(EQ56、EQ47 等)，供货状态属于调制性高强钢，钢材本身的焊接性较差，同时由于化学成分复杂，且强度和低温韧性等性能要求很高，焊接工艺技术难度非常大。要保证焊接接头的强度和韧性满足设计要求，焊接工艺设计人员需要做大量的焊接工艺评定工作，包括手工电弧焊、气体保护焊、埋弧自动焊等多种焊接方法，以及多种焊接位置及接头形式。

1.2.1 深吃水单立柱式平台建造与安装

SPAR 平台是一种大型圆柱形结构，对建造场地、建造工艺以及总装和拖航有特别的要求。SPAR 平台上部组块与固定式平台、张力腿平台及半潜式平台相似，下部浮体建造方案一般是硬舱、中间桁架结构和下部压载软舱分别建造，在滑道上组装合拢，然后通过滑道滑移到运输船，干拖到安装海域。

SPAR 平台上部组块结构一般由有四根支柱的三层甲板结构组成，包括上层甲板、中层生产甲板和底层甲板。上部组块结构建造在船厂场地上完成，建造完成的组块整体滑移装船运输到安装海域，采用吊装或双船浮托法完成上部组块与浮体的合拢。上部组块结构一般采用正造法，先建造底层甲板，然后将分段完成的中层生产甲板进行组装，最后组装上层甲板完成上部组块总体装配。

SPAR 平台硬舱、中间桁架结构和下部压载软舱一般在同一场地建造，在完成分段/总段划分后，需要对建造场地进行合理布置，以保证建造流程按计划执行。硬舱是一个大型圆柱体，需要分几个环段建造，每个圆环段的建造工艺流程基本相同，每段建造完成后，在滑道上组装。图 1-9 给出了 SPAR 平台浮体环段建造流程,桁架 SPAR 平台下部浮体合拢建造流程如图 1-10 所示。

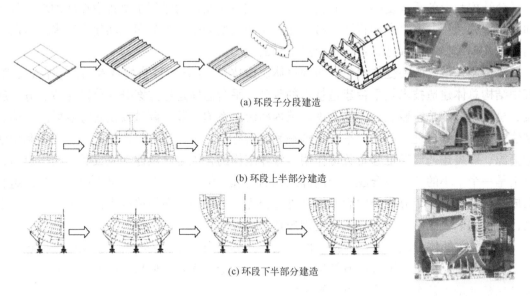

(a) 环段子分段建造

(b) 环段上半部分建造

(c) 环段下半部分建造

图 1-9　SPAR 平台浮体环段建造流程

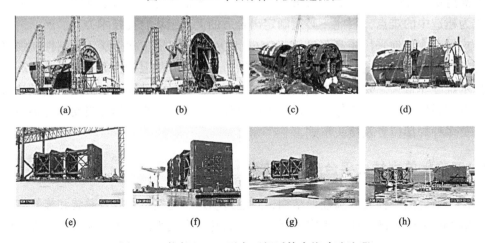

图 1-10　桁架 SPAR 平台下部浮体合拢建造流程

　　桁架通常由圆柱立腿、水平撑杆、斜杆和垂荡板组成,并在垂荡板上装有让立管通过的导向装置,此部分主要涉及板架结构(垂荡板)和传统的导管架结构的建造。软舱为板式钢结构舱室,主要为板架结构,相对比较简单,建造也比较方便。软舱一般在靠近桁架的场地进行预制,以便与导管架进行组装。建造时,主要是先分片预制,然后翻身吊装与桁架对接。

　　SPAR 平台安装程序包括平台主体装船及运输、桩基和锚链/缆的装船及运输、基础的安装和锚固系统预布置、上部组块的装船及运输、平台主体湿拖(或者干拖)与扶正、临时工作台、锚链/缆及安装工作、上部组块的安装等。SPAR 平台安装过程主要为平台装船、运输、湿拖、整体组装、系泊安装等,安装流程如图 1-11 所示。

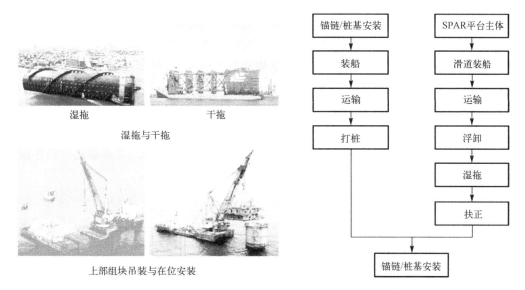

图 1-11　SPAR 平台安装流程

扶正技术是 SPAR 平台安装的关键技术。主体扶正分成两个压载步骤。第一步,对软舱注水。首先向软舱顶部的进水孔注水(如果有阀门的话,需要打开阀门),待软舱进水到一定深度,位于中部的两个设有阀门的进水孔,会进入水中,继而打开此时位于水线面下的这两个阀门,使软舱自动进水,完成初始扶正。第二步,将深水施工船(DCV)压载水输送到 SPAR 平台第一层的硬舱舱室,完成 SPAR 平台的扶正,如图 1-12 所示。

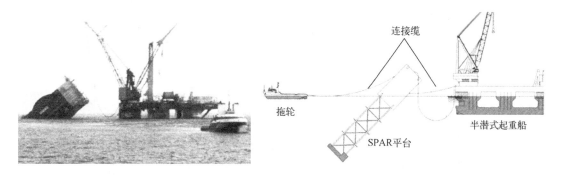

图 1-12　SPAR 平台主体扶正作业

1.2.2　张力腿平台建造与安装

张力腿平台按结构形式分类,除海星式张力腿平台为单立柱结构外,其他三类均为四立柱结构。张力腿平台属于大型海洋工程结构,其建造方法和建造方案要综合考虑自身的结构特点、结构形式、结构内部设备安装的具体位置、现场吊机的起重能力、平板车的运输能力、场地设备条件、制定平台建造的分段/总段及区域划分方案,以及制定分段建造、总段搭载等建造工艺。

张力腿平台壳体按照节点、浮箱、立柱分别建造。张力腿平台一般是 1/4 对称结构,根据其外形可将结构大致分为 8 部分,即 Q1～Q8,具体结构的部位如图 1-13(a)所示。由现场的建造能力、吊装能力及运输能力可知，立柱不能整体建造，需要对 4 个立柱再进行分段建造和施工。现以 Q1 为例，将 Q1 进行分段，Q2、Q3、Q4 的分段方法同 Q1，其中 Q1 主要由 1 个圆柱、两端连接立柱及浮箱结构的节点组成，考虑到现场的吊装及运输能力，需要控制结构的分块重量，例如，将 Q1 分成 12 个分段，其中立柱分为 10 段，为 H1～H10，两端的节点结构分别为 M1 和 M2，如图 1-13(b)所示。张力腿平台浮箱结构是由 4 个分块：Q5、Q6、Q7、Q8 组成的，其中每一分块的结构重量相同。考虑到浮箱结构形式、现场吊装及建造条件，可以将每一块的浮箱结构分为 8 个分块进行建造。节点建造的具体流程如图 1-14 所示。

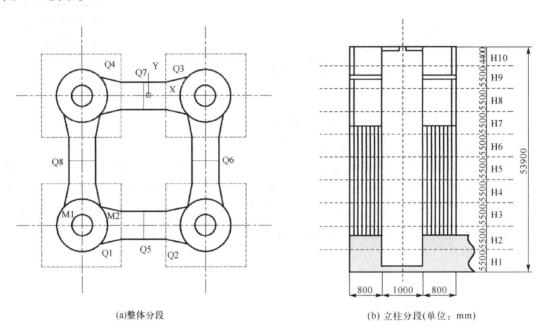

(a)整体分段　　　　　　　　　　　　　　　　(b) 立柱分段(单位：mm)

图 1-13　张力腿平台分段示意图

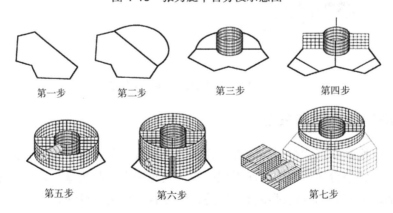

第一步　　　　第二步　　　　第三步　　　　第四步

第五步　　　　第六步　　　　第七步

图 1-14　张力腿平台节点建造流程

　　上部组块与壳体建造完成后，进行总装合拢，张力腿平台主要有两种合拢方法：一种是滑道建造，分为滑道预制、提升滑移、拖拉装船；另一种是船坞建造，包括船坞预制、提升滑移、拖拉出坞。合拢流程如图 1-15 所示。

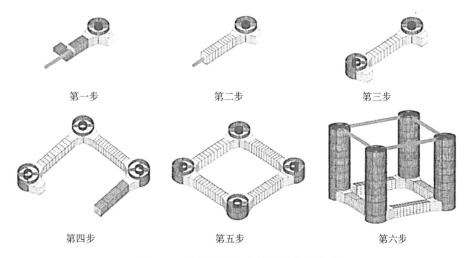

第一步　　　　　　　第二步　　　　　　　第三步

第四步　　　　　　　第五步　　　　　　　第六步

图 1-15　张力腿平台建造分段合拢流程

张力腿平台上部组块和下部船体合拢后，船体下水，直至平台就位，还需要经过两个过程：平台的湿拖和就位。平台的湿拖是指船体下水后，调节压载舱使得平台吃水达到拖航水平，借助拖轮将平台牵引至就位地点，此过程需要满足稳性要求，并对拖航运动进行分析，保证拖航安全。平台的就位是指平台拖航到就位地点后，与已经安装好的张力腿对接的过程。张力腿平台的海上安装过程通常分为四个步骤，即桩基安装、张力腿安装、平台湿拖和平台在位安装，如图 1-16 所示。

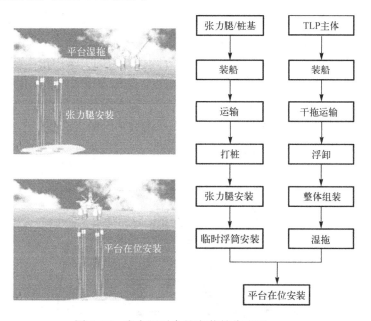

图 1-16　张力腿平台的安装就位流程

1.2.3　半潜式平台建造与安装

浮式平台建造之前先经过平台分段划分阶段，分段建造的目的在于多地同时建造、节省工时，在不使用大型起重设备的情况下，建造好的分段可通过分段吊装合拢的技术完成舾装过程，也就是从下部浮体开始，将浮块、立柱等结构依次连接，上部组块也按照同样的方式一块一块地叠加，此种方案应用简单、安全，但建造进度依赖于起重机的起吊能力。依次进行的焊接工作耗时较多，且必须在平台的全部钻探设备安装后进行配套设备和主要设备的安装调试，延长了平台的建造周期。如图 1-17 所示，上海外高桥造船有限公司建造的半潜钻井平台"海洋石油 981"，在坞内自下而上按顺序逐一完成分段的合拢。

图 1-17 "海洋石油 981"合拢

　　相比之下，能缩短工期的方案为将平台上部组块和下部浮体部分分别建造并调试完成，然后利用某种技术手段将两部分一次性合拢。传统式张力腿平台和半潜式平台有相似之处，均为下部浮体支撑上部组块和立管等设备的重量，主要区别在于浮体结构形式、平台布置、锚泊和定位方式的不同。图 1-18 所示为"维京龙"半潜式平台大合拢，将半潜式平台上下船体分开，在平地上同步建造，然后利用 2 万吨提升力的"泰山吊"将上船体吊起，将下船体移到上船体下方，一次性完成上下船体合拢，这种合拢方式占坞时间只需 10 天，可实现半潜式平台批量化建造。烟台中集来福士海洋工程有限公司自 2008 年 11 月 16 日首次商业吊装以来，"泰山吊"已经完成 10 座深水半潜式平台的大合拢。

图 1-18 "维京龙"半潜式平台大合拢

　　半潜式平台壳体结构一般在船厂建造，根据船厂基础设施可分为船台建造和船坞建造两类建造方式。船台建造是在船台上建造半潜式平台的主体结构，通过滑道下水，上部组块可在船台上安装、在码头安装、在船坞内安装或在较深水域采用浮托法安装。船坞建造是在船坞中建造半潜式平台的主体结构，上部组块可在船坞内安装、在码头安装或在较深水域采用浮托法安装。半潜式平台上部组块与固定式平台和张力腿平台相似，下部浮体建造分为浮筒建造和立柱建造。浮筒和立柱建造完成后，进行总装准备、提升滑移、完成剩余部分合拢，最后拖拉出船坞。半潜式生产平台建造完成后，根据拖航距离决定平台运输方式，图 1-19 为半潜式平台拖航安装示例。若平台距安装地点较远，采用湿拖方式将其拖至适宜装船的海区装船，用半潜船将其干拖至预定海域卸载，再将其湿拖至安装地点。

(a)下船体拖航作业   (b)下潜浮卸作业

图 1-19 "陵水 17-2"平台下船体拖航作业与下潜浮卸作业

1.2.4 浮式生产储卸油装置建造与安装

为了降低成本和节约工期，在具体的 FPSO 施工和建造方面，船体和上部设施一般分成不同的组块独立制造，然后进行整体组装，通过电缆和管线连接成为一个整体。为了保持组块间界面一致和匹配，承接船体和上部组块的合作双方之间有大量的工作界面需要协调。对于采油服务企业来说，FPSO 的建造管理任务主要包括技术方案的落实、组织机构、计划进度管理、预算管理、安全质量管理以及各种协调管理。

FPSO 船体项目建造的实际生产部分涉及的工序、工种众多，各个船厂的实际情况也不尽相同。图 1-20 所示为 FPSO 总装建造的主流程。

建造厂应根据所用的规范及标准、设计要求，以及发证检验机构批准的图纸文件和建造工艺等进行生产设计、编制详细建造程序及工艺。

FPSO 船体建造主要步骤包括以下几点。

(1) 钢材准备。号料前，钢板应进行矫平；型材应检查直线度，超过允许值时应进行矫直。所有准备好的钢材均应妥善保管和运输。

(2) 号料、切割及机械加工。钢材号料及切割边缘的误差应符合所用规范、标准的规定；所有切割产生的深度不超过规定值的缺口应磨平，去除毛刺；所有机械加工后的钢材均应保持原有的力学性能，钢材切割不应改变钢材原有断面的几何形状和尺寸，不允许采用任何可能损伤钢构件局部表面的加工方法(如锤击)。

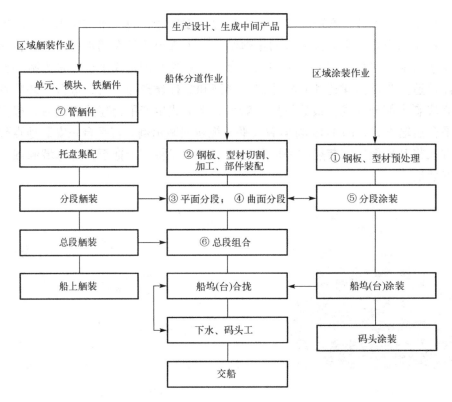

图 1-20　FPSO 总装建造的主流程

(3) 构件组对。在构件组对之前,应检查每个单件是否符合设计图纸和组对工艺的要求。对于未达到要求的构件,不得使用。对于组对过程中被损伤的构件,应予以替换。

(4) 结构总装。在结构总装前,应检查已组对的构件片(组)是否符合设计及总装工艺要求。在总装过程中应满足设计对结构强度及总装工艺的要求。总装场地必须具有足够的支撑能力,其变形不得影响结构强度和建造精度。

上部组块一般为批量建造,应尽量使得各组块施工工艺基本相同。各个上部组块结构相似之处为大都是单层主甲板、局部甲板形式,甲板吨位小且水平度要求高;不同之处为立柱支点数量不一致、甲板覆盖形式不一致等,这些都是影响制定结构施工工艺的因素。在综合考虑这些因素后,求同存异,采用统一的总体施工工艺,并在局部上加以细化,以满足不同的上部组块建造需要。例如,文昌 FPSO 上部组块项目结构施工工艺大致为甲板片反造预制后翻身,水平片整体吊装;而在局部细节上,如水平片吊装前是否安装立柱分段、安装多长的立柱分段等都针对各个组块的不同进行了细化。由于 FPSO 上部组块大部分还是摆放在滑道上,故而在建造后期将其进行牵引至码头前沿,等待吊装。实际上,由于 FPSO 上部组块占用滑道较长,在建造中期往往就因为其他项目的滑道安排问题而需要进行二次牵引。

FPSO 系泊系统的研发建造包括结构制造、旋转系统制造与基础制造。根据 FPSO 作业环境和作业水深的不同,采用的系泊系统也是不一样的。目前世界上所用的系泊系统主要包括塔式(Tower)系泊、浮筒(Buoy)系泊、散射(Spread)系泊和转塔式(Turret)系泊等。例如,水下转塔(Submerge Turret Production，STP)系泊系统主要由 8 部分组成：单点舱内的转塔、浮筒、钢缆/锚链、吸力锚、液压系统、提升系统、应急处理系统、船体单点回接舱。在建造时都是分别建造，然后到目的地进行安装。另外，为了满足安全要求，在单点舱内还需建造消防系统、应急管段系统、通风系统、火气系统、CCTV 及广播系统来保证在舱内工作和检查的安全。

STP 系泊系统单点舱内的转塔、液压系统和提升系统的安装是在船厂船体建造阶段进行的，而吸力锚及钢缆、浮筒、软管和电缆等的安装是在海上进行的。在安装 STP 之前必须完成海底管线和电缆的敷设，只有海底管线和电缆敷设到设计的海床后才能开始该部分的工作。该部分安装主要是指吸力锚的抛放，在抛放吸力锚时需要借助卫星定位系统、浮吊和拖轮,按照设计通过卫星定位系统和拖轮将吸力锚及相连的锚链分别布置到指定位置。只有每一个吸力锚都基本布置到了设计位置后才能保证浮筒的位置，否则将给海上回接工作带来困难。

海上回接单点的安装工作为最后一步，实施该步骤至少需要三艘拖轮和卫星定位系统支持。在 FPSO 拖拉到位前，就需要在 FPSO 的艏艉各连接一艘拖轮用于控制 FPSO 的运动轨迹，同时通过卫星定位系统确认浮筒所在位置，充分考虑风向和潮流，让 FPSO 从浮筒的下游海域缓慢靠近浮筒所在位置，直到 FPSO 的单点回接舱基本处在浮筒上方时，再保持 FPSO 的位置。然后通过提升大绞车、信号线、引缆和提升缆将浮筒慢慢提升到回接舱，直到指示系统显示浮筒已经就位后，启动单点回接舱内的液压锁紧装置将浮筒锁紧在单点回接舱内。最后通过 FPSO 艉部的拖轮拖着 FPSO 做 360° 转动，如果转动顺利，就标志着 FPSO 回接成功，在这之后 FPSO 就会通过浮筒上的旋转轴承围绕浮筒芯轴旋转。

1.3 浮式平台应用模式与选型

浮式平台的选型是确定油气田总体开发方案的关键，它直接影响到油气田开发的安全性、可靠性和经济性。根据相关应用经验及功能适应性情况，目前有张力腿平台、SPAR 平台、半潜式平台、FPSO 这四类浮式平台被广泛应用于深水油气田的开发，但选择何种平台是作业者在油气田开发方案设计阶段最为关注的问题之一。平台选型将直接影响到油气田未来的开发，包括开发所需技术与装备、开发过程中环境保护与安全和总体成本等一系列问题，因此寻求一种正确选择深水浮式平台的迅速有效的方法是十分有意义的。

影响浮式平台选型的因素很多，但归纳起来主要体现在三个方面：一是油气田开发条件和要求(或者油气田开发工程模式要求)；二是各式浮式平台的特点；三是平台功能要求。

1.3.1 深水油气田开发工程模式

深水油气田开发不同于浅水油气田开发，它具有更高的技术风险和经济风险，一般有以下特征：①海洋环境恶劣；②离岸远；③水深增加使平台负荷增大；④平台类型更加多种多样；⑤钻井难度大且费用高；⑥海上施工作业难度大、费用高和风险大；⑦油井产量高。

深水油气田总体开发方案的选择需要考虑的因素有：油气藏规模、油品性质；钻完井方式、井口数量、开采速度、采油方式(干式/湿式)、原油外输(外运)方式；油气田水深、海洋环境、工程地质条件、现有可依托设施情况、离岸距离、施工建造和海上安装能力、地方性法规、公司偏好和经济指标等。综合考虑上述各种因素的同时还要考虑技术上的可行性，最大限度地降低技术和经济上的风险，使得油气田在整个生命周期内都能经济有效地被开发，如取得最大的净现值、最大内部收益率和最短的投资回收期等。

深水油气田开发模式可以根据采油方式的不同分为干式采油、湿式采油和干湿组合式采油三种。干式采油是将采油树置于水面以上的甲板上，井口作业(包括钻井、固井、完井和修井等)均可在甲板进行，井口布置相对集中，平台甲板为了容纳水上采油树的井槽需要足够大的甲板面积，其大小取决于井数和井间距，上部设备只能布置在井区周围，甲板需设置大量的生产管汇和可滑移的钻机(或修井机)，因此甲板面积需求较大。湿式采油是将采油树置于海底或水中，井口作业(包括钻井、固井、完井和修井等)均需要在水下进行，水下井口分散布置，平台需要设置立管、水下防喷器(Blow Out Preventer，BOP)和水下采油树通过的月池，立管和BOP的操作及存放需要较大的甲板，但管汇集成在水下，用钻机(修井机)固定，所以甲板面积相对较小。干湿组合式采油模式是将湿式采油和干式采油联合应用的开发工程模式，如果地质油气藏分布呈集中和分散的双重特征，一般需要采用干湿组合式采油模式。

一般来说，集中的油气田采用丛式开发井方式，分散的油气田可考虑水下井口回接方式，而油气田开发更适合采用水下井口开发方式。可采油气量决定生产设施的规模，小的可采油气量则采用水下设施回接到附近平台上的工程模式，边际油气田可能会采用迷你型低成本的平台开发，大型油气田可能会选择张力腿平台、SPAR平台、半潜式平台+外输管线或FPSO模式开发。

油气田离岸距离的远近影响到总体开发方式，离岸近可考虑采用海底管道外输上岸方式开发，离岸远可考虑利用FPSO或者浮式储油装置(FSU)进行原油储存和外输的全海式开发方式。充分利用海上现有的工程设施是最有经济效益的开发模式，如果有依托条件，应优先考虑依托开发模式。

开发井布置模式(分布式或丛式)将影响开发工程的钻井和工程设施的方案，距离较远的分布式开发井布置可考虑采用水下井口设施开发，井数较多的丛式开发井布置可采用干式采油平台(如张力腿平台或SPAR平台)开发，开发井的数量会影响平台的规模。修井作业频率高时一般采用干式采油树，修井作业频率低时一般采用湿式采油树，干式采油和湿式采油会影响平台的选型和平台设施的配置。

作业人员安全风险随开发模式不同而有所差异，不同的平台形式会因其结构响应和水动力响应的不同而导致安全风险的差别，良好的平台设计应具备适当的完整稳性和破损稳性的冗余度、足够的疲劳强度、性能良好的结构韧性。此外，海上油气田开发的工程模式也涉及很多基础产业，如能源、化工、机电、船舶制造等，这些领域的技术进步和作业人员水平的提高，将使我国海上油气田开发有更多可供选择的工程模式。

依据上述各因素对项目安全、费用和计划上的综合评估结果确定深水油气田开发工程方案。无论选择何种开发工程模式，均必须符合以上油气田开发条件和要求。近半个世纪以来，平台设施与采油方式，结合催生了多种多样的深水油气田开发工程模式，表1-4是基于油气田离岸距离、开发井布置方式和修井作业频率等方面提出的开发工程模式选择指南。典型深水油气田开发工程模式如图 1-21 所示。

表 1-4 深水油气田开发工程模式选择

与岸或其他油气田设施的距离	开发井布置方式	修井作业频率	开发工程模式
近	丛式	低	半潜式平台+水下设施+外输管线
			浅水平台+水下设施+外输管线
			FPSO+水下设施
		高	张力腿平台+外输管线
			SPAR 平台+外输管线
			半潜式平台+迷你式张力腿平台+外输管线
			半潜式平台+水下设施+外输管线
			浅水平台+迷你式张力腿平台+外输管线
			FPSO+迷你式张力腿平台
	分布式	低	半潜式平台+水下设施+外输管线
			浅水平台+水下设施+外输管线
			FPSO+水下设施
		高	半潜式平台+迷你式张力腿平台+外输管线
			浅水平台+迷你式张力腿平台+外输管线
			FPSO+迷你式张力腿平台
远	丛式	低	半潜式平台+水下设施+FSU/DTL(直接油船运输)
			FPSO+水下设施+外输装载系统
			FPSO+水下设施
		高	张力腿平台+FSU/DTL
			SPAR 平台+海上外输装载系统
			半潜式平台+水下设施+FSU/DTL
			FPSO+迷你式张力腿平台
	分布式	低	半潜式平台+水下设施+FSU/DTL
			SPAR 平台+水下设施+外输装载系统
			FPSO+水下设施
		高	SPAR 平台+迷你式张力腿平台+外输装载系统
			FPSO+迷你式张力腿平台

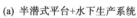

(a) 半潜式平台+水下生产系统

(b) FPSO+水下生产系统+外输管线

图 1-21　典型深水油气田开发工程模式

1.3.2 浮式平台的功能与特点

在深水油气田勘探开发活动中，浮式平台主要从事以下油气田勘探开发作业：①勘探钻井；②测井；③预钻生产井；④早期生产；⑤采油生产；⑥原油储存及外输；⑦修井；
⑧平台设施的检测、维修和维护等。为实现这些钻井、生产和外输等作业功能，浮式平台
一般需要满足以下要求。

(1) 足够的甲板面积、承载能力，以及油和水储存能力。

(2) 在环境载荷作用下具有可接受的运动响应。

(3) 足够的稳性。

(4) 能够抵御极端环境条件的结构强度。

(5) 具有抵御疲劳损伤的结构自振周期。

(6) 有时需要适应平台多功能的组合。

(7) 可运输和安装。

上述要求有些是互相矛盾的，例如，稳性优异的平台可能导致过大波浪运动。没有哪
种平台能够提供上述所有要求的最优功能，每个油气田开发项目都需要根据油气田的具体
情况，从各种类型的浮式结构中筛选出较为优化的平台类型。表 1-5 给出各类浮式平台的
特点，供选择平台类型时参考。

表 1-5 各类浮式平台特点

平台类型	TLP	SPAR	FPSO	SEMI
采油树类型	干式，可回接湿式	干式，可回接湿式	湿式	湿式
钻修井能力	有(受限)	有(可偏移钻井)	无	有
井口数量	多	受限	多	多
甲板布置	较易	较难	易	较易
上部重量	受限(敏感)	中等	高	中等
储油能力	无	有/无	有	无
外输形式	管线	管线	油轮	管线
早期生产	不可以	不可以	可以	可以
适应水深范围/m	500~2000	500~3000	20~3000	30~3000
运动性能	稳定	比较好	中等	中等
可迁移性	困难	中等	容易	容易
立管形式	TTR/SCR	TTR/SCR	柔性管/SCR	柔性管/SCR
定位方式	张力腿(面积小)	锚泊(面积大)	锚泊(面积大)	锚泊(面积大)

从平台功能来看，FPSO 与其他几种平台相比存在明显的差别：FPSO 具有原油储存及
外输功能，但其他类型浮式平台一般不具备(或不设置)原油储存功能；FPSO 一般不具备(或
不设置)钻井/修井功能，而其他几种浮式平台一般均设置钻井/修井功能。

由于 FPSO 与其他平台功能上的差异，平台的结构形态和系统配置均有所不同。FPSO
一般为船型结构，而其他浮式平台一般为非船型结构。在平台系统配置和构成方面，FPSO
平台系统一般包括 4 个主要部分：具备储油功能的船体、定位系统(单点/多点系泊或动力

定位系统)、原油输入和输出立管系统以及上部生产处理设施系统;而其他浮式平台系统一般包括 6 个主要部分:船体及甲板结构、定位系统、原油输入和输出立管系统、上部生产处理设施系统、钻井/修井/生产钢质立管、钻井/修井机系统。

1.3.3 浮式平台选型原则

由于浮式平台的选择是复杂的、系统的过程,因此需要众多专业团队的参与,包括油气藏、钻井、工程、安全、经济等方面,选择时需要考虑众多实际影响因素,这就给选择的工作带来了巨大的挑战。为深水油气田开发选择技术可行、经济可靠的平台,需要综合考虑影响浮式平台的主要因素,并最终形成一种基于经验的选择方法。

深水油气田开发平台的选择关系到整个油气田开发方案的选择,同时,通过对各类浮式平台的类型和特点分析可知,深水浮式平台的选择受多种因素的影响。下面将根据影响平台选择的权重大小(由大到小)进行逐一分析。

1. 油气藏特性

油气藏特性决定了井位的分布和井口的数目,是影响浮式平台选择的关键因素。井位的分布形式主要有 3 种:丛式井、分散井以及两者的结合。通常,井位的分布形式决定了井口的类型,即确定了大致开发方案:丛式井采用干式井口方案,分散井采用湿式井口方案。各类平台所能支持的最多井口数目有较大差别,井口的数目可进一步确定所选用的平台类型或数量。

2. 油气藏规模及油气田产能

油气藏规模及油气田产能决定了油气田的寿命及最大日产量。张力腿平台和 SPAR 平台通常用于寿命较长的油气田开发,FPSO 和半潜式平台可应用于任何寿命的油气田开发。

3. 油气田环境条件

油气田环境条件主要包括油气田水深和油气田所处的海域环境。水深主要对张力腿平台的应用有限制,目前其最大应用水深为 1425m。在超深水中,张力腿平台的使用受到限制,一方面,张力筋的成本急剧增加使得平台整体经济性变差;另一方面,平台的自身频率增加易与波浪形成共振,安全可靠性变差。各类平台对环境的适应性不同,半潜式平台、SPAR 平台、张力腿平台抵抗恶劣环境的能力较强,FPSO 较弱。

4. 立管的选择

立管选择与平台选择是一个相互迭代的过程,两者的选择均需考虑对方的适应性。立管的选择需要考虑土壤条件、海洋环境条件、油气田开发所需的立管最多数量、立管与平台之间的接触、油气田开发所用脐带缆的悬挂、立管的制造运输安装、立管的维修、立管经济性等多方面因素。

5. 当地政策法规及政治因素

当地政策法规及政治因素主要包括是否允许此类平台进行作业、油气田开发所需设备是否需由当地制造、国与国之间的外交关系是否影响原油的外输等。

6. 经济性

经济性的考虑应该放眼于整个油气田的开发,包括建设成本、钻井成本、操作维护成本,不应仅仅考虑平台的制造安装成本。通常,典型深水油气田开发钻完井和平台设备投资约占整体项目投资的 60%。

7. 油气田作业者

不同的油气田作业者对各类平台的操作经验不同。通常,在各方条件基本相同时,甚至在保证技术可靠性的前提下,即使经济性相对较差,作业者依然会在方案设计时首先选择自己操作经验较丰富的平台,这样可降低操作风险性。此外,浮式平台的选择还应考虑操作方钻完井策略、油气田周围的基础设施、水下生产设施的布局、油气田未来开发计划等因素的影响。

综上所述,浮式平台选择应遵循的基本原则为:有利于钻修井操作、建设成本与钻井成本最小化、尽量减少海上施工、尽量缩短建设工期、整个系统的灵活性高。从上述的平台选型原则可以看出以下两点。

(1) 张力腿平台比较适合油气藏集中的大型油气田开发,但适用水深是制约其广泛应用的瓶颈;SPAR 平台处理能力有限。这两类平台均适用于环境较恶劣的海域,对建造安装场地要求较高。半潜式平台和 FPSO 可应用于油气藏较分散的各类油气田,理论上不受水深的限制,但 FPSO 对作业环境要求相对更高。

(2) 浮式平台的选择是一个十分复杂、不断迭代的过程,选择时首先根据油气藏特性决定浮式平台的类型(干式或湿式或两者结合),然后根据油气藏的规模和环境条件进一步确定平台的类型及数量,选择过程中还要综合考虑所选承包商立管的设计、制造、安装能力以及其他影响因素。

1.4　浮式平台设计原理概述

"浮式平台设计原理"是在"船舶设计原理""船舶原理""船舶与海洋工程结构物强度""造船工艺学""船舶制图"等船舶与海洋工程类课程的基础上发展起来的一门工程设计理论课程。本书主要以深水油气田开发中的典型浮式平台为研究对象,其理论与方法也可推广至其他海洋工程应用领域,为海洋能开发利用、深海养殖等浮式平台系统设计做出理论上的准备和指导。

设计、建造和安装技术是浮式平台三个主要关键技术,而浮式平台设计核心内容之一是平台的总体设计,该阶段要确定平台总尺度、结构尺寸、基本特性以及建造和安装的投资估算,并为立管与海管系统设计提供依据。因此,"浮式平台设计原理"课程主要研究浮式平台总体方案设计基本理论与设计分析方法。本书主要从浮式平台设计要求角度出发，综合应用船舶与海洋工程专业各专业课的知识，讲授半潜式平台、张力腿平台、SPAR 平台的总体方案相关设计分析方法；考虑到传统 FPSO 与船舶设计原理存在很大相同之处，鉴于篇幅限制，本书将不涉及此部分内容。

1. 浮式平台设计指导原则

浮式平台设计指导原则如下：
(1) 满足设施功能、安全和环境保护的要求；
(2) 满足法律法规、标准规范和业主指南、规格书的要求；
(3) 满足建设的经济性要求；
(4) 设备、材料、系统的设计具有一定的标准化，满足操作、维修、培训的需要；
(5) 满足生产操作及可靠性的要求。

与任何一个复杂的工程构造物一样，平台设计过程是一个多次反复、逐步深入的过程，这个过程有如螺旋状的深化发展。根据这一规律，浮式平台的设计工作将遵循如图 1-22 所示的"设计螺旋"，其中表明了所有涉及从基本功能需求到详细设计分析的工作内容。

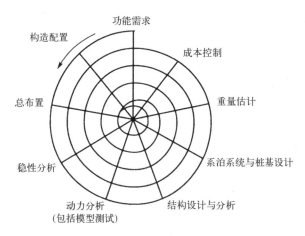

图 1-22　浮式平台的"设计螺旋"

2. 浮式平台设计的基本条件与要求

浮式平台设计是基于油气田开发的基础数据进行的，如油气田规模、年产量、日产量、设备处理能力等，此外环境参数和场地低质参数也是平台设计所必需的基础参数。

典型的张力腿平台、深吃水单立柱式平台和半潜式平台设计所需要的基础条件和设计要求一般包括以下几点：
(1) 水文气象、工程地质等基础数据的环境条件；
(2) 油气产量、处理规模、自持能力等生产设施的能力要求；
(3) 平台形式的选择要求；
(4) 顶部张紧式立管、悬链式立管、脐带管等的平台外输要求；

(5) 平台上部组块总体形式和下部船体结构形式要求;

(6) 浮式平台定位形式要求;

(7) 浮式平台的基础形式要求;

(8) 浮式平台的制造、运输和安装方式等要求。

3. 浮式平台设计分析内容

浮式平台是一个复杂的结构和设备系统,总体方案设计要依据油气田基本参数(以此设计立管、海管)、海洋环境参数和工程地质条件,考虑多种工况,在这个过程中要涉及总体尺寸的确定、立管系统设计、压载系统设计、系泊系统设计以及结构重量、主辅设备的重量估算等。

浮式平台总体尺度规划相关关键步骤涉及船型总尺度确定、系泊系统总体设计、立管系统总体设计、压载系统设计与舱室布置、重量估算与控制、总体性能估算和成本估算。在完成浮式平台总体规划设计后,其功能和性能是否满足设计要求,需要通过数值分析及水池模型试验进行验证,并根据验证结果对平台的设计进行优化。

浮式平台的总体性能分析包括运动性能分析和稳性分析,另外还要考虑平台在极端工况的气隙和波浪砰击、爬升、上浪等问题。平台性能分析应当考虑平台拖航、安装和在位等工况,同时还要考虑操作和生存等环境条件。环境条件和各种工况构成的分析工况应涵盖平台的所有状态。浮式平台的水池模型试验是验证平台性能的有效手段,只有通过数值模拟和水池试验相互参验,才能充分了解和认识平台的总体性能,对设计的合理性有准确的判断。平台水池模型试验采用一定的缩尺比试验模型,试验可以考虑平台的主要工况,试验所获得的结果根据相似原理,可以还原成实际尺度平台的性能试验结果,与数值模拟结果进行对比,以验证数值模拟的合理性。目前国内已形成浮式平台的水池模型试验技术,可为该种试验提供支持。

浮式平台是一种大型海洋工程结构,其结构和疲劳强度关系到平台系统的安全,因此在完成平台结构设计后必须对平台的结构和疲劳强度进行分析评估。浮式平台结构复杂,存在许多关键节点,局部强度的分析必须考虑到平台所有可能出现应力集中的局部结构,通过分析检查平台结构应力分布情况,合理设计各个局部结构,使平台结构应力分析均匀合理。

用于海洋资源开发的各种浮式结构必须由定位系统来约束控制其海上位置,才能保证在设计海洋环境下的正常作业和恶劣海况下的生存安全。浮式结构定位系统的设计是一个复杂的系统过程。平台功能、结构类型和尺寸不同,作业海域环境不同,定位系统的设计和效果也截然不同。

此外,不管海洋油气田开发采用何种浮式平台,都需要使用管道/生产管线和立管,海洋管道把海上油气田的整个生产密切地联系起来,它们是现代海洋工程结构系统的重要组成部分。海洋立管同时也是海洋管道系统中薄弱易损的构件之一,内部一般有高温高压的油或气流通过,外部承受波浪、海流等载荷的作用,偶尔还会受到海冰、地震、海啸等偶然因素的影响。在内部流体和外部载荷的共同作用下,立管可能会发生碰撞、疲劳破坏、断裂和腐蚀失效等,轻则停产,重则引起破损、油气泄漏,导致火灾和爆炸事故,不仅工程本身遭受损失,而且可能造成严重的次生灾害。因此,立管设计的好坏直接影响到油气田开发的成本与利润以及环境安全。

练　习　题

1. 总结 SEMI、SPAR、TLP、FPSO 的结构特点,并分析其优缺点。

2. 简述浮式平台选型的原则。

3. 浮式平台一般需要满足哪些功能要求?

4. 浮式平台设计分析的主要内容包括哪些方面?

5. 查阅文献,总结平台上部组块与下部浮体的合拢方式。

6. 分析造船厂具备建造浮式平台能力所需的场地与设备条件。

7. 结合我国自主研发建造的全球首座 10 万吨级深水半潜式生产储油平台——“深海一号”能源站,理解浮式平台建造安装过程。

8. 对比分析船舶与浮式平台在建造方式上的异同。

第 2 章 浮式平台总体方案设计

浮式平台设计技术核心内容之一是总体方案设计，方案设计主要是指平台的总体尺度规划和结构规划。总体尺度规划是初始设计的一个重要组成部分，其目的是在设计之初对平台主体尺度进行估计。这种规划并不是给出精确的设计结果，而是得到一套概念合理的平台尺度数据作为细化设计的初始模型，从而为系泊系统、立管系统等子系统设计以及稳性、水动力、结构强度等设计分析工作提供一个比较合理的基础。

一般在方案设计阶段，选择平台主尺度和结构形式时常用"母型设计"方法。母型设计也称为仿型设计，即仿照母型平台设计，它是选择一个或几个已建成并使用成功的平台作为母型进行设计。要设计的平台应与母型平台的使用技术条件和海洋环境条件等相近。这是一种根据母型平台的使用经验和设计人员的设计经验进行的仿型换算设计，只要母型选择得当，这种方法就可减少设计工作量，取得较好的效果。设计时要对母型平台的性能、结构、材料、设备和使用效果做详细了解，以便在借鉴与继承的基础上做出创新，提高设计质量。

本章首先总结归纳出浮式平台设计基础资料与常用平台设计规范，以此为基础详细叙述浮式平台上部组块布置原则，以及半潜式平台、张力腿平台和深吃水单立柱式平台的总体尺度规划原则与方法，最后基于规范阐述浮式平台的结构规划方法。

2.1 设计基础要求与规范

2.1.1 设计基础资料

在浮式平台设计之前，需要为设计提供必要的基础资料作为依据，基础资料包括如下方面。

1. 总体要求

为了选择平台具体形式和指导设计方向，应首先确定以下因素。

(1) 油气田类型。

(2) 平台入级的要求。浮式平台一般有入级的要求，中国船级社、美国船级社(American Bureau of Shipping，ABS)、挪威船级社(Det Norske Veritas，DNV)等船级社可以进行入级审核工作。

(3) 平台设计寿命。浮式平台应按其操作年限进行设计，操作年限一般为 20 年(或按业主要求)。浮式平台按不同的操作方式所持续的时间，一般按表 2-1 假设。

表 2-1　浮式平台操作持续时间

操作方式	持续时间
用移动式钻井船进行偏移钻井，平台钻机处于待命状态且无操作重量	1 年
单井完井作业	2 年
正常操作+完井(修井)作业	10 年
正常操作，且无完井(修井)作业	10 年

(4) 产量预计。产量预计应确定产油量、注水量、产气量等指标。

(5) 立管和脐带管。关于立管和脐带管，需确定的主要因素和布置要求包括：在不同阶段安装和运行立管的时间；顶部张紧式立管、悬链式立管和悬链式脐带管等种类要求；方向、中心定位距离和角度等方位要求；管线根数和顶部张紧式立管井槽数；立管直径要求。

(6) 平台位置。平台位置包括平台的坐标系统、坐标位置、平台方位、平台的基准水深和设计水深。

(7) 平台的总体布置。关于平台的总体布置，需确定的主要因素和布置要求有：油气立管与平台相连的方位、预留管线与平台相连的方位、火炬臂的位置、吊机的位置和覆盖范围；供应船靠泊与紧急逃生平台一般位于同侧、主登船平台方位、带缆装置布置在吊机覆盖范围；生活楼位置和直升机平台布置；进行偏移钻井操作时，浮式平台总体布置尽可能满足移动式钻井船(MODU)可以从各个方向靠近和系泊的要求；由于安装作业时需设置起吊平台，要尽量避免起吊两侧的卸货区、走道和其他附属构件与吊臂碰撞；甲板面积、生活楼定员等。

(8) 安装作业的要求。制定平台设计方案时应充分考虑安装作业的要求和施工能力的限制。安装作业包括浮式平台各组成部分的装船、运输、海上安装。浮式平台各组成部分主要包括平台上部组块、下部船体、系泊缆或张力腿、基础结构、立管和脐带管等。对于半潜式平台和张力腿平台，可以在陆地建造时将上部组块与船体进行连接。进行上述安装作业时，要考虑诸如施工机具能力、场地承载能力、运输船舶能力、起重船吊装能力、铺管船能力等，而且这些能力对浮式平台设计方案的影响很大。

(9) 初始重量的确定。初始重量的确定用于指导浮式平台总体性能设计和总体方案选择，这是区别于固定式平台设计的一个主要特征。具体需确定重量的部分主要包括：上部设施、组块结构、生活楼、钻修机、船体结构和舾装、最大压载调节量、柔性管线、顶部张紧式立管、悬链式立管及系泊系统。上述确定的重量至少包括操作和极端两种环境条件下的数值。

2. 设计环境条件要求

设计环境条件应包括油气田地理位置、水深、潮位、风浪流极值、地震设计参数等常规设计参数，具体包括如下方面。

(1) 重现期。重现期包括操作条件重现期、极端条件重现期。

(2) 水深和潮位。水深零点标高以平均海平面或海图基准面为准，潮位包括最高天文潮、最低天文潮、极端高水位和极端低水位等。

(3) 风。在位分析需要油气田海域不同重现期条件下、不同持续时长的相对于海平面10m 标高处的风速,以及风在各方向上的概率分布,用于风谱条件下的疲劳分析;不同重现期条件下、不同持续时长的相对于海平面 10m 标高处的建造场地风速,用于涡激振动分析;拖航路径的风速和风谱统计用于拖航风载条件下的疲劳分析和涡激振动分析。

(4) 波浪。波浪条件参数包括不同重现期条件下的有效波高(H_s)和伴随周期(T_s),以及它们与跨零波高(H_z)、峰值波高(H_p)与最大波高(H_m)之间的比例因子;而波浪方向联合分布数据主要用于波谱疲劳分析。

(5) 流。要求明确不同重现期条件下不同水深的流速和方向。

(6) 海生物。要求明确不同水深下的海生物的厚度和比重。

(7) 腐蚀条件。要求明确不同腐蚀区的腐蚀余量和电流密度。

(8) 安装海况。安装海况包括安装作业海域气候窗下的风、浪、流等海洋环境条件。

(9) 地震数据。油气田海域的地震数据包括不同重现期条件下的地震加速度与地震谱。

(10) 土壤资料。一般要求明确的内容包括:表层土壤承载能力,各层土壤参数,不同桩径的侧向土抗力-位移(P-Y)曲线、桩轴向剪力-位移(T-Z)曲线、桩端承载力-位移(Q-Z)曲线,不同桩径的承载力曲线,海底冲刷情况。

(11) 温度、湿度、降雨量。

3. 生产设施要求

浮式平台生产设施的设计能力,包括原油、生产水及天然气等的年处理能力。平台一般分为上层甲板和下层甲板,设有平台钻机、钻井辅助设施、原油生产设施、原油计量设施、电热站海水及污水处理设施等公用系统设施,直升机甲板一般位于生活楼顶部。因采用湿式井口,所以半潜式平台一般不设钻修机。在设计基础中要详细描述各个系统的设备组成和技术参数。

4. 总体性能要求

平台从安装、操作到拆除的每个阶段都要进行总体响应分析。总体响应分析确定平台的总体运动和响应,并为平台结构提供设计载荷和工况。

1) 设计准则

考虑立管初始设计要求,在保证系泊完好和没有偏移钻井状态下,浮式平台的设计应满足下述总体性能要求。

(1) 张力腿平台一般要分析百年一遇和一年一遇环境条件下的最大偏移、最大纵摇角度和最大下沉量等,并满足张力腿、立管系统和平台操作等限制条件。

(2) 深水单立柱式平台和半潜式平台一般要分析百年一遇和一年一遇环境条件下的最大纵摇角度和最大垂荡等,并满足立管系统和平台操作等限制条件。

2) 载荷工况

载荷工况按照时间顺序进行编组,如施工阶段、正常生产阶段和未来生产阶段。浮式平台的总体性能分析和结构设计所需考虑的载荷工况见表 2-2。

表 2-2　浮式平台的总体性能分析和结构设计所需考虑的载荷工况

阶段	工况	环境	上部有效载荷	许用应力放大倍数
建造	浮体装船	无	—	1.00
运输和安装	干拖	十年一遇风暴	—	1.33
	浮托下水	SPAR：不超越环境条件的 90%	—	1.00
	湿拖	一年一遇风暴或安装海况	—	1.00
	扶正(仅 SPAR)	无	—	1.00
	上部组块安装 (仅 SPAR)	无	吊装	1.00
在位操作	操作	一年一遇风暴	最大	1.00
	极端	百年一遇风暴	最大	1.33
在位完整	极端	最大的波浪对应的百年一遇风暴	风暴	1.33
	极端	最大的风对应的百年一遇风暴	风暴	1.33
	极端	百年一遇海流	最大	1.33
在位破损	一根锚链破损或 一根张力腿充水	百年一遇风暴(最大的风或波浪)	风暴	1.33
	一根锚链破损或 一根张力腿充水	百年一遇海流	最大	1.33
	单舱进水	十年一遇风暴(最大的波浪)	风暴	1.33
偏移钻井	操作	一年一遇风暴	最大	1.00
	待机	十年一遇风暴	最大	1.33
	生存	百年一遇风暴	最大	1.33

该载荷工况列表中包括有一根锚链破损或一根张力腿充水的工况,应考虑足以包括最不利的载荷和(或)相应的若干种环境角度。

平台的总体性能设计工况应包括几种悬挂立管工况,即平台刚建成后的最少立管数量工况、最多立管数量工况、立管不平衡工况。在锚链设计中必须考虑非对称的立管悬挂布置对锚链载荷产生的影响。非对称的立管悬挂布置要求船体压载呈非对称性分布以保证船体不倾斜。在项目的不同时期,立管悬挂的布置可以变化,压载和系泊系统应在设计基础要求的范围内做出相应的调整。对于在位性能,总体分析设计中应考虑下面所列的立管悬挂不平衡工况,如表 2-3 所示,表中所有工况都需要进行立管载荷不平衡计算。

表 2-3　立管悬挂不平衡工况表

工况	定义	描述
1	无悬挂立管	无悬挂立管
2	只有外输立管	只有外输立管
3	所有	外输立管加所有管线

3) 气隙

在完整工况下,至少要保证 1.5m 高的气隙。气隙可依据下列公式计算得出:

气隙 = 静水甲板间隙 - 最大相对竖向运动 - 由于水平偏移产生的竖向下沉量
　　　 - 波峰放大系数 × 无扰动设计波峰高度

静水甲板间隙为静水面与上部组块结构底面间的距离。气隙可由水池试验结果或计算分析方法确定，一般应考虑波浪的增强、平台的下沉和不同运动的相位及波浪表面高程。同时，还应考虑平台的风浪流响应(包括低频运动)的影响。

4) 船体干舷

船体和其他受影响的系统(包括顶部张紧式立管)一般按照表 2-4 的干舷工况进行设计。

表 2-4　干舷载荷工况表

工况	干舷(举例)	操作误差
一般操作	15m	±0.6m
偏移钻井	12m	±0.3m
飓风撤离	15m	无
上部设施安装(SPAR)	6m(最小)	无

15m 的干舷是为了使船体顶部始终高于最大波峰，包括百年一遇的风暴下波浪的爬高效应。然而，由于这些计算自身存在的不确定性，要求船体顶部附属结构的设计至少应能够抵抗波浪产生的拖曳载荷。

5. 定位系统要求

1) 张力腿平台

张力腿平台一般具有若干张力腿锚固系统。如有必要，可采用变直径张力腿。张力腿与海底打入桩或吸力锚桩顶相连。设计张力腿系泊系统，要具备以下性能。

(1) 一般没有偏移钻井要求。

(2) 移动张力腿平台至海底井口上方位置来安装顶部张紧式立管，实现完井和侧钻。在完井和侧钻的位置，该系统应按 10 年重现期的风暴和流来设计。

(3) 连接好侧向钢悬链立管和预留管线后，把张力腿平台迁至初始设计位置。

所有系泊系统构件要按操作寿命进行设计。构件寿命的计算应包括腐蚀和疲劳的影响，根据 API-2T 规范进行疲劳分析；张力腿疲劳分析要确保所有张力腿的壁厚、连接点、软连接处的疲劳损伤满足要求；同时要评估预期的服务条件和导致张力载荷出现的概率特征。在寿命期限内，张力腿疲劳分析要粗略考虑立管个数的变化、重心位置的改变等因素。一般情况下，操作条件下的张力腿、锚、连接点的疲劳分析采用 10 倍的安全系数。

张力腿设计中应考虑张力腿底部张力、张力腿过载分析和安装分析等。

桩基设计应依据规范考虑拉桩的安全系数和就位疲劳分析。桩的设计要基于动力分析确定的系泊系统容许载荷。在强度设计中应考虑桩的就位误差。对桩的设计，更倾向于用系泊系统的最小破断力作为设计标准；分析中，需考虑桩的系泊角。在不同环境载荷条件下，由于土壤的非线性作用，桩设计要满足轴向、侧向安全系数并考虑适当允许应力放大。对于打入桩要进行打入性分析，确保桩承受锤击产生的动应力或冲击应力满足要求，确保打桩锤有足够的能力使桩打入设计深度。桩疲劳分析包括在位(安全系数为 10)和打入(安全系数为 2)两种状态。锤作用下的桩自由站立校核包括 3° 的垂直面外倾角、作用在桩和锤的流力，以及重力二阶效应。

2) 深吃水单立柱式平台和半潜式平台

深吃水单立柱式平台和半潜式平台一般由永久的张紧悬链系统固定。深吃水单立柱式平台的锚链系统，一般设置在 3 个主要方向。半潜式平台的锚链系统，一般设置在 4 个主要方向。

系泊系统设计应具备下列性能。

(1) 具有使深吃水单立柱式平台和半潜式平台的偏移满足指定位移的能力。

(2) 使深吃水单立柱式平台可以移动至海底井口上安装顶部张紧式立管，实现完井、钻井或侧钻。在完井、钻井或侧钻的位置，该系统应按 10 年重现期的风暴和流来设计。

(3) 在连接好钢悬链立管后，具有把深吃水单立柱式平台和半潜式平台拉至初始设计位置的能力。

(4) 在在位状态时，在极端环境载荷作用下使深吃水单立柱式平台和半潜式平台强度满足规范要求。

(5) 在偏移状态时，在在位环境载荷作用下使深吃水单立柱式平台和半潜式平台强度满足规范要求。

6. 结构设计要求

结构设计分为上部组块结构和船体结构两大部分。

1) 上部组块结构

上部组块结构的设计应综合考虑重力、环境载荷、船体运动载荷，以及其他如安装立管、吊机提升力等功能载荷的联合作用。重力主要包括满足不同操作需要的永久和临时的设备载荷。作用在组块和设备上的环境载荷为风载荷。运动产生的载荷包括侧向和垂向加速度引起的力，以及船体倾斜时由于重力作用产生的等效侧向力。此外，还应考虑建造、拖拉、运输和吊装等工况。

上部组块结构尺度应满足总体布置要求和安装作业要求。

设计工况应考虑建造、安装、在位等阶段的不同环境条件，以及许用应力放大倍数。载荷主要包括结构自重、钻修井载荷、风载荷、惯性力、船体挤压/拉伸载荷、生产立管载荷和设备活载荷，其中甲板/格栅、梁、柱需按一定活载荷进行校核，疲劳分析要重点评估梁、管和柱体连接的节点。

2) 船体结构

船体由带筋板壳、环板、强梁、穿舱结构、分舱壁和甲板构成。立柱包括穿舱结构、平板、连接腿柱和竖直分舱壁。矩形浮体由分舱壁和板组成。浮体和立柱的连接点称为节点，它包括肘板和舱壁连接板。

船体结构设计载荷将采用总体性能分析工况，并根据规范和标准进行设计。除了以上校核，位于船体上的管线、设备和船体顶部的附件应设计抵抗水动力拖曳载荷，以满足在位或湿拖条件下上浪的最小要求。平台的总体性能将决定实际的操作极限能力。

7. 船体附属构件要求

船体附属构件设计应能够承受其所处位置的环境载荷、设计压力、船体运动和运输海况下的载荷。船体附属构件一般包括以下几种。

1) 泵和排水管

平台通常设置舱底水管系、压载管系、消防管系、日用水管系与甲板排水管系等，并配备相应功能的舱底水泵、压载水泵、消防泵、日用淡水泵、日用海水泵、热水循环泵等通用泵。

2) 通道

船体内部应设置通道，提供公用设施和人员进出舱的功能。

3) 登船平台和应急逃生平台

浮式平台设置登船平台和应急逃生平台各一套。登船平台具有两条到达浮式平台顶端的梯道。登船平台设计应能够承受一定速度、一定吨位船舶的撞击，并能承受在无靠船时的设计风暴条件。应急逃生平台应具有到达浮式平台顶端的梯道。

4) 走道和梯口平台

设置格栅式平台，以提供到达船侧附属构件的通道，包括止链器、供应船系泊点等，这些平台应具有扶栏和笼梯。浸锌格栅将用于外走道、梯口平台、梯子、平台内通道。

5) 舱盖和直梯

一般进出船体只是为了定期的内部检查，由于其使用率不高且仅为特检人员所使用，出入船舱一般通过舱盖和直梯。对每个空舱设置两个人孔，一般通过水平通道进入空舱。通过铰接开启的方式，在每层甲板上布置用于人员应急逃生的一个人孔。

8. 防腐系统要求

通常与海水、潮湿的空气接触的船体部分需要进行防腐处理，这些区域主要包括船体外表面、临时压载舱和永久压载舱。船体浸在水面下的部分用牺牲阳极块保护。飞溅区和露在空气中的船体部分通过防腐涂层保护。永久压载舱采取牺牲阳极块和防腐涂层组合的方式来进行保护。根据船体防腐保护系统(包括牺牲阳极块和防腐涂层)的设计寿命和确定的飞溅区来考虑腐蚀余量，防腐区应考虑正常操作和钻井引起的偏心吃水。船体牺牲阳极块要求考虑浮式平台系泊系统电流持续性的作用。永久压载舱牺牲阳极块应根据规范考虑防腐涂层的折减系数。

2.1.2　深水浮式平台设计规范

平台设计难以简单套用传统的船舶设计方法，其在很大程度上依赖于设计者的创造才能、想象力和工作经验。经过多年的理论探讨和平台的使用实践，目前世界上不少国家(如中国、美国、英国、法国、挪威、日本等)已积累了较完整的平台设计方法，有的制定了相应的规范或设计基准。常用深水浮式平台设计规范见表 2-5，设计中应该采用最新版的设计规范。

表 2-5　常用深水浮式平台设计规范

规范机构	名称(英文标准原文)
美国船级社	Rules for Building and Classing Mobile Offshore Drilling Units(《移动式海上钻井平台建造和入级规范》)
	Guide for Building and Classing Floating Production Installations(FPI)(《浮式生产装置建造和入级指南》)

续表

规范机构	名称(英文标准原文)
美国船级社	Rules for Building and Classing Facilities on Offshore Installations(《海上装置设施建造和入级规范》)
	Rules for Building and Classing Offshore Installations(《海上装置建造和入级规范》)
美国钢结构协会	Manual of Steel Construction: Allowable Stress Design(《钢结构手册：容许应力设计》)
美国石油协会	API RP 2A: Recommended Practice for Planning, Designing and Constructing Fixed Offshore Platforms – Working Stress Design(WSD)(《固定式海上平台规划、设计和建造推荐做法——工作应力设计》)
	API RP 2FPS: Recommended Practice for Planning, Designing, and Constructing Floating Platform Systems(《浮式平台系统规划、设计和建造推荐做法》)
	API RP 2SK: Recommended Practice for Design and Analysis of Station keeping Systems for Floating Structures(《浮式结构定位系统设计与分析推荐做法》)
	API RP 2T: Recommended Practice for Planning, Designing, and Constructing Tension Leg Platforms(《张力腿平台规划、设计和建造推荐做法》)
	API RP 2SM: Design, Manufacture, Installation, and Maintenance of Synthetic Fiber Ropes for Offshore Mooring(《海上系泊用合成纤维绳索的设计、制造、安装和维护》)
	API Bulletin 2U: Bulletin on Stability Design of Cylindrical Shells(《圆柱壳稳定性设计通报》)
	API Bulletin 2V: Bulletin on Design of Flat Plate Structures(《平板结构设计通报》)
	API RP 14C: Recommended Practice for Analysis, Design, Installation and Testing of Basic Surface Safety Systems for Offshore Production Platforms(《海上生产平台基本设施安全系统的分析、设计、安装和测试的推荐做法》)
	API RP 14E: Recommended Practice for Design and Installation of Offshore Production Platform Piping Systems(《海上生产平台管道系统设计和安装的推荐做法》)
	API RP 14J: Recommended Practice for Design and Hazards Analysis for Offshore Production Facilities(《海洋油气生产设施的设计和危险性分析的推荐做法》)
	API RP 75: A Safety and Environmental Management System for Offshore Operations and Assets(《海上作业和资产的安全和环境管理系统》)
	API RP 520: Recommended Practice for Design and Installation of Pressure Relieving Devices in Refineries, Parts I and Ⅱ(《炼油厂压力泄压系统的设计和安装的推荐做法　第一、二部分》)
	API RP 521: Guide for Pressure - Relieving and Depressurizing Systems(《减压和泄压系统指南》)
	API RP 2RD: Design of Risers for Floating Production Systems and Tension Leg Platforms(《浮式生产系统和张力腿平台的立管设计》)
	AWS D1.1: Structural Welding Code-Steel(《钢结构焊接规范》)
挪威船级社	DNV 30.1: Buckling Strength Analysis(《屈曲强度分析》)
	DNV-RP-C205: Environmental Conditions and Environmental Loads(《环境条件与环境载荷》)
	DNV-OS-C101: Design of Offshore Steel Structures, General(LRFD Method)(《洋工程钢结构物设计总则(载荷抗力系数法)》)
	DNV-OS-C102: Structural Design of Offshore Ships(《海洋工程支持船舶结构设计》)
	DNV-OS-C105: Structural Design of TLPs(LRFD Method)(《张力腿平台结构设计(载荷抗力系数法)》)
	DNV-OS-C106: Structural Design of Deep Draught Floating Units(LRFD Method)(《深吃水浮式装置结构设计(载荷抗力系数法)》)
	DNV-OS-E301: Position Mooring(《定位系统》)
	DNV-OS-F201: Dynamic Risers(《动态立管》)
	DNV-RP-E301: Design and Installation of Fluke Anchors in Clay(《黏土中爪锚的设计和安装》)
	DNV-RP-E302: Design and Installation of Drag-in Plate Anchors in Clay(《黏土中拖曳板锚的设计和安装》)
美国防腐工程师协会	NACE RPO176-94: Corrosion Control of Steel, Fixed Offshore Platforms Associated with Petroleum Production(《海上固定式钢质石油生产平台的腐蚀控制》)

2.2　上部组块总体布置

2.2.1　上部组块总体布置基本原则

上部组块总体布置是为了满足生产、生活等功能和安全的需要，将上部组块的设施、设备、工作间等合理布局。上部组块总体布置和机械设备重量，可以为下一步平台设计提供重量、重心等输入信息，同时也为平台设计提供了可以计算风载荷的初步布置图，是下一步设计的基础和输入。

上部组块总体布置主要遵循以下基本原则。

(1) 确保安全生产，设计时应将钻修井区域(带钻修井功能的平台)、油气设备所在的危险区与公用系统区或电气房间用防火墙分开；要充分考虑防火和防爆等安全问题，在初步规划总布置时要避免或降低在危险区域中布置机械、电气等设备所引起的安全隐患和成本费用增加。

(2) 上部组块总体布置要确保浮式平台稳性、运动性能、定位能力等技术性能，这是平台安全运营的根本，是最基本的要求。

(3) 应综合考虑船型、钻修井设备配置、定位系统要求、隔水套管放置方式等因素合理布置设备设施，确定上部组块的主要尺寸。

(4) 应充分考虑重心的要求，尤其是在恶劣环境条件下的工况。为保证平台稳定，应尽量降低重心高度，对平台水平方向和垂直方向的布置都应尽量优化。

(5) 平台布置应对整体进行功能区块划分，对于有钻修井功能的平台，要以井口区/钻修井区为核心布置管材、泥浆、设备等，围绕钻修井工艺流程实现布置和优化，以满足钻修井需求，提高钻修井效率。

(6) 进行设备布置时，应考虑逃生路线及所有设备的操作和维修空间，救生设备放置在安全且能顺利到达的位置，使得工作人员能尽快安全脱离平台。

(7) 综合考虑钻修井、生活、浮体、动力等各个方面的因素，从系统的角度统一制定最优化的布置方案。

(8) 对于四立柱的浮式平台上部组块布置，要充分与下船体的主尺度设计人员进行沟通协调来确定上部组块大梁位置及间距，便于其他设备设施的布置。

(9) 在进行布置时，应进行合理空间预留，以便将来对平台的功能进行升级。

2.2.2　上部组块重量与甲板

上部组块通常用于指定由浮体承载的设施结构的重量。浮式平台上部组块重量由固定有效负载、可变有效负载和甲板钢料重量三部分组成。

上部组块的固定有效负载主要包括：工艺设备或组块(钻井设备或组块、公用设施设备或组块、住宿组块)、舾装(管道、电气、非结构钢等)、火炬塔、直升机的甲板、起重机、甲板上的立管张紧设备、甲板上的系泊设备等。

上部组块的可变有效负载主要包括：人员、营业用品、泥浆(活性、散装)、管件(钻杆、套管)、可移动设备(立管、防喷器)、工作载荷(大钩载荷、钻井隔水管张力)、液体(燃料、钻井水、饮用水)、钻井载荷(吊钩、隔水管导向载荷)、生产液体和消耗品、要安装的水下设备、水下机器人和支持设备、生产立管张力、采油树、导缆钩上方的系泊部件(导缆孔内侧的锚链、锚链舱等)等。

上部组块的甲板钢料重量一般由直升机甲板、主甲板和生产甲板钢料重量组成。

上部组块重量在建造、运输安装、工作过程中，需选取若干典型加载工况予以研究。例如，在生存工况下，由于人员、设备等撤离，应该排除大部分可变载荷和部分固定载荷后进行重量分析。

在设计初始阶段，组块重量一般按照母型平台进行估算，与生产的油气或水属性相关。图 2-1 显示了作为采油产量函数的墨西哥湾浮式采油上部组块重量的典型范围区间。这里的上部组块重量包括最大固定有效负载重量和可变有效负载重量。钻井或修井重量从最小修井机的几千吨到深水全套钻机的一万吨不等，主要变量是水深、储层深度和承压能力。

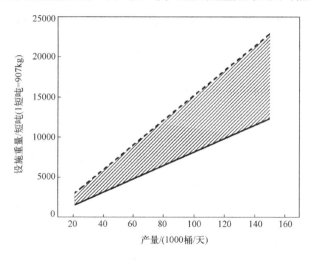

图 2-1　墨西哥湾浮式平台设施重量范围与石油产量的关系

在确定浮式平台的总体尺寸之前，应准备好平台上层的总体布置，以确保有足够的甲板面积。对于不同平台，需要考虑甲板的数量和重心垂直与水平的位置。例如，如图 2-2 所

深海一号(单层甲板)

Aasta Hansteen SPAR 平台(三层甲板)

图 2-2　典型浮式平台上部组块甲板布置

示，多柱式平台(半潜式平台和传统式张力腿平台)多采用单层甲板，而深吃水单立柱式平台与迷你式张力腿平台可能需要多层甲板，以避免甲板结构过度悬臂。如果有井台(即用于垂直立管或钻井的井台)，必须在每个甲板层为立管和采油树提供空间，且钻修机通常安装在井台上方的上甲板上。

2.3 半潜式平台总体尺度规划

半潜式平台尺度规划主要包含两部分工作：一是通过对立柱的数量、尺度和立柱间距，以及甲板的高度等参数的规划，使得平台在最大的海况条件下能够稳定地支撑上部载荷；二是通过对浮箱的尺度与形状、立柱的水线面面积、立柱与浮箱的排水量分配、立柱间距和浮箱间距等参数的规划，尽可能减小平台对海况条件的响应。

在规划设计工作开展之前，需要确定平台功能、系统构成、设备配置、建造条件等，同时应考虑到如下约束条件：①最大空船吃水；②最大宽度；③最大空船重量及干拖重心位置；④运输操作、生存工况的环境条件；⑤甲板载荷最大横向偏心；⑥各环境条件与装载工况下的最大允许运动幅值；⑦所采用的规范和标准。

半潜式平台的尺度设计需要考虑到下面的因素：重量与重心、静水力学特性、完整稳性与破舱稳性、风载荷、流载荷、波浪载荷、压载及其运动性能。

2.3.1 规划原则

半潜式平台从最初的形式到目前的船型已经发生了较大的改变，其结构越来越趋于简洁。半潜式平台一般包括四个主要部分。

(1) 甲板，是平台的主要承载结构。

(2) 浮箱，为平台提供主要的排水量。

(3) 立柱，为平台提供稳性保障，也提供一部分排水量，是支撑上部载荷的主要部件。半潜式平台是一种"柱式稳定"结构，其重心位于浮心之上，由立柱提供的恢复力矩以保持稳性。

(4) 横撑，是连接两个立柱、用以抵抗波浪对平台产生的水平分离力的承载部件。

半潜式平台按照功能分为半潜式钻井平台和半潜式生产平台两类，半潜式钻井平台所具有的可移动性是半潜式生产平台所没有的，可移动性使得两类平台在设计上存在不同的侧重点。为了减小移动过程中阻力，半潜式钻井平台下浮体只能由两个浮箱构成，浮箱之间以横撑杆连接；半潜式生产平台从结构整体强度的角度出发，它的下浮体一般由四个浮箱构成；此外，半潜式生产平台一旦安装就位，基本上要坚持生产几十年，为了保证它能够长期安全生产，其系泊系统设计标准及要求比半潜式钻井平台更高。

1. 甲板

甲板可以设计成与船体集成的整体结构形式，也可以设计为单独的组块，如图 2-3 所示。集成甲板是大多数半潜式平台的设计选择，其优势在于甲板可以在同一个船厂建造；由组块构成的甲板常应用于半潜式生产平台，不但需要在设计时考虑到分块方案，而且还需要设计专门的连接方案。从整体强度的角度考虑，多层的、整体的箱形甲板已成为目前的主流。

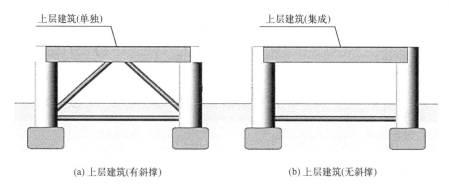

上层建筑(单独)　　　　　　　　　　上层建筑(集成)

(a) 上层建筑(有斜撑)　　　　　　　(b) 上层建筑(无斜撑)

图 2-3　半潜式平台的典型上层建筑形式

2. 下浮体(旁通)与立柱

半潜式平台的形式通常在设计的初始阶段确定，可以将工程实例的结构类型作为参考，同时也必须考虑到一些惯用做法，图 2-4 给出了已建典型半潜式平台下浮体布置示意图。例如，对半潜式钻井平台而言，为了确保其可移动性能，只能使用双浮箱结构，并且浮箱之间的水平横撑也是必不可少的，如图 2-4(e)所示；对于半潜式生产平台而言，可移动性能并不重要，因而常常会选择四个浮箱构成的环形下浮体结构，如图 2-4(f)所示。

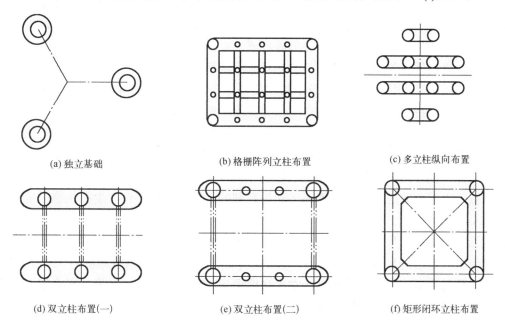

(a) 独立基础　　　　　(b) 格栅阵列立柱布置　　　　　(c) 多立柱纵向布置

(d) 双立柱布置(一)　　　(e) 双立柱布置(二)　　　(f) 矩形闭环立柱布置

图 2-4　半潜式平台的下浮体布置类型

半潜式平台的立柱形式有多种选择，如图 2-5 所示，四立柱设计是目前的主流，其优点是水线面面积小，且实践证明这种设计在双浮箱的移动式平台和环形下浮体的生产平台上的应用都是成功的。有时为了减小甲板跨距，也可以考虑在立柱之间增加直径较小的中间立柱。一般而言，立柱数目越少，平台的用钢量越少，因而减少立柱数目将降低整个平台的成本。

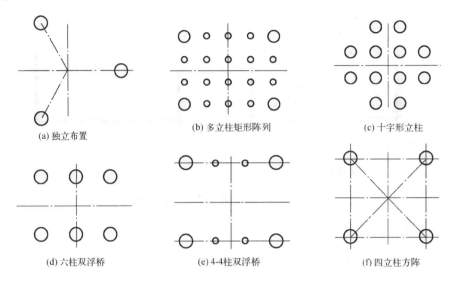

图 2-5　半潜式平台的立柱布置类型

（a）独立布置　（b）多立柱矩形阵列　（c）十字形立柱　（d）六柱双浮桥　（e）4-4柱双浮桥　（f）四立柱方阵

立柱与浮箱的连接处往往做成矩形，并且立柱的舱壁与浮箱舱壁之间尽可能连续，这样可以有效降低连接区域的应力水平。立柱尺度不但受到上述因素的影响，而且还需要考虑到立柱与浮箱连接区域的泵舱、锚链舱、导缆器等因素的影响。如果下浮体是四个浮箱构成的环形结构，那么立柱与浮箱的连接方式可以分为两种：一种是每个浮箱两端与立柱连接；另一种是邻近的浮箱相互连接形成底座，立柱位于底座的四个角。

立柱高度与平台的稳性直接相关，并且影响到平台气隙性能。对于采用箱形甲板的平台，立柱将延伸至上甲板，此时箱形甲板将提高平台稳性能力。如果甲板由桁架组块构成，那么立柱顶端保持与下甲板同样的高度，并提供甲板支撑。

立柱高度可以分为水面以上的部分和水面以下的部分，在水面以上的高度取决于甲板底部至静海面的距离、平台随波浪的垂荡运动-波面升高等因素。进行尺度规划时，平台甲板高度的保守估计为波高最大值的90%加上1.5m。

浮箱吃水深度的增加对减小垂荡运动是有利的，但考虑到平台在生存状态需要调整压载来减小吃水，因此，移动式半潜式平台的吃水也不能太大。一般情况下，最大的作业吃水深度为21～24m，生存状态的吃水深度为15～18m。

对于永久系泊的半潜式生产平台，往往选择深吃水以减小垂荡运动幅值，大约为30m，一些适应顶部张紧式立管的平台设计吃水深度可达45m。深吃水的半潜式平台需要特别考虑安装条件的选择和安装程序的制定。

3. 横撑

半潜式平台的横撑一般位于两个立柱之间，有时也可以位于两个浮箱之间，其主要作用是抵抗波浪对平台产生的水平分离力。对于双浮箱的半潜式钻井平台，每一对立柱之间必须有一个或多个横撑，如图2-6所示。横撑的形状和截面尺度可以与平台甲板尺度共同考虑。

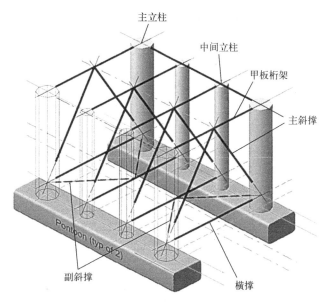

图 2-6　半潜式平台的立柱与横撑示意图

2.3.2　规划方法

半潜式平台规划应首先确定船型,然后建立平台的参数模型,以便对平台的排水量、压载需求、稳性、运动性能进行初步的判断。在确定了平台大致尺度之后,需要进行更细致的静水力和水动力分析,这部分内容将在后续章节详细阐述。

1.　平台参数模型

下面给出双浮箱和环形下浮体两类典型半潜式平台的典型船型。双浮箱六立柱的半潜式平台的参数模型如图 2-7 所示,各变量的具体含义见表 2-6。环形下浮体四立柱半潜式平台的参数模型如图 2-8 所示,各变量的具体含义见表 2-7。

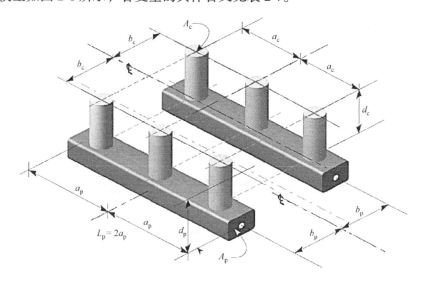

图 2-7　双浮箱六立柱(圆形截面)半潜式平台的参数模型

表 2-6　双浮箱六立柱半潜式平台参数模型的变量含义

位置	参数	含义
浮箱	A_p	浮箱横截面积
	$L_p = 2a_p$	浮箱长度
	$2b_p$	浮箱中心距离
	d_p	浮箱中心浸没深度
	$V_p = 2A_p L_p$	浮箱总体积
立柱	A_c	立柱横截面积
	d_c	浸没立柱高度
	$2a_c$	立柱中心纵向距离
	$2b_c$	立柱中心横向距离
	f_c	水面上立柱高度
	$A_w = 6A_c$	总水线面面积
	$V_c = A_w d_c = 6A_c d_c$	总立柱浸没体积
—	$V_o = V_p + V_c$	总排水体积

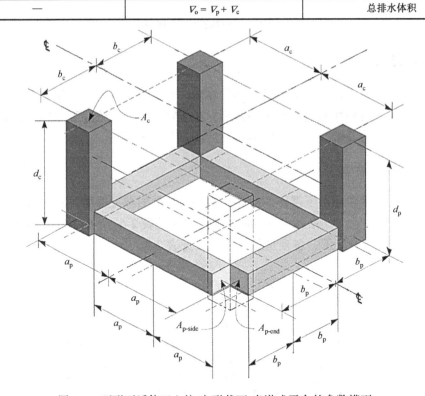

图 2-8　环形下浮体四立柱(方形截面)半潜式平台的参数模型

表 2-7　环形下浮体四立柱半潜式平台参数模型的变量含义

位置	参数	含义
浮箱	$A_{p\text{-side}}$	侧翼浮箱横截面积
	$L_{p\text{-side}} = 2a_p$	侧翼浮箱长度
	$2b_p$	侧翼浮箱中心距离
	$A_{p\text{-end}}$	艏艉浮箱横截面积

续表

位置	参数	含义
浮箱	$L_{\text{p-end}} = 2b_p$	艏艉浮箱长度
	$2a_p$	艏艉浮箱中心距离
	d_p	浮箱中心浸没深度
	f_p	自浮时干舷高
	$V_p = 2(A_{\text{p-side}} L_{\text{p-side}} + A_{\text{p-end}} L_{\text{p-end}})$	浮箱总体积
立柱	A_c	立柱横截面积
	d_c	浸没立柱高度
	$2a_c$	立柱中心纵向距离
	$2b_c$	立柱中心横向距离
	f_c	水面上立柱高度
	$A_{\text{wp}} = 4A_c$	总水线面面积
	$V_c = A_{\text{wp}} d_p$	总立柱浸没体积
—	$V_o = V_p + V_c$	总排水体积

2. 规划流程

半潜式平台尺度规划流程图如图 2-9 所示。

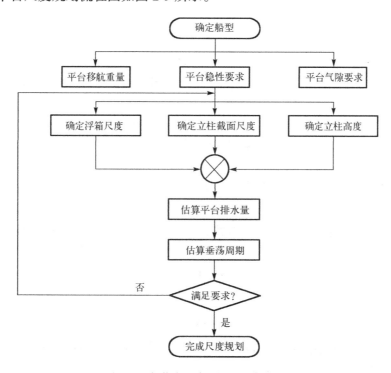

图 2-9　半潜式平台尺度规划流程图

根据平台重心高度 $\overline{KG}$，可以计算得到平台的初稳性 $\overline{GM}$ 值，或者根据设定的 $\overline{GM}$ 值通过改变立柱参数 A_c、a_c、b_c 得到满意的结果。一般情况下，半潜式钻井平台在钻井工况时的 $\overline{GM}$ 值是 3.7～4.6m(12～15ft，1ft=0.3048m)，生存工况时的 $\overline{GM}$ 值是 5.5～6.7m(18～

22ft)；半潜式生产平台的 $\overline{GM}$ 值比钻井平台略微大一些，采用桁架甲板的平台 $\overline{GM}$ 值是 5.5~6.7m(18~22ft)，采用箱形甲板的平台 $\overline{GM}$ 值是 4.6~5.8m(15~19ft)。需要说明一点，上面给出的数据范围只是用以估计平台的大致尺度，具体的稳性衡准需要进一步的详细计算作为最终设计的依据。

浮箱的设计应首先确定平台拖航吃水深度，即首先考虑自浮时的干舷高。一般情况下，平台自浮时浮箱的浸没深度大约占浮箱高度的 92%，此时根据自浮时的平台重量，可确定浮箱长度 L，并求得浮箱的横截面积 A_p。需要说明一点，规划阶段浮箱的排水体积无须特别精确，选择浮箱尺度的原则是维持平台的垂荡周期大于 20s。

2.3.3 垂荡运动估算

本节基于 John Filson(约翰·菲尔森)提出的简化公式描述单位波幅下的半潜式平台一阶无阻尼垂荡运动响应，即其垂荡运动响应幅值算子(Response Amplitude Operator, RAO)。

垂荡运动 RAO 用简单的封闭方程表示为

$$\text{RAO}_z(\omega) = \frac{1}{1-\beta}G(\omega) \tag{2-1}$$

式中，β 为波浪频率 ω 与垂荡固有频率 ω_z 之比(或者垂荡固有周期 T_z 与波浪周期 T_w 比值)，即

$$\beta = \frac{T_z}{T_w} = \frac{\omega}{\omega_z} \tag{2-2}$$

对于半潜式钻井平台，垂荡固有周期 T_z 值应产生在 25~30s 的前期初步设计阶段，可用式(2-3)估算：

$$T_z = 2\pi\sqrt{\frac{1}{g}\left[d_c + \frac{V_p}{A_{wp}}(1+C_{az})\right]} \tag{2-3}$$

式中，g 为重力加速度；C_{az} 为垂荡附加质量系数。式(2-3)表明垂荡周期依赖于浮箱体积与立柱水线面面积之比。

$G(\omega)$ 是一个表征平台几何形状的参数，反映了平台结构几何大小、跨度、浸没高度以及垂荡附加质量系数 C_{az} 的影响。

对于双浮箱半潜式平台，$G(\omega)$ 表达式为

$$G(\omega) = \Phi_3(d_c)\Lambda_c - \frac{kV_p}{A_{wp}}(1+C_{az})\Phi_2(d_p)\Lambda_p \tag{2-4}$$

式中，k 为波数；Λ 为波浪波峰在平台中心位置向外传播函数；右侧第一项代表波浪波峰在平台中心位置时立柱向上运动的贡献，后面项代表与此同时浮箱向下运动的贡献；Φ 为深度衰减函数，表达为

$$\Phi_3(d_c) = e^{-kd_c}, \quad \Phi_2(d_p) = e^{-kd_p} \tag{2-5}$$

迎浪(即平行浮箱方向)波浪传播函数为

$$\Lambda_c = \frac{1}{3}[1 + 2\cos(ka_c)], \quad \Lambda_p = \frac{\sin(ka_p)}{a_p} \tag{2-6}$$

横浪工况下，波浪传播函数为

$$\Lambda_c = \cos(ka_c), \quad \Lambda_p = \cos(ka_p) \tag{2-7}$$

对于环形下浮体四立柱平台，RAO 的表达式相同，$G(\omega)$ 的表达式为

$$G(\omega) = \Phi_3(d_c)\Lambda_c - \frac{k\nabla_p}{A_{wp}}\left[(1+C_{az\text{-}side})\frac{\nabla_{side}}{\nabla_p}\Lambda_{side} + (1+C_{az\text{-}end})\frac{\nabla_{end}}{\nabla_p}\Lambda_{end}\right]\Phi_2(d_p) \tag{2-8}$$

式(2-8)适用于迎浪和横浪，两种工况下纵向与横向传播、浮箱截面($A_{p\text{-}side}$ 和 $A_{p\text{-}end}$)不同，但是两种工况有相同的浸没深度 d_p。浮箱总体积 ∇_p 可表达为

$$\nabla_p = \nabla_{p\text{-}side} + \nabla_{p\text{-}end} = 4(a_{p\text{-}side}A_{p\text{-}side} + b_{p\text{-}end}A_{p\text{-}end}) \tag{2-9}$$

波浪传播距离分别为 $b_{p\text{-}side}$ 和 $a_{p\text{-}end}$，并且 $C_{az\text{-}side}$ 和 $C_{az\text{-}end}$ 为浮体的垂荡附加质量系数。迎浪(即平行侧翼浮箱方向)波浪传播函数为

$$\Lambda_c = \cos(ka_c), \quad \Lambda_{side} = \frac{\sin(ka_p)}{a_p}, \quad \Lambda_{end} = \cos(kb_p) \tag{2-10}$$

横浪(即平行艏艉浮箱方向)波浪传播函数为

$$\Lambda_c = \cos(kb_c), \quad \Lambda_{side} = \cos(ka_p), \quad \Lambda_{end} = \frac{\sin(kb_p)}{b_p} \tag{2-11}$$

2.4　张力腿平台总体尺度规划

张力腿平台是一类永久系泊的海上结构物，无储油能力，可变压载仅作用于安装过程，无须配置锚链设备。张力腿平台在外形上与半潜式平台相似，也是由上部组块、立柱和浮箱构成的，在水平方向上的刚度不大，会产生纵荡、横荡和偏移运动，影响水动力性能的主要因素同样是立柱和浮箱的尺度及间距、排水量的分布等。张力腿平台使用张力腿系泊，由于张力腿通常由直径较大的圆管制成，因而能够有效地限制平台在垂荡方向上的运动，但张力腿平台会因水平面内的偏移而发生平台重心降低的现象，通常将这种现象称为下沉(Set-Down)运动。

2.4.1　系泊力学原理

张力腿平台和半潜式平台在外观上具有很高的相似性，但它们从根本上说是完全不同的系统类型。半潜式平台是真正的自由漂浮结构，被顺应性、分布式锚链和动力定位系统限制，而张力腿平台在偏离中心时则通过筋腱的侧向力进行定位，侧向力依赖于筋腱张力，即张力腿平台的浮力很大一部分贡献于筋腱张力。此外，张力腿平台最大的不同之处在于：其他浮体结构的动力锚泊载荷很大程度上被平台惯性所缓和，张力腿平台

的锚泊载荷却直接和平台主体上的一阶波浪载荷相连,也就是说,TLP 在垂荡自由度上是"固定的"。

图 2-10(a)展示了当张力腿平台在静水中没有侧向载荷时作用在平台上的力。总重量表示如下:

$$W = W_0 + \delta W \tag{2-12}$$

式中, W_0 为空船重量; δW 为可变载荷。令 ∇ 为浮体排水体积, ρ 是海水的密度, g 是重力加速度,则系统静力平衡方程表达为

$$n_t T_t = \rho g \nabla - W - T_r \tag{2-13}$$

式中, T_r 为平台受到的立管张力载荷; T_t 为每根筋腱的张力; n_t 为筋腱数目。在基本吃水 d_0 或者基本排水量 ∇_0 条件下,每根筋腱的张力称为预张力,根据式(2-13)可得

$$T_0 = (\rho g \nabla_0 - W - T_r) / n_t \tag{2-14}$$

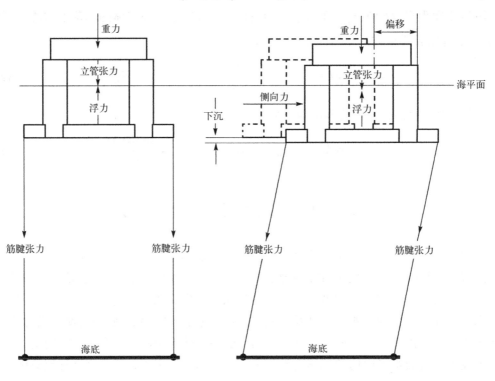

(a)静水中无侧向载荷作用状态   (b)静水中有侧向载荷作用状态

图 2-10 张力腿平台受力示意图

需要特别注意的是,排水量 ∇ 依赖于平台吃水,随着平均水位改变,排水量变化量为

$$\delta \nabla_0 = \rho g A_w \cdot \delta d \tag{2-15}$$

式中, A_w 为立柱的水线面面积; δd 为相关的吃水修正的总和。例如,当张力腿平台偏离中心时会导致下沉,平台吃水将增加,从而使得干舷减小。此时,假设立管张力载荷 T_r 不变,吃水变化导致的张力增加为

$$\delta T = \rho g A_{\mathrm{w}} \cdot \delta d / n_{\mathrm{t}} \tag{2-16}$$

图 2-10(b)显示了当有侧向载荷时张力腿平台偏移导致的受力变化。当张力腿平台偏移距离为 x ，筋腱的长度可以保持为常数 L_{t} 时，产生的平台浸水深度或下沉距离 δz 可用式 (2-17)计算：

$$\delta z = L_{\mathrm{t}} \left[1 - \sqrt{1 - (x / L_{\mathrm{t}})^2} \right] \tag{2-17}$$

$$F_x = n_{\mathrm{t}} T_{\mathrm{t}} \tan \phi \tag{2-18}$$

$$\phi = \arcsin(x / L_{\mathrm{t}}) \tag{2-19}$$

对于小偏移条件，可以认为是线性的，横向力此时表示为

$$F_x = \frac{n_{\mathrm{t}} T_{\mathrm{t}}}{L} x \tag{2-20}$$

需要重点说明的是，顶部张紧式立管张力可能很大，因而这些立管可以看作虚拟的张力筋；且上面的假设认为筋腱是中性浮力状态。

对于一根长 L 的标准筋腱，如果它在水下单位长度的重量为 w ，那么水平恢复力可用式(2-21)近似计算：

$$F_x \approx \left(n_{\mathrm{t}} T_{\mathrm{t}} - \frac{wL}{2} \right) \frac{x}{L} \tag{2-21}$$

一般来说，筋腱张力的初始值可以设定为能限定平台偏移在 5%的水深范围以内。此时，如果忽略由于平台下沉引起的额外张力，那么深水条件下的筋腱预张力可以限定为平均水平环境力的 20 倍。

张力腿平台偏移导致的筋腱张力一般由静态和动态两部分组成。静态张力部分由风载荷 F_{w} 、流载荷 F_{c} 以及波浪漂移力 F_{d} 引起，这部分张力占到平台最大偏移的一半或更多。动态张力部分一般由波浪载荷引起，其中波频响应及波频力占据主要影响地位，可根据线性波浪理论确定。此外，还存在以下三种非线性载荷：一是极端海况时，波浪作用在浮箱上的垂向拖曳力；二是由波浪直接导致的各种二阶效应；三是作用在张力筋上的 TLP 惯性动态响应，包括垂荡、纵摇和横摇。

下面阐述波频力作用下，筋腱动态张力的最大变化幅值。

波浪力作用下，张力腿平台两种典型受力状态如图 2-11 所示，图 2-11(a)为波峰(或者波谷)位于平台中部的情况，此时波浪垂向力通常由筋腱张力抵消，即

$$T_{\mathrm{r}} = \frac{1}{n_{\mathrm{t}}} (F_{\mathrm{wz\_c}} + F_{\mathrm{wz\_p}}) \tag{2-22}$$

式中， T_{r} 是波峰在平台中间时筋腱受到的张力； $F_{\mathrm{wz\_c}}$ 是立柱受到的向上波浪力； $F_{\mathrm{wz\_p}}$ 是浮箱受到的向下波浪力。

图 2-11(b)所示为平台中部位于波峰之前或之后的 1/4 波长处的情况，此时波浪力将会造成一个倾斜力矩(纵摇)。由于纵荡周期长，可假定纵荡波浪力被水平方向惯性力完全抵消。此时，筋腱受到的由纵摇力矩引起的张力估算公式为

$$T_i = \frac{1}{s_t n_t}\left[F_{wx}z_w - (M_0\bar{z}_G + \delta M_0\bar{z}_a)\ddot{x} + \sum F_{wz\_c}a_c + M_{w\_p} \right] \tag{2-23}$$

式中，F_{wx} 为全部立柱和浮箱的纵荡波浪力，位于平台基线之上的 z_w 处；F_{wz_c} 为每个立柱底部垂荡力，位于与中心线距离为 a_c 的位置；M_{w_p} 为全部浮箱上的垂荡力的合力矩。此时，右边项载荷全部被距中心线 s_t 对称布置的 n_t 根筋腱张力所抵消。另外，纵荡加速度 $\ddot{x}$ 引起的惯性力可以分解为由分别位于基线以上 z_G 和 z_a 处的固有质量 M_0 和附加质量 δM 产生的惯性力。

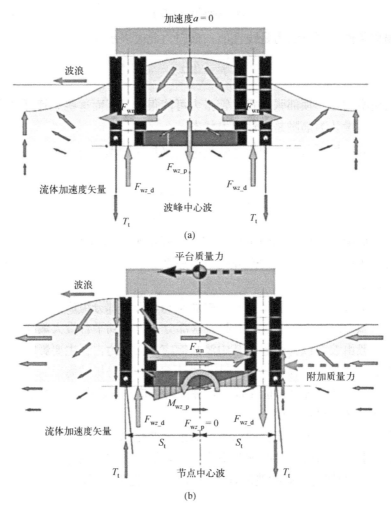

图 2-11　张力腿平台两种典型受力状态

与 T_r 一样，T_i 也是波浪频率 ω、波高 H_w 的函数，二者之间相差 90° 的相位。因此，在指定的波浪频率下，筋腱动态张力的最大变化幅值为

$$T_{max}(\omega, H_w) = \sqrt{T_r^2(\omega, H_w) + T_i^2(\omega, H_w)} \tag{2-24}$$

T_r 很大程度上依赖于浮箱和立柱之间体积的分布，而 T_i 则主要依赖于 TLP 的高度和筋腱跨距。虽然上述张力腿平台总体运动性能的力学基础存在很多假设，但在平台的概念设

计阶段利用上述公式进行初步估算仍具有重要价值。

　　如果采用张力筋张力作为主要的衡量性能的标准，那么可以给出确定最优的设计参数的参数化方法。

2.4.2　波浪导致的筋腱张力估算

　　下面介绍 John Filson 提出的简化公式，用于估算筋腱动态张力的最大变化幅值。

1. 平台垂荡载荷估算

　　垂荡方向的一阶波浪力简化表达为

$$F_{wz}(\omega) = \frac{H_w}{2}\rho\omega^2 G(\omega) \tag{2-25}$$

式中，$G(\omega)$ 为表征张力腿平台几何形状的参数，假定内、外浮箱垂荡附加质量系数分别为 C_{azp} 和 C_{aze} ，且浮箱(内、外部分)处于同一潜深 d_p ，则估算公式表达为

$$G(\omega) = \begin{cases} \dfrac{A_c}{k}\varPhi_3(d_c)\cos(ka_c) \\[2mm] -\varPhi_2(d_p)\left[(1+C_{azp})\dfrac{\nabla_p}{2}\left(\cos(ka_p) + \dfrac{\sin(kl_p)}{kl_p}\right) + \nabla_e(1+C_{aze})\cos(kl_e)\right] \end{cases} \tag{2-26}$$

式中，第一项是当波峰位于平台中心时，作用在立柱底部的向上的力；第二项为此时作用于浮箱上的向下的力。式(2-25)是高度简化后的公式。建立垂荡力的表达式的唯一目的是作为参数模型以确定立柱和下浮体之间的最优体积分布。它将提供一种手段来缩小参数变化范围，以确定其余的结构尺寸，最终目标是减小张力筋最大张力。垂荡力的响应函数 $F_z(\omega)$ 需要计算极端设计海况时的谱分析的最大值。此外，在极端海况时还包括一个由垂荡拖曳导致的超出相位 90° 的垂荡力，模型试验和实船试验中观测到可增加多达 10%的张力腿最大张力，这部分力不可忽略。因此，在最后的优化中应包括对垂荡拖曳阻尼的线性逼近。

2. 波频力导致的筋腱张力估算

　　首先，考虑波浪惯性力的水平分量，其表达式如下：

$$F_{wx}(\omega) = F_{xc} + F_{xp} + F_{xe} \tag{2-27}$$

其中，立柱载荷：

$$F_{xc} = \rho\varPhi_c A_0 \nabla_c(1+C_{axc})\cos(ka_c) \tag{2-28}$$

内部浮箱载荷：

$$F_{xp} = \rho\varPhi_p A_0 \frac{\nabla_p}{2}\left[(1+C_{axp})\cos(ka_p) + \frac{\sin(kl_p)}{kl_p}\right] \tag{2-29}$$

外伸浮箱载荷：

$$F_{xe} = \rho \Phi_p A_0 \nabla_e (1 + C_{axe}) \cos(kl_e) \tag{2-30}$$

由波浪产生的立柱纵荡载荷集中在表面以下 z_c 处，浮箱纵荡载荷在表面以下 z_p 处。虽然立柱水平力作用中心 z_c 是波浪频率的一个函数，但 z_c 的位置在波频范围内不会有很大变化，出于实际计算的目的，z_c 可近似为一个常量，取为谱峰计算值。

其次，垂向力也会产生一个纵摇力矩。纵摇力矩表述为

$$M_\phi(\omega) = M_{\phi c} + M_{\phi p} + M_{\phi e} \tag{2-31}$$

其中，立柱力矩：

$$M_{\phi c} = \frac{\rho A_0}{k} \Phi_c \nabla_c A_{wp} \cos(ka_c) \tag{2-32}$$

内部浮箱力矩：

$$M_{\phi p} = \rho A_0 \Phi_p \frac{\nabla_p}{2} (1 + C_{axp}) \left\{ a_p \cos(ka_p) + \frac{l_p}{(kl_p)^2} [\sin(kl_p) - kl_p \cos(kl_p)] \right\} \tag{2-33}$$

外伸浮箱力矩：

$$M_{\phi e} = \rho A_0 \Phi_p \nabla_e (1 + C_{aze}) \cos(kl_e) \tag{2-34}$$

将垂向和水平向波浪力成分叠加起来，由波浪直接导致的总的纵摇力矩为

$$M_\phi(\omega) = M_{\phi c} + M_{\phi p} + M_{\phi e} + F_{xc} z_c + (F_{xp} + F_{xe}) z_p \tag{2-35}$$

除了波浪力产生的纵摇力矩，还有一个抵抗纵荡加速度的水平惯性载荷产生的力矩。水平力部分是由作用于 z_0 处的固有质量 m_0，以及作用于 z_a 处的纵荡附加质量 δm 产生的。

纵荡附加质量：

$$\delta m = \rho \left(C_{axc} \nabla_c + \frac{1}{2} C_{axp} \nabla_p + C_{axe} \nabla_{pe} \right) \tag{2-36}$$

纵荡附加质量中心：

$$\bar{z}_a = \frac{\rho[C_{axc} \nabla_c \bar{z}_c + (0.5 C_{axp} \nabla_p + C_{axe} \nabla_{pe}) \bar{z}_p]}{\delta m} \tag{2-37}$$

因此，假定纵荡惯性力和纵荡波浪力相等，即

$$F_x = (m_0 + \delta m) \ddot{x} \tag{2-38}$$

惯性力矩可以表述如下：

$$M_{in} = (m_0 \cdot \bar{z}_0 + \delta m \cdot \bar{z}_a) \ddot{x} = \frac{m_0 \cdot \bar{z}_0 + \delta m \cdot \bar{z}_a}{m_0 + \delta m} F_x = (f_0 \cdot \bar{z}_0 + f_a \cdot \bar{z}_a) F_x \tag{2-39}$$

式中，f_0 和 f_a 分配函数分别为

$$f_0 = \frac{m_0}{m_0 + \delta m}, \quad f_a = \frac{\delta m}{m_0 + \delta m} \tag{2-40}$$

把波浪产生的纵摇力矩计入到惯性纵摇力矩中，则纵摇力矩 M 可以表述为

$$M = M_\phi(\omega) - (f_0 \bar{z}_0 + f_a \bar{z}_a) F_x(\omega) \tag{2-41}$$

张力腿张力响应函数 T 是总纵摇力矩除以穿过平台的张力腿之间的跨距 s_t；对于给定

的张力筋，还需要除以在平台一侧的抵抗张力筋数目 $1/2n_t$。最后，$T_i(\omega)$ 可表示为

$$T_i(\omega) = \frac{M_\phi(\omega) - (f_0\bar{z}_0 + f_a\bar{z}_a)F_x(\omega)}{n_t s_t / 2} \tag{2-42}$$

同样，$T_r(\omega)$ 能够用来计算波峰位于平台中心时的总垂荡力 $F_{zw}(\omega)$：

$$T_r(\omega) = \frac{F_{zw}(\omega)}{n_t} \tag{2-43}$$

波浪力作用下筋腱动态张力的最大变化幅值为

$$T_{max}(\omega) = \sqrt{T_i^2(\omega) + T_r^2(\omega)} \tag{2-44}$$

对于一个最大波峰垂荡力响应 $F_{zw}(\omega)$，$T_{max}(\omega)$ 必须在极端设计海况下通过谱分析确定最大值。值得注意的是，这里所使用的方法都是高度线性化、简化的，只能描述垂荡力及最大张力随平台主体参数变化的大体趋势，在确定了主体尺寸参数后，需要用更严格的方法计算张力腿张力。

2.4.3 规划原则

张力腿平台初始设计的主要目的是减小张力筋的最大张力，同时避免张力筋张力为零。在任何平台尺寸的进一步优化之前，要确保所使用的立柱截面积和浮箱体积都在合理的范围内。目前现有的张力腿平台有多种结构类型，如下面以四立柱扩展式张力腿平台(ETLP)为例说明张力腿平台总体尺度的规划方法。

1. 基本组成

张力腿平台的基本组成有如下三部分。

(1) 浮箱。与半潜式平台不同，张力腿平台的主要浮力不是来源于浮箱，而是由立柱提供，4 个矩形截面浮箱构成的环形下浮体主要支撑整个船体结构。

(2) 外伸短浮箱。外伸短浮箱位于环形下浮体的 4 个角上，其长度不大，主要作用是连接张力腿。这种连接方式一方面可以增加抵抗横摇和纵摇的力臂，从而减小张力腿的载荷，另一方面也有助于减小立柱间距，从而改善甲板结构的承载条件。

(3) 立柱。张力腿平台的立柱和浮箱间距受到井口布置、施工要求和甲板跨距的影响，立柱间距过大时将增加结构受力。张力腿平台的浮力主要由立柱提供，因而其直径较大，为了获得较好的水动力性能，立柱往往采用圆形截面，或者采用圆角半径较大的矩形截面。

2. 尺度规划原则

张力腿平台的主要功能就是支撑平台重量、张力腿的张力和立管载荷，其中平台浮力的大部分用于支撑上部组块和设施的重量，浮力的 25%～45%提供张力腿的张力。

浮箱的排水量占整个平台排水量的 30%左右，它的一个重要功能是提供与立柱所承受的波浪载荷方向相反的水动力，另一个功能是与甲板一起承受环境载荷。

张力腿平台一年重现期环境条件下的纵摇角一般小于 4°，平台最大偏移不大于 70m；百年重现期环境条件下的纵摇角一般小于 7°，平台最大偏移一般不大于 120m。

与半潜式平台相比，张力腿平台的重心位置较高，且下浮体的重量占整个平台总重量的比例较小。承受极端海况条件时，张力腿平台的立柱高度必须提供足够的气隙，同时还需要考虑到平台由水平面内位移引起的平台重心下沉而产生的气隙损失。

2.4.4 规划方法

在选择张力腿平台的关键尺寸时，平台的功能、建造和安装都应该考虑在内。张力腿平台的立柱一般是圆形截面，但是矩形和方形截面也是可行的选择方案。方形截面的立柱采用大角隅半径，可以获得与圆形截面立柱接近的水动力性能。浮箱倾向于采用矩形截面，方便与立柱以及张力筋之间的连接结构设计。采用短的、向外延伸的浮箱结构可以降低由于纵摇力矩产生的极限张力；同时使得缩小立柱的间距变得可行，从而有利于甲板的总体布置。

下面以四立柱 ETLP 为例，其参数模型如图 2-12 所示，各变量的具体含义见表 2-8。张力腿平台的立柱横截面形状可以是圆形，也可以采用矩形截面或者带圆角的矩形截面，此时外伸浮箱的方向角为 45°。浮箱的横截面均为矩形，其倒角半径较小，这里假定侧翼、艏艉浮箱参数相同。浮箱横截面高度与宽度之比是影响垂荡方向波浪力的主要因素，通常假定为 2/3。

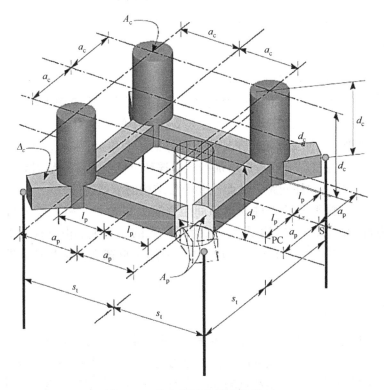

图 2-12　张力腿平台的参数模型

表 2-8　张力腿平台参数模型的变量含义

位置	参数	含义
立柱	$A_c = \pi D_c^2/4$	立柱横截面积
	D_c	立柱直径
	d_c	立柱吃水
	$2a_c$	立柱中心距离
	f_c	水面以上立柱高度
	$A_{wp} = 4A_c$	总水线面面积
	$V_c = A_{wp} d_c$	总立柱浸没体积
浮箱	A_p	侧翼/艏艉浮箱横截面积
	$2l_p$	侧翼/艏艉浮箱长度
	$2a_p$	侧翼/艏艉浮箱中心距离
	d_p	侧翼/艏艉浮箱中心浸没深度
	$V_p = 8A_p l_p$	下浮体浮箱总体积
外伸浮箱	A_e	外伸浮箱横截面积
	l_e	外伸浮箱长度
	r_e	外伸浮箱中心与立柱中心距离
	d_p	外伸浮箱中心浸没深度
	$V_e = 4A_e l_e$	外伸浮箱体积
—	$V_o = V_p + V_c + V_e$	总排水体积
张力腿	$2s_t$	张力腿间距
	d_t	张力腿悬挂点深度

确定平台船型后，需要估计平台的有效载荷、大致重量，并对张力腿的预张力范围进行估算(预张力与平台作业水深、水平方向承受的载荷和偏移量等因素有关)，然后得出平台排水量的大致范围，排水量等于上部甲板重量、船体重量、张力腿张力、立管张力、压载水重量之和。

用参数模型进行尺度规划，首先应当给定张力腿预张力 T_0 和立柱吃水 d_c，并通过调整浮箱与立柱之间的体积分配来减小垂荡方向的载荷；然后，通过调整立柱间距和浮箱、外伸浮箱的长度，找出张力腿张力最小的那一组参数，即为尺度规划结果。

张力腿平台尺度规划流程图如图 2-13 所示。

第一步，优化垂荡载荷。选定张力腿数目 n_t，并指定 a_c、V_e/V_p、l_e，其推荐值为 $V_e/V_p \approx 1/5$，$l_e \approx (1.0 \sim 1.5)D_c$，选择若干组张力腿预张力 T_0 和立柱吃水 d_c，并选择若干组立柱与浮箱的体积比，将这两组数据进行组合并计算垂荡载荷，将计算结果最小的那一组数据作为优化结果，则可确定 T_0、d_c 以及 V_c 和 $V_p + V_e$，从而确定相应的立柱、浮箱横截面积 A_c、A_p 及 A_e。

第二步，优化张力腿张力。张力腿的张力由两部分组成：一是预张力 T_0，二是由波浪引起的附加项 T。在极端海况条件下，张力总和的最大值可表示为 $T_0 + T_{max}$，最小值可表示为 $T_0 - T_{max}$，对张力进行优化的准则是尽可能减小 $T_0 + T_{max}$ 的值，但同时保证 $T_0 - T_{max} > 0$。

采用第一步得到的立柱与浮箱体积 V_c 和 $V_p + V_e$，选定若干组张力腿预张力 T_0 和立柱吃

水 d_c，并选择若干立柱间距 a_c，计算由波浪引起的张力腿最大张力，找出 T_0+T_{max} 最小且 $T_0-T_{max}>0$ 的那一组数据作为优化结果。

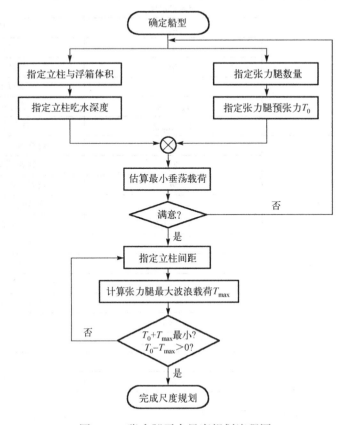

图 2-13　张力腿平台尺度规划流程图

2.5　深吃水单立柱式平台总体尺度规划

深吃水单立柱式平台与半潜式平台相比，除了在外形上的区别外，还有一个显著特征是其重心位置低于浮心位置。

2.5.1　规划原则

深吃水单立柱式平台主要由四部分组成。

(1) 甲板：支撑上部有效载荷的多层结构。

(2) 硬舱：为平台提供主要浮力。

(3) 中间段：壳体或桁架结构，连接硬舱与软舱，为平台提供深吃水性能。

(4) 软舱：位于平台最下端，湿拖过程中为平台提供浮力，在位时为平台提供压载。

深吃水单立柱式平台总体尺度规划需要考虑到如下因素。

(1) 平台需要支撑的上部组块重量、立管载荷。

(2) 甲板的偏心情况及相应的压载平衡条件。

(3) 容纳立管及其浮力罐的中心井口区面积要求。

(4) 一年重现期环境条件下的纵摇角小于 5°，百年重现期环境条件下的纵摇角小于 10°。

(5) 一年重现期环境条件下的最大垂荡幅度为 1.2m(4ft)，百年重现期环境条件下的最大垂荡幅度为 3m(10ft)。

(6) 运输方式。

2.5.2　规划方法

1.　中心井口区

SPAR 平台的尺度除了受到上部组块重量和有效载荷的影响之外，还取决于中心井口区的尺度。SPAR 平台的中心井口区一般是正方形，井口可以按照 3×3、4×4 或 5×5 的方式排列，如图 2-14 所示，井口区通常位于中心位置。

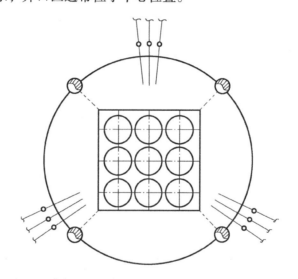

图 2-14　SPAR 平台中心井口区示意图

井口区的尺度取决于用以支撑立管站立的浮力罐的直径，因而在 SPAR 平台的设计工作初期应对立管需求进行分析，并确定所需的最大张紧力，从而确定浮力罐的尺寸。目前投入使用的 SPAR 平台的井槽间距范围是 2.4～4.3m(8～14ft)，在不同水深时的推荐尺寸如下：

(1) 水深小于 915m(3000ft)时，浮力罐直径约为 3.7m(12ft)；

(2) 水深为 915～1525m(3000～5000ft)时，浮力罐直径约为 4m(13ft)；

(3) 水深大于 1525m(5000ft)时，浮力罐直径大于或等于 4.3m(14ft)。

2.　浮体

SPAR 平台浮体尺度规划参数如下：硬舱直径、硬舱高度、固定压载、吃水、导缆器标高。早期设计一般将 SPAR 平台的吃水设定为 200m(650ft)左右，近期的设计将降低吃水至 150m(500ft)左右。SPAR 平台的建造和运输方法应当在进行尺度规划之初就确定下来，如果采用干拖方式运输，则必须在尺度规划的过程中检查平台在空船条件下是否满足装载的要求。图 2-15 是桁架式 SPAR 平台的承载示意图,其中平台重量流力包括空船重量、上部甲板操作重量、立管载荷、压载和系泊系统重量。

3. 尺度规划流程

SPAR 平台的尺度决定了平台的纵摇响应和静倾角,在墨西哥湾百年一遇飓风条件下,SPAR 平台的最大静倾角为 5°。静倾角取决于稳态环境载荷(包括风力、流力和波浪漂移力)与系泊系统载荷所构成的力矩,计算公式为

$$M_{env} = F_{env}(\overline{KF}_{env} - \overline{KF}_{moor}) \tag{2-45}$$

式中,M_{env} 为环境载荷产生的力矩;F_{env} 为风力、流力和波浪漂移力的总和;$\overline{KF}_{env}$ 为浮体基线至环境载荷作用中心的距离;$\overline{KF}_{moor}$ 为浮体基线至导缆器的距离。

上述力矩由平台浮体的恢复力矩平衡,恢复力矩刚度表达式为

$$K_{pitch} = \overline{GM} \cdot V = (\overline{KB} - \overline{KG} + I/V)V_g \tag{2-46}$$

式中,K_{pitch} 为初始恢复力矩刚度,N·m/rad;$\overline{GM}$ 为静稳性高,m;V 为浮体排水体积,m³;$\overline{KB}$ 为船基线至浮心的距离,m;$\overline{KG}$ 为船基线至重心的距离,m;I 为水线面面积惯性矩,m⁴;g 为重力加速度,m/s²。

SPAR 平台尺度规划流程图如图 2-16 所示,平台的主尺度参考数据见表 2-9。

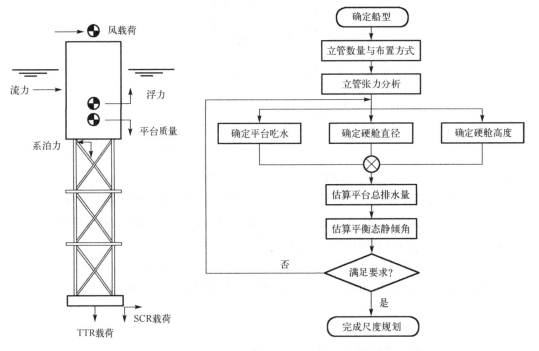

图 2-15 桁架式 SPAR 平台承载示意图   图 2-16 SPAR 平台尺度规划流程图

规划步骤如下:

(1) 确定上部组块重量和所需最大数量的立管重量;

(2) 确定平衡上部组块重量偏心所需的可变压载；

(3) 根据立管浮力罐尺度估算中心井尺寸；

(4) 指定硬舱直径、高度和平台吃水；

(5) 估算平台重量和重心位置；

(6) 估算排水量和浮心位置，并确定固定压载；

(7) 计算平衡状态的静倾角 $\theta_{\text{evn}} = M_{\text{ev}} / K_{\text{pitch}}$；

(8) 返回第(4)步，指定不同的硬舱直径、硬舱高度和平台吃水，再次计算直到获得满意结果。

表 2-9　SPAR 平台的主尺度参考数据

上部组块质量/t	吃水/m	中心井口区尺度/m	平台直径/m	硬舱高度/m
5500	198	10	22	67
7700	150	12	27	57
8800	150	12	27	57
9300	154	16	32	54
18500	154	18	37	67
24000	198	18	37	67
24000	198	13	37	90
28000	211	23	45	72

2.6　浮式平台的结构规划

2.6.1　结构规划原则与方法

深水浮式平台一般由浮体、上部甲板和系泊系统构成。深水浮式平台的结构规划主要是指其浮体部分的结构规划。

总体尺度规划确定了深水浮式平台的总体尺度，包括浮体尺度和分舱，而浮体及其内部舱壁各部分的结构尺寸(包括板厚、强框架和加强筋的尺寸)则由结构规划确定。设计经验表明：深水浮式平台的设计控制载荷主要是浮体内外的液体产生的静水压力，因此按照静水压力设计浮体结构是结构规划的一般原则。在深水浮式平台各主要连接部位，如张力腿平台、半潜式生产平台或钻井平台的立柱与浮箱的连接部位；深吃水立柱式平台的硬舱、软舱与桁架结构的连接部位等，都需要进行局部加强，或采用加大结构尺寸，或采用高强度钢材，并通过总体和局部强度校核，最终确定连接部位的结构尺寸。

深水浮式平台的结构规划依据静水压力来规划浮体结构的主体结构单元的尺寸。在实际项目的平台浮体结构设计中，可依据规范规定的方法来确定深水平台浮体的结构尺寸。规划计算的步骤如下：

(1) 输入各个工况下浮体的吃水深度；

(2) 根据浮体的总尺度，将浮体从下到上分段，如图 2-17 所示；

(3) 计算浮体每一段的吃水深度，确定该段的设计压头(同时考虑动水压力的影响)；

(4) 应用规范给出的设计计算公式，确定浮体各段的结构尺寸，按简化的校核公式对浮体各段进行强度校核。

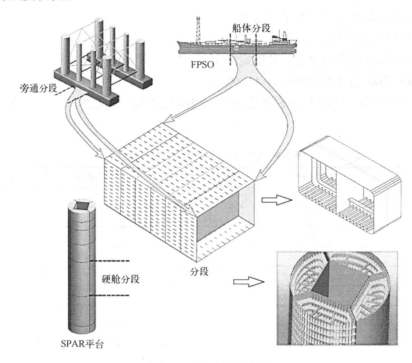

图 2-17　浮体结构分段

根据目前深水浮式平台结构设计的经验，浮式平台的结构尺度规划的一般流程如图 2-18 所示。

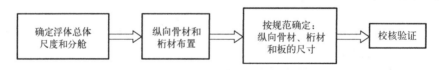

图 2-18　浮式平台的结构尺度规划的一般流程

依据规范所规定的最小尺寸要求对结构尺寸进行设计，但在浮体的结构设计中有许多局部结构和纵横加强筋的布置，规范没有明确的规定，如立柱与浮箱的连接部位结构的尺寸、舱室内存放液体密度的不同对舱室壁厚与加强筋尺寸的影响，还有肘板、支撑板的布置和尺寸等，这些结构尺寸对壳体的整体强度有较大的影响，它们尺寸的确定主要依赖设计者的经验。

在完成平台的结构规划以后，为保证浮体的结构强度以及筋、板的屈曲强度，必须对浮体结构进行结构强度与稳定性校核，利用平台整体有限元的计算方法可以进行浮体结构强度的校核。在初步设计阶段，浮体结构的强度与稳定性校核一般采用简化的方法。简化方法仅考虑浮体内外液体的静水压力作用和动水压力的影响，根据舱室储存液体的变化情况选择组合工况，选取几个关键的横截面进行校核。

简化的浮体结构强度与稳定性校核要解决两个问题：一是载荷工况组合；二是选定关

键截面以及截面内带筋板的等效简化，一般是将带筋板用梁等效。初步设计时浮体截面的有限元模型可简化为全部为梁单元构成的计算模型。

对于浮体不同部位的校核载荷工况组合方法基本类似，一般只需考虑浮体内外液体的静水压力作用及储液舱室在不同操作工况下液面的变化即可。

浮式平台的浮体一般采用高强度钢制造，最小的屈服极限为 355MPa，在立柱与下浮箱或其他连接部位采用 Z 向钢板。TLP、SPAR 平台和半潜式生产平台的壳体材料的许用应力可按 ABS 规范的规定确定。对于可移动式半潜式钻井平台，ABS 规范规定的许用应力校核准则如下：

$$F = F_y / \text{F.S.} \tag{2-47}$$

式中，F 为许用应力；F_y 为材料屈服强度；F.S.为安全系数，根据应力种类和载荷工况取值。

弯曲强度准则：

(1) 静载荷条件：弯曲应力 $\sigma_b < 0.6F_y$。

(2) 组合载荷条件：弯曲应力 $\sigma_b < 0.8F_y$。

(3) 破损载荷条件：弯曲应力 $\sigma_b < 1.0F_y$。

剪切强度准则：

(1) 静载荷条件：剪切应力 $\tau < 0.4F_y$。

(2) 组合载荷条件：剪切应力 $\tau < 0.53F_y$。

(3) 破损载荷条件：剪切应力 $\tau < 0.58F_y$。

在以上许用应力校核准则中，静载荷是指由于液体对壳体内外产生静水压力，组合载荷考虑了静载荷与有关环境载荷的共同作用，破损载荷是水线上升到平台主甲板时产生的外部静水压力。

对于立柱，可采用同样的方法进行强度校核。关于校核所采用的有限元软件，应用简化模型按静水压力校核浮体的结构强度是一些专业设计公司的习惯做法，而建立局部的浮体结构的有限元模型，按静水压力进行强度校核，能够获得更准确的计算结果，并且能够观察到应力的整体分布情况，这对于改善浮体的结构规划是有益的，完成一个合理结构规划能为平台总体设计打下良好的基础。关于浮式平台强度分析将在第 4 章进一步详细叙述。

2.6.2　板、加强筋和横梁的设计

本节介绍参考 2006 年版 ABS Rules for Building and Classing Mobile Offshore Drilling Units(《海上移动钻井平台建造与入级规范》)进行浮体的结构规划，即依据规范规定的最低要求初步确定浮体的结构尺寸。

1. 板的设计

在浮式平台中，板一般承受垂直于板的水压力作用，四周由骨材支撑。一般而言，在板长边跨中位置，压力引起的板的弯曲最严重，弯曲应力沿着短边方向。此外，板还受到沿短边的拉伸应力作用，以及平台总体载荷引起的面内应力作用。理论上应采用大变形理

论来分析板的力学行为,而且板还存在焊接变形,给板的分析带来了困难。船级社基于大量的理论、实验以及经验提出了最小板厚的经验公式,仅考虑局部水压的作用。最终板厚还需要考虑总体强度包括屈曲的要求。

针对最普遍的情况,ABS 给出的最小板厚计算公式为

$$t = \frac{sk\sqrt{qh}}{254} + 2.5 \tag{2-48}$$

式中,t 为小板度,mm;s 为骨材间距,mm;h 为板底边位置确定的设计压力(用水柱高度表示,m);q 反映板钢材实际屈服强度与名义屈服强度比值的系数,即 $235/F_y$;k 为考虑长宽比较小的板附加强度的一个特殊系数。当 $\alpha > 2$ 时,$k = 1$;当 $1 < \alpha < 2$ 时,k 的计算为

$$k = \frac{3.075\sqrt{\alpha} - 2.077}{\alpha + 0.272} \tag{2-49}$$

应该注意到,当 $\alpha > 2$ 时较为典型,设定 $k = 1$ 对于多数情况是足够的,其中 α 是板的长宽比。

2. 纵向加强筋的设计

纵向加强筋通常用来抵抗板的横向载荷,一般由滚扎型钢制造。加强筋由横梁支撑,连续穿过支撑横梁的腹板,需要特别考虑在间断处支撑端的连接形式。

纵向加强筋设计主要决定它们的间距和剖面,其弯曲采用连续多跨梁模型。采用梁的理论,间距体现了其支撑面积,间接决定外部载荷的大小;剖面的尺度主要体现在横向刚度 EI,其中包括弯曲强度和屈曲强度。为了简化,把加强筋附近板上实际分布的应力等效为在一定宽度区域内均匀分布的应力,这个宽度即为板的有效宽度 b_e。这个与加强筋相连的板称为带板。

如同板的设计一样,船级社规范给出了加强筋和带板剖面的最小的模数 SM_1 为

$$SM_1 = f_1 c_1 h_1 s_1 l_1^2 \tag{2-50}$$

式中,系数 $f_1 = 7.8$;s_1 为纵向骨材间距,m;l_1 为纵向骨材的有效跨距,m。MODU 规范给了系数 c 的值:在舱边界和外板处,无论骨材是固定还是连续穿过,$c_1 = 1$;如果端部有肘板,$c_1 = 0.9$;在水密隔舱处端部没有构件连接时,$c_1 = 0.6$;端部有肘板时,$c_1 = 0.56$。对于一般的情况,在壳板和舱室边界,加强筋连续穿过支撑规范给了一些确定有效跨长的建议。如果没有肘板,有效跨长就是支撑点之间的距离,有效跨长可以因为某些形式的肘板的存在而减小。

加强筋剖面模数 SM 的计算应计及带板的面积。对于边长比 $l_1/s_1 < 4$ 的板,有效宽度的确定应根据剪切滞后理论。加强筋附连带板的组合剖面的中和轴非常靠近带板,带板宽度的精确与否对剖面模数的影响不大。剖面中一般翼板位置到中性轴的距离是带板到中性轴的距离的三倍或更多。在任何情况下,如果总体应力比局部应力大,那么板的有效宽度需要校核。当加强筋由屈曲强度控制设计时,板的有效宽度也需要缩减。

3. 横梁的设计

横梁或肋骨是相互连接的横向框架梁系,用来支撑纵向骨材,提供横向强度。横向框架相互连接,形成封闭环,其传递支撑的板和骨材的载荷到结构主体,一般认为横向框架不参与总强度。在平台结构中,横梁经常要承受较大的轴向载荷。对于跨距短、腹板高的横梁和纵桁,剪切应力和变形比较重要。屈曲是另一个影响横梁或桁材设计的重要因素。可以在腹板上设加强筋提高腹板的稳定性,使用防倾肘板提高翼板的侧向稳定性。

规范中横梁和桁材的最小剖面模数计算为

$$SM_2 = f_2 c_2 h_2 s_2 l_2^2 \tag{2-51}$$

式中,系数 $f_2 = 4.74$; s_2 为横梁间距,m; l_2 为横梁有效跨距,m; h_2 为设计压力(用水柱高度表示)。对于有曲率的壳板和液舱边界,系数 $c_2 = 1.5$;对于水密隔舱, $c_2 = 1.0$。如果载荷为局部载荷和环境载荷的组合,压力 h_2 可以使用 $0.75 h_d$。

有效跨距的确定依赖于端部的连接形式。在没有肘板的情况下, l_2 取为两端横梁翼板之间的距离。如果横梁使用了大的肘板,则有效跨距要减小,规范提供了一个计算跨距的方法。在肘板至少为 45° 的情况下,有限跨距可以设为减小 75% 的肘板长度。规范还指定了一些情况下肘板的尺寸。有效跨距的确定要注意实际细节,特别是对于具有曲边的肘板。

2.6.3　结构屈曲强度设计

船级社规范和其他一些工业规范对总体和局部结构的稳定性有严格的要求。结构稳定性分析比结构强度分析更加复杂。绝大多数浮体总体和局部结构的设计有合适的屈曲强度裕量,但是也存在例外。虽然存在大量的理论来分析结构稳定性,但是实际的稳定性临界状态依赖于结构细节、载荷情况以及加工缺陷等。最好的屈曲数据是从大尺度结构模型推测得到的。规范对结构屈曲强度设计提供了指导,设计时应参考最新版本的规范。

承受压缩和剪切载荷的细长构件应注意屈曲问题,如静水载荷下的 FPSO 中上甲板的板和框架,深吃水半潜式或 SPAR 平台的立柱,板架结构中高框架和桁材的腹板,静水载荷作用下的弦管、支管、立柱等。

屈曲强度校核一般和总体强度分析相结合。构件的压缩载荷和面内载荷等通过有限元分析得到,并与规范公式进行对比来校核构件的屈曲强度。为满足屈曲强度要求,通常对高桁材的腹板进行加强和加防倾肘板,使承受高静水压力的板架增加加强筋尺寸、减小加强筋间距等。

屈曲分为总体屈曲和局部屈曲。前者涉及多个结构构件,代表结构的完全崩溃,通常是一个灾难性事故;后者涉及一个单独的构件,如框架之间的板,这个类型的屈曲可能不会削弱结构整体安全性。

1. 梁与柱的屈曲设计

杆件只承受压缩载荷时,称为柱;只承受弯矩时,称为梁;承受两者同时作用时,称为梁柱。梁与柱的屈曲模式有:柱的弯曲屈曲、柱的扭转屈曲、柱的弯曲-扭转屈曲、梁的侧向-扭转屈曲和局部屈曲。

屈曲行为通常用一个参考应力来表征，既可以是一个应力成分，也可以是等效应力。屈曲应力由一个参考应力的临界值 σ_{cr} 定义。σ_{cr} 通常以无量纲的形式表达为 σ_{cr}/R_{eH}，其中，R_{eH} 是规定的构件最小屈服应力。DNV 规范给出了一个无量纲的屈曲曲线公式：

$$\frac{\sigma_{cr}}{R_{eH}} = \begin{cases} 1, & \lambda \leqslant \lambda_0 \\ \dfrac{1 + \mu + \lambda^2 - \sqrt{(1 + \mu + \lambda^2)^2 - 4\lambda^2}}{2\lambda^2}, & \lambda > \lambda_0 \end{cases} \qquad (2\text{-}52)$$

式中，$\mu = \alpha(\lambda - \lambda_0)$，$\lambda_0$ 和 α 的值取决于柱的截面形状(可根据规范确定)。σ_E 是弹性屈曲应力，取决于屈曲模式。式(2-52)中的 λ 是结构的细长比，定义为

$$\lambda = \sqrt{\frac{R_{eH}}{\sigma_E}} \qquad (2\text{-}53)$$

当 $\lambda \leqslant \lambda_0$ 时，结构破坏模式不是屈曲破坏，结构设计应考虑屈服破坏；当 $\lambda > \lambda_0$ 时，结构设计应考虑屈曲破坏。可见，计算得到 λ(或者 R_{eH})后，根据式(2-52)即可得到柱的不同屈曲模式下的屈曲应力。

针对柱的弯曲屈曲模式，弹性屈曲应力计算如下：

$$\sigma_{EC} = \frac{\pi^2 f_{end} E I}{A L^2} \qquad (2\text{-}54)$$

式中，E 是杨氏模量；I 是截面绕最弱轴的惯性矩；A 是截面面积；L 是构件的长度；f_{end} 是端部约束因子(有些资料中采用有效长度系数 k，$f_{end} = 1/k^2$)。

针对柱的扭转屈曲模式，弹性屈曲应力计算如下：

$$\sigma_{ET} = \frac{G I_{sv}}{I_{pol}} + \frac{\pi^2 f_{end} E C_{warp}}{I_{pol} L^2} \qquad (2\text{-}55)$$

$$I_{pol} = I_y + I_z + A(y_0^2 + z_0^2) \qquad (2\text{-}56)$$

式中，G 是剪切模量；I_{sv} 是圣维南惯性矩；I_{pol} 是截面剪切中心的极惯性矩；C_{warp} 是翘曲常数；y_0 是剪切中心与截面形心的横向距离；z_0 是剪切中心与截面形心的垂向距离；A 是截面面积；I_y 和 I_z 是截面关于 y 和 z 轴的惯性矩。

针对截面形心和剪切中心不重合的情况，柱的弯曲屈曲和扭转屈曲之间相互影响。柱的弯曲-扭转屈曲模式的弹性屈曲应力计算如下：

$$\sigma_{EFT} = \frac{1}{2\zeta}\left[(\sigma_{EC} + \sigma_{ET}) - \sqrt{(\sigma_{EC} + \sigma_{ET})^2 - 4\zeta\sigma_{EC}\sigma_{ET}}\right] \qquad (2\text{-}57)$$

$$\zeta = 1 - \frac{(y_0^2 + z_0^2)A}{I_{pol}} \qquad (2\text{-}58)$$

当一个梁绕着它的强轴承受弯曲时，若在弱轴方向没有抵抗屈曲的约束，则梁可能遭受侧向-扭转屈曲。当最大压缩应力达到临界值 σ_{bcr} 时，发生侧向-扭转屈曲破坏。针对梁的侧向-扭转屈曲，细长比定义为

$$\lambda_V = \sqrt{\frac{R_{eH}}{\sigma_{EV}}} \tag{2-59}$$

$$\sigma_{EV} = \frac{\pi^2 f_{end} E I_z c}{Z_{yc} L^2} \tag{2-60}$$

式中，σ_{EV} 是弹性侧向-扭转屈曲应力；Z_{yc} 是梁承受压缩翼板的截面模量；I_z 是梁弱轴的截面惯性矩；c 系数依赖于几何属性、弯矩分布和载荷相对于中性轴的位置。

杆件梁柱屈曲即杆件同时承受轴向压缩和弯曲载荷的屈曲可以用使用系数(Usage Factor)η 校核：

$$\eta = \frac{\sigma_a}{\sigma_{acr}} + \frac{\sigma_b}{(1 - \frac{\sigma_a}{\sigma_E})\sigma_{bcr}} \tag{2-61}$$

式中，σ_a 是轴向压缩应力；σ_b 是弯曲引起的有效轴向应力；σ_{acr} 是轴向屈曲应力；σ_{bcr} 是纯弯情况下的屈曲应力；σ_E 是绕弱轴的弹性屈曲应力；η 的许用值可以在船级社规范中查到。

2. 加筋板架的屈曲设计

加筋板架通常被用作海洋结构物的承重部件，典型的例子有船体梁、半潜式平台的浮筒和近海平台的甲板。加筋板架在压缩载荷的作用下的屈曲模态依赖于其几何形状、刚度和约束状态，可以大体分为总体屈曲和局部屈曲。图 2-19 显示了几种典型的加筋板架屈曲模式。

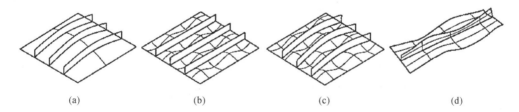

| (a) | (b) | (c) | (d) |

图 2-19　压缩载荷下几种典型的加筋板架屈曲模式

在图 2-19 中，图(a)是板架总体屈曲，这种屈曲模式通常从加筋板架开始，发生在加筋刚度与板刚度之比较小的情况；图(b)是加强筋之间板格的局部屈曲；图(c)是加强筋和带板组合结构的梁柱屈曲；图(d)是加强筋腹板的局部屈曲，通常称为加强筋引起的失效模式。

加强筋之间板格的欧拉应力(弹性屈曲应力)计算如下：

$$\sigma_E = C_E \frac{\pi^2 E}{12(1-v^2)} \left(\frac{t}{s}\right)^2 \tag{2-62}$$

式中，C_E 是屈曲系数，依赖于加载工况、长宽比、边界条件；s 是加强筋之间的间距；t 是板厚；E 是杨氏模量；v 是泊松比。在 ABS Rules for Building and Classing Steel Vessels(《钢制海船入级规范》)中，如果是纵向加筋板，即加筋方向与压缩应力方向平行，则屈曲系数 C_E 计算如下：

$$C_{E} = \frac{8.4}{\psi + 1.1}, \quad 0 \leqslant \psi \leqslant 1 \tag{2-63}$$

如果板是横向加筋，即加筋方向与压缩应力方向垂直，则屈曲系数 C_E 计算如下：

$$C_{E} = c_{E}\left[1+\left(\frac{s}{l}\right)^{2}\right]^{2}\frac{2.1}{\psi+1.1}, \quad 0 \leqslant \psi \leqslant 1 \tag{2-64}$$

式中，l 为板格的长边；若板格的加强材直接由横梁/肋骨或纵桁加强，$c_E =1.3$，若加强筋是角钢或 T 型材，$c_E =1.2$，若加强筋是球扁钢，$c_E =1.1$，若加强材是扁钢，$c_E =1.05$；ψ 是沿着板格边缘线性分布的应力中，最小的压缩应力与最大的压缩应力之比。

当板受到侧向压力时，压力应该由式(2-65)校核：

$$q_{d} \leqslant 4\eta_{p}R_{eH}\left(\frac{t}{s}\right)^{2}\left[\psi_{y}+\left(\frac{t}{s}\right)^{2}\psi_{x}\right] \tag{2-65}$$

其中，ψ_y 与 ψ_x 计算如下：

$$\psi_{y} = \frac{1-\left(\dfrac{\sigma_{e}}{\sigma_{F}}\right)^{2}}{\sqrt{1-\dfrac{3}{4}\left(\dfrac{\sigma_{x}}{\sigma_{F}}\right)^{2}-\left(\dfrac{\tau}{\sigma_{F}}\right)^{2}}} \tag{2-66}$$

$$\psi_{x} = \frac{1-\left(\dfrac{\sigma_{e}}{\sigma_{F}}\right)^{2}}{\sqrt{1-\dfrac{3}{4}\left(\dfrac{\sigma_{y}}{\sigma_{F}}\right)^{2}-\left(\dfrac{\tau}{\sigma_{F}}\right)^{2}}} \tag{2-67}$$

式中，q_d 是侧向设计压力；η_p 是规范中规定的最大许用系数；σ_e 是 von Mises 等效应力；σ_x 和 σ_y 分别为平行和垂直于加强筋的应力；σ_F 为屈服应力。

横向加筋的屈曲可以等效为梁柱的屈曲问题，等效的轴向载荷为

$$N_{x} = \sigma_{x}(A+st)+B\alpha\sigma_{y}st+C_{x}\tau st \tag{2-68}$$

式中，A 为横向加筋的横截面积；在没有加强筋，σ_y 小于横向弹性屈曲应力的情况下，$B=0$，否则，B 是应力水平的函数；对于均匀的 σ_y，$\alpha=1$，否则 $\alpha<1$；C_x 为临界剪切应力的函数，简化表达式为 l/s。

3. 桁材屈曲设计

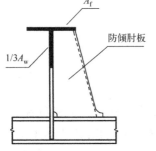

图 2-20　防倾肘板

桁材与板材连接，可能因为桁材的翼板或带板的屈曲而失效。带板受压失效导致的结果为桁材偏离板面，在与板的连接处的材料产生压缩屈服。翼板失效由扭转屈曲引起。典型的避免扭转屈曲的方法是设置防倾肘板，以减小桁材未受支撑的长度，图 2-20 为防倾肘板示意图，最小的支撑长度为 L_{GTO}，由式(2-69)

计算：

$$\frac{L_{\text{GTO}}}{b} = C_g \sqrt{\frac{EA_f}{R_{\text{eH}}\left(\dfrac{A_f + A_w}{3}\right)}} \tag{2-69}$$

式中，b 是翼板的宽度；对于对称翼板，$C_g = 0.55$，若只有一边有翼板，$C_g = 1.10$；A_f 和 A_w 分别为翼板和腹板的面积。

式(2-70)是规范给出的纵骨在垂直于板平面方向上的弹性屈曲应力：

$$\sigma_E = \frac{EI_\alpha}{1000 \times A_\alpha l_\alpha^2} \tag{2-70}$$

式中，I_α 为纵骨包括带板的惯性矩；A_α 为纵骨包括带板的横截面积；l_α 为纵骨纵向跨矩。带板宽度和强度分析时用到的带板宽度等效。

规范要求板格的屈曲设计应力 $\sigma_{\text{cr}} > \sigma_a$，纵骨的屈曲设计应力 $\sigma_{\text{cr}} > 1.1\sigma_a$。$\sigma_a$ 是包括重力载荷和波浪载荷在内的设计计算应力，也应用在强度设计中。屈曲设计应力 σ_{cr} 由式(2-71)给出：

$$\begin{cases} \sigma_{\text{cr}} = \sigma_E, & \sigma_E \leqslant \dfrac{R_{\text{eH}}}{2} \\ \sigma_{\text{cr}} = R_{\text{eH}}\left(1 - \dfrac{R_{\text{eH}}}{4\sigma_E}\right), & \sigma_E > \dfrac{R_{\text{eH}}}{2} \end{cases} \tag{2-71}$$

4. 圆柱壳的屈曲设计

圆柱壳结构单元经常承受压缩应力和外部压力的组合作用，因此必须在设计上满足屈曲强度要求。屈曲临界状态主要考虑纵向压缩应力、圆柱的弯曲应力、外部压力以及这些载荷的组合。典型的圆柱壳结构可能的屈曲模式(图 2-21)如下：

(1) 局部板格的屈曲，纵向加筋仍保持竖直，环向加筋保持圆形；

(2) 外板和纵向加筋屈曲，环向加筋保持圆形；

(3) 外板和环向加筋屈曲，纵向加筋仍保持竖直；

(4) 总体屈曲，屈曲发生在一个或多个环向加筋以及附在上面的板和纵向加筋；

(5) 局部加强筋屈曲，外板不发生变形；

(6) 圆柱壳整体的柱状屈曲。

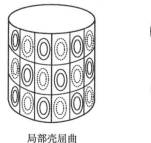  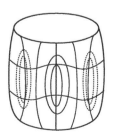

局部壳屈曲　　　　弯曲屈曲　　　　一般屈曲

图 2-21　典型的加筋圆柱壳屈曲模式

任何壳的屈曲校核第一步是设计载荷作用下应力状态的计算。壳的应力通常由轴向载荷、弯矩、扭矩、剪切力以及侧向压力控制，任一点应力状态可以由轴向应力、周向应力和与壳相切的剪切应力表示。柱面坐标(x, r, θ)分别表示圆柱壳的轴向、径向和环向坐标，在承受轴向力N和绕两个主轴的弯矩M_1与M_2的作用下，轴向应力可由式(2-72)～式(2-74)计算：

$$\sigma_x = \sigma_a + \sigma_b \tag{2-72}$$

$$\sigma_a = \frac{N}{2\pi rt} \tag{2-73}$$

$$\sigma_b = \frac{M_1}{\pi r^2 t}\sin\theta + \frac{M_2}{\pi r^2 t}\cos\theta \tag{2-74}$$

当圆柱壳有轴向加筋时，计算轴向应力可以采用等效厚度$t_e = t + A/s$，其中A是筋的截面积。剪切应力来源于剪力和扭矩，其计算公式与式(2-72)～式(2-74)类似。针对无周向加筋的壳，在侧向压力P作用下的周向应力为

$$\sigma_\theta = \frac{Pr}{t} \tag{2-75}$$

针对有周向加筋的壳，相邻两个周向加筋之间位置的周向应力为

$$\sigma_\theta = \frac{Pr}{t} - \frac{\alpha\zeta}{\alpha+1}\left(\frac{Pr}{t} - v\sigma_x\right) \tag{2-76}$$

其中，相关参数的计算如下：

$$\zeta = 2\frac{\sinh\beta\cos\beta + \cosh\beta\sin\beta}{\sinh\beta + \sin 2\beta} \tag{2-77}$$

$$\beta = \frac{l}{1.56\sqrt{rt}} \tag{2-78}$$

$$\alpha = \frac{A_R}{l_{eo}t} \tag{2-79}$$

$$l_{eo} = \frac{l}{\beta}\frac{\cosh 2\beta - \cos 2\beta}{\sinh 2\beta + \sin 2\beta} \tag{2-80}$$

式中，l为相邻环向加强筋间距。圆柱壳的相关临界屈曲应力和屈曲强度校核公式可以在规范中查到，这里只介绍一些基本情况。对于非加筋圆柱壳，其弹性屈曲应力可由式(2-81)、式(2-82)给出：

$$f_E = C\frac{\pi^2 E}{12(1-v^2)}\left(\frac{t}{l}\right)^2 \tag{2-81}$$

$$C_{eo} = \psi\sqrt{1+\left(\frac{\rho\xi}{\psi}\right)^2} \tag{2-82}$$

表2-10给出了不同载荷下，非加筋圆柱壳屈曲系数C_{eo}中各个参数的值。

表 2-10　非加筋圆柱壳屈曲系数中参数值

载荷	ψ	ξ	ρ
轴向应力	1	0.702Z	$0.5\left(1+\dfrac{r}{150t}\right)^{-0.5}$
弯矩	1	0.702Z	$0.5\left(1+\dfrac{r}{300t}\right)^{-0.5}$
扭转和剪切应力	5.34	$0.856Z^{3/4}$	0.6
侧向压力	4	$1.04\sqrt{Z}$	0.6
静水压力	2	$1.04\sqrt{Z}$	0.6

注：$Z=\dfrac{l^2}{rt}\sqrt{1-v^2}$。

练 习 题

1. 简述浮式平台设计的总体要求。
2. 简述浮式平台总体性能与定位系统要求。
3. 查阅相关规范资料，总结半潜式平台与张力腿平台立柱结构的功能异同。
4. 简述半潜式平台、张力腿平台与 SPAR 平台的总尺度规划流程。
5. 屈曲有哪些分类？特点各是什么？
6. 梁与柱的屈曲模式有哪些？
7. 圆柱壳可能的屈曲模式有哪些？都是由什么因素造成的？
8. 采用简化公式计算表中 ETLP 在单位波幅下的垂荡力。张力腿平台的主要参数如表 2-11 所示，坐标原点取在平台重心处。

表 2-11　张力腿平台主要参数

参数	数值	单位	参数	数值	单位
平台总质量 (包含立管张力)	16120000	kg	延伸旁通体积	3256.072	m³
张力筋数目	8	—	延伸旁通截面积	59.526	m²
立柱间距	20	m	延伸旁通宽度	7.71531	m
内旁通间距	20	m	延伸旁通高度	7.71531	m
延伸(外)旁通长	13.675	m	延伸旁通吃水	26.14235	m
延伸旁通径向半径	6.8375	m	立柱浸水体积	12698.68	m³
外内旁通体积比	0.5	—	立柱直径	11.61058	m
张力筋总的预张力	67704000	N	内旁通长度	28.38942	m
单根张力筋预张力	8463000	N	延伸旁通跨距	28.9398	m
平台总排水量	23028571	kg	张力筋跨距	33.77464	m
立柱吃水	30	m	平台质心	0	m
立柱/旁通体积比	1.3	—	立柱附加量质心	−24.6423	m
内旁通体积	6512.145	m³	旁通附加量质心	−35.8559	m
内旁通截面积	57.34658	m²	纵荡附加质量	23095321	kg
内旁通宽度	7.572752	m	纵荡附加质量中心	−29.5361	m
内旁通高度	7.572752	m	立柱纵荡力作用点垂向坐标	−23.6366	m
内旁通吃水	26.21362	m	内外旁通纵荡力作用点垂向坐标	−35.8082	m

第3章 浮式平台总体性能分析

在风、波浪和海流等环境载荷作用下，浮式平台将产生六个自由度的摇荡运动，与平台相连接的锚泊和海洋立管也会产生复杂的动力响应。浮式平台流体载荷效应和相关的动力响应会对平台作业和安全产生重要影响。浮式平台总体性能分析的主要目的是考察所设计的平台是否能够满足功能需求，重点考察平台总体尺度规划结果的合理性，计算平台运动特性和各自由度上的响应周期，估算平台受到的波浪载荷并搜索设计波，为以后的平台结构设计提供基础数据。主要计算分析平台吃水与排水量、平台六个自由度方向的运动特性、平台波浪载荷、平台气隙性能以及定位性能等内容。浮式平台总体性能分析流程图如图 3-1 所示。

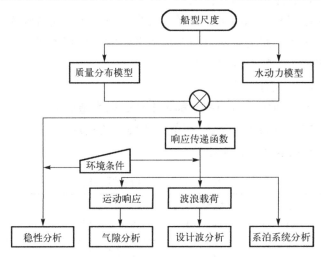

图 3-1　浮式平台总体性能分析流程图

本章重点介绍浮式平台稳性计算原理以及基于三维辐射/绕射势流理论的水动力计算原理，并在此基础上详细阐述稳性校核分析、响应传递函数与气隙分析的计算流程，波浪载荷分析及定位性能分析将在后续相关章节进一步介绍。

3.1　平台稳性分析

3.1.1　稳性的定义

浮式平台在作业时，风、波浪等外力作用使其离开原来的平衡位置而产生偏移和倾斜，之后由于平台自身所具有的恢复能力回到平衡位置，浮式平台经常处于上述平衡与不平衡的往复运动之中。为了平台的安全，设计要求浮式平台应具有良好的恢复平衡的能力。

如图 3-2 所示，若平台在倾斜力矩作用下缓慢地倾斜一个角度φ，其水线由 WL 变为 WL$_1$，由于平台重量在倾斜前后没有改变，则其重心将保持原来的位置，排水体积也没有改变，但由于水线位置的变化使得排水体积的形状发生了改变，当浮心移至 B_1 点，重心和浮心不再位于同一直线上，因而浮力与重力形成一对力偶 M_R，这个力偶称为恢复力矩，它与倾斜力矩的方向相反，起着抵抗倾斜的作用，若倾斜力矩消失，则恢复力矩将促使平台回到原来的平衡位置。浮式平台在外力作用下离开平衡位置，当外力消除后又能够恢复到平衡位置的能力称为稳性。

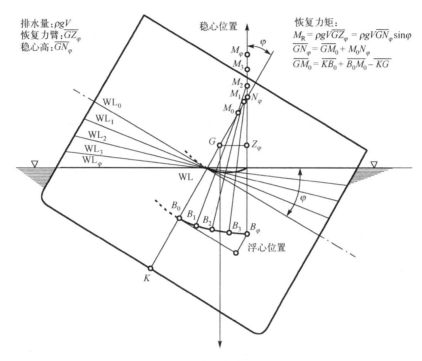

图 3-2　平台的倾斜与恢复

倾斜力矩的大小取决于风、波浪等环境条件，恢复力矩的大小取决于平台排水量、重心高度及浮心移动的距离等因素，讨论浮式平台的稳性问题就是研究倾斜力矩和恢复力矩之间的数学关系。稳性可以做如下分类。

1) 按倾斜力矩的性质分类

(1) 静稳性：在静态外力作用下，不计及倾斜角速度的稳性。

(2) 动稳性：在动态外力作用下，计及倾斜角速度的稳性。

2) 按平台倾斜方向分类

(1) 横稳性：平台向左舷或右舷倾斜时的稳性。

(2) 纵稳性：向艏部或艉部倾斜时的稳性。

3) 按平台倾斜角度大小分类

(1) 初稳性：也称小倾角稳性，一般指倾角小于 10°或平台上甲板边缘开始入水前(取其较小者)的稳性。

(2) 大倾角稳性：一般指倾角大于 10°或平台上甲板边缘开始入水后的稳性。

4) 按平台结构完整性分类

(1) 完整稳性：平台结构完整状态下的稳性。

(2) 破舱稳性：又称破损稳性，平台结构破损进水后的剩余稳性。

1. 初稳性

如图 3-2 所示，当平台发生小角度倾斜时，浮心从 B_0 点移至 B_1 点，此时浮力作用线与平台剖面中线相交于 M_0 点，该点称为初稳心，$\overline{GM_0}$ 的长度称为稳心半径，$\overline{GM_0}$ 的长度称为初稳性高。稳心位置与平台主尺度和船型有关，而重心与平台的装载状态有关，两者中只要有一个改变，就会引起初稳性高 $\overline{GM_0}$ 长度的改变，从而影响平台的稳性，因此，初稳性高的长度是衡量平台初稳性的一个重要指标。

2. 大倾角稳性

当平台遭遇恶劣风浪条件时，初稳性的假定条件将不再适用，因而不能再用初稳性来判别平台是否具有足够的稳性。如图 3-2 所示，平台倾斜一个大角度 φ 后，水线位置变为 WL_φ，浮心点移至 B_φ 点，但其移动曲线不再是圆弧，因而浮力作用线与平台剖面中线不再交于初稳心 M_0 点。

此时，恢复力臂 $\overline{GZ_\varphi}$ 随倾角的变化而变化，无法用简单公式计算，通常根据计算结果绘制成如图 3-3 所示的静稳性曲线，作为衡量平台大倾角稳性的依据。平台受到的倾斜力矩如果是静力性质的，那么倾斜力矩所做的功将全部转化为平台位能，其数值等于静稳性曲线下的面积，这个面积越大，平台的稳性越高。

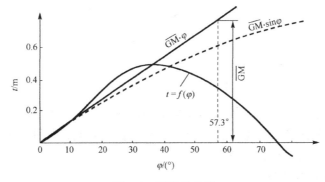

图 3-3　静稳性曲线

3.1.2　平台静水力要素计算

对于某一水线，可以先分别计算单个几何体的静水力要素，然后再计算整个平台的静水力要素，如式(3-1)~式(3-6)所示。

总排水体积：

$$V = \sum_{i=1}^{n} v_i \tag{3-1}$$

平台浮心坐标：

$$
\begin{cases}
x_{\mathrm{B}} = \dfrac{1}{\nabla}\sum_{i=1}^{n} x_i v_i \\[2mm]
y_{\mathrm{B}} = \dfrac{1}{\nabla}\sum_{i=1}^{n} y_i v_i \\[2mm]
z_{\mathrm{B}} = \dfrac{1}{\nabla}\sum_{i=1}^{n} z_i v_i
\end{cases}
\tag{3-2}
$$

水线面面积：

$$
A_{\mathrm{w}} = \sum_{i=1}^{n} A_{\mathrm{w}i}
\tag{3-3}
$$

漂心坐标：

$$
\begin{cases}
x_{\mathrm{F}} = \dfrac{1}{\nabla}\sum_{i=1}^{n} x_{\mathrm{F}i} A_{\mathrm{w}i} \\[2mm]
y_{\mathrm{F}} = \dfrac{1}{\nabla}\sum_{i=1}^{n} y_{\mathrm{F}i} A_{\mathrm{w}i}
\end{cases}
\tag{3-4}
$$

横稳心半径和纵稳心半径：

$$
\begin{cases}
\overline{\mathrm{BM}} = \dfrac{1}{\nabla}\left[\sum_{i=1}^{n}(i_x + A_{\mathrm{w}i} y_{\mathrm{F}i}^2) - A_{\mathrm{w}} y_{\mathrm{F}}^2 \right] \\[3mm]
\overline{\mathrm{BM}}_{\mathrm{L}} = \dfrac{1}{\nabla}\left[\sum_{i=1}^{n}(i_y + A_{\mathrm{w}i} x_{\mathrm{F}i}^2) - A_{\mathrm{w}} x_{\mathrm{F}}^2 \right]
\end{cases}
\tag{3-5}
$$

静稳性臂：

$$
\begin{cases}
l_{\mathrm{trim}} = (x_{\mathrm{B}} - x_{\mathrm{G}})\cos\theta + (z_{\mathrm{B}} - z_{\mathrm{G}})\sin\theta \\[2mm]
l_{\mathrm{heel}} = (y_{\mathrm{B}} - y_{\mathrm{G}})\cos\varphi + (z_{\mathrm{B}} - z_{\mathrm{G}})\sin\varphi
\end{cases}
\tag{3-6}
$$

式(3-1)～式(3-6)中，下角 i 表示水线以下某一规则几何体的编号；v_i 为组成平台的不同几何体的排水体积；(x_i, y_i, z_i) 为组成平台的不同几何体的浮心坐标；$A_{\mathrm{w}i}$ 为组成平台的不同几何体的水线面面积；i_x 为平台对 x 轴的惯性矩，i_y 为平台对 y 轴的惯性矩；$(x_{\mathrm{B}}, y_{\mathrm{B}}, z_{\mathrm{B}})$ 为平台浮心坐标，$(x_{\mathrm{G}}, y_{\mathrm{G}}, z_{\mathrm{G}})$ 为平台重心坐标；φ 为平台横倾角；θ 为平台纵倾角。

例题：平台重心在龙骨上方 3.5m 处，吃水 1m，下部浮体尺寸如图 3-4 所示。如果 $\overline{GM}$ 不小于 2m，则 d 的最小值是多少？

解：假设船长为 L，I_T 为面积二阶矩，且已知立柱宽度 $b = 1.5$m，吃水 $T = 1$m，则

基线至浮心距离：　　　　$\overline{KB} = 0.5$m

浮心至稳心距离：　　　　$\overline{BM} = \dfrac{I_T}{\nabla} = \dfrac{2\times\left[\dfrac{L\times b^3}{12} + \left(\dfrac{d}{2}\right)^2 + L\times b\right]}{2\times L\times b\times T} = \dfrac{1.5^2}{12} + \dfrac{d^2}{4}$

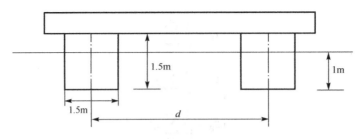

图 3-4　下部浮体尺寸

重心至稳心距离：　　　$\overline{GM} = \overline{KB} + \overline{BM} - \overline{KG} = 0.5 + \dfrac{1.5^2}{12} + \dfrac{d^2}{4} - 3.5 \geqslant 2$

即：　　　　　　　　　$d \geqslant 4.39\text{m}$

3.1.3　横截曲线与进水角曲线计算

平台漂浮于水面上时，其稳性计算的基本原理和方法与船舶是一样的，但需要注意的是，由于平台的长度和宽度比较接近，而且在海上将受到各种方向的风浪的作用，所以平台稳性不能像常规船舶那样只校核横稳性，而应考虑平台在不同风向时的稳性。此外，平台的稳性计算还要考虑采用自由纵倾计算方法，稳性校核计算包括不同倾斜方向和各种装载状态下的倾斜力矩、恢复力矩和进水角的计算。

对于半潜式平台计算可采用图 3-5 所示的坐标系。坐标原点 O 在平台中纵剖面、中横剖面及基平面的交点处。X 轴指向艏部为正，Y 轴指向左舷为正。为了计算平台在不同风向角下的稳性，图中也定义了另一坐标系，即 X_β 和 Y_β 绕 Z 轴旋转了一个 β 角，原点仍然在 O，β 为风向与 X 轴的夹角，即 X_β 与风向一致。

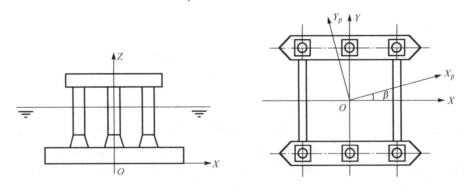

图 3-5　半潜式平台坐标系

上述坐标系的定义可推导出这两种坐标系的关系为

$$\begin{cases} X_\beta = X\cos\beta + Y\sin\beta \\ Y_\beta = -X\sin\beta + Y\cos\beta \\ Z_\beta = Z \end{cases} \tag{3-7}$$

按上述坐标系，若平台顺着风向倾斜一个倾角 ξ，如图 3-6 所示，则水线面方程可表示为

$$Z = X_\beta \tan\xi + h \tag{3-8}$$

式中，h 为水线面在 Z 轴上的截距。

对应某一风向角 β，以水线面倾角 ξ、水线面截距 h 为变量，可得到一系列的水线面方程。求出任一倾斜水线面下各几何体的排水体积及其对假定重心的体积矩，累加后可求得平台在各倾斜水线下的排水量及其对应的形状恢复力臂，即可得出稳性横截曲线。

若已知平台某一工况的排水量和重心位置(X_G, Y_G, Z_G)，则利用稳性横截曲线可求得该排水量时的形状恢复力臂曲线，并根据实际重心位置与计算横截曲线时的假定重心位置的差值对恢复力臂曲线进行修正，从而得出该工况下的静稳性曲线。

一定的风向角 β 及水线面倾角 ξ，必与平台一定的横倾角 φ 及纵倾角 θ 满足式(3-9)的关系：

$$\begin{cases} \tan\xi = \pm\sqrt{\tan^2\varphi + \tan^2\theta} \\ \tan\beta = \tan\varphi / \tan\theta \end{cases} \tag{3-9}$$

在校核平台稳性时，一般至少要计算平台沿横向、纵向和对角线方向的三组横截曲线。对于长宽比较大的平台，若能确定横向稳性最小，也可只校核横向稳性。

设平台上某一进水口的坐标为 X_j、Y_j、Z_j，则在 $X_\omega Y_\omega Z_\omega$ 坐标系中为 $X_{j\omega}$、$Y_{j\omega}$、$Z_{j\omega}$。通过该进水口的倾斜水面方程为

$$Z = (X_\omega - X_{j\omega})\tan\xi + Z_j \tag{3-10}$$

对应某一进水口和风向角，给出一组水线倾斜角 ξ(如 $\xi = 10°, 20°, \cdots, 60°$)便可得出如图 3-7 所示的一组水线。按照前面计算倾斜水线下排水体积的方法，可得到各倾斜水线下的排水体积，求出进水角曲线。平台上往往有几个进水口，而且当平台向不同方向倾斜时，最先进水的进水口也往往是不同的，应该算出各进水口在各风向下的进水角曲线，以便确定进水角。平台的稳性和进水角有很大关系，因此在考虑平台开口的水密性时应充分注意。

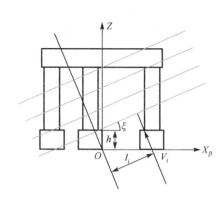

图 3-6　平台稳性横截曲线计算

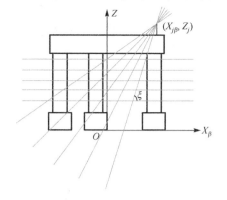

图 3-7　进水角曲线计算

3.1.4　平台稳性衡准

浮式平台的完整稳性和破舱稳性应当满足国际准则和采用的规范。例如，IMO MODU

CODE 2001 与 ABS MODU 2006 假定平台处于无系泊约束的漂浮状态，在任何浮态均应当保持稳心高为正。

1. 完整稳性要求

完整稳性要求如下。

(1) 运输与作业工况下应具备足够的稳性以抵御不小于 36m/s(约 70kn)的风速，生存工况下能抵御不小于 51.5m/s(约 100kn)的风速。

(2) 静稳性曲线与风倾力矩曲线(图 3-8)下所包含的面积满足：

$$(A+B) \geqslant 1.3(B+C)$$

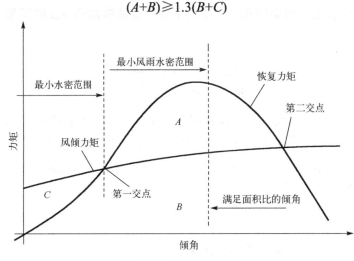

图 3-8 完整稳性曲线

2. 破舱稳性要求

破舱稳性要求如下。

(1) 平台发生破舱后的稳性能力能够抵御不小于 25.8m/s(约 50kn)的风速。

(2) 发生破舱后的平台承受风速为 25.8m/s(约 50kn)的风倾力矩时，稳性曲线与风倾力矩曲线(图 3-9)的第一交点、第二交点之间跨越的角度大于 7°。

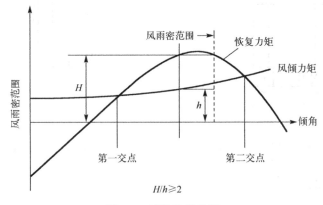

图 3-9 破舱稳性曲线

(3) 发生破舱后的平台承受风速为 25.8m/s(约 50kn)的风倾力矩时,稳性曲线与风倾力矩曲线(图 3-9)的第一交点、第二交点之间必须存在某一倾角，在该处恢复力矩达到风倾力矩的 2 倍。

(4) IMO MODU CODE 要求，发生破舱后的平台重新建立平衡时，水面以下部分应当保持水密，新平衡状态的水面必须低于风雨密进水口至少 4m，或者进水角大于平衡角至少 7°，如图 3-10 所示。

(5) IMO MODU CODE 要求，发生破舱后的平台倾斜角不大于 25°。

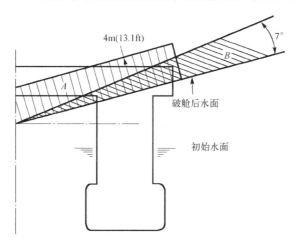

图 3-10　破舱状态风雨密要求示意图

A—风雨密范围；*B*—水密范围

3. 破舱范围

计算破舱稳性时应遵循下列原则。

(1) 立柱破舱仅发生在靠近外侧表面。

(2) 立柱破舱可能发生在水面以上 5m、水面以下 3m 的区域内，破舱口的竖向尺度为 3m，如果破舱范围内有舱壁，则假定与该舱壁邻近的两个舱室均发生破舱。

(3) 立柱发生破舱时，破口浸入深度为 1.5m。

(4) 浮箱或横撑破舱仅在运输过程中发生，破舱范围和程度与立柱相同。

4. 稳性分析方法

浮式平台在平台浮体干拖时的装船/下水过程、湿拖过程、平台安装过程、平台在位状态等关键点需进行稳性分析。稳性分析流程图如图 3-11 所示。

(1) 通过计算不同方向、不同横倾角时平台受到的风载荷及风力作用中心位置，从而得到风倾力矩，即

$$F = 0.5 C_S C_H \rho v^2 A \tag{3-11}$$

式中，F 为风载荷；C_S 为风力形状系数(具体数据见表 3-1)；C_H 为风力高度系数(具体数据见表 3-2)；ρ 为空气密度(1.222 kg/m^3)；v 为风速；A 为平台受风物体的投影面积。

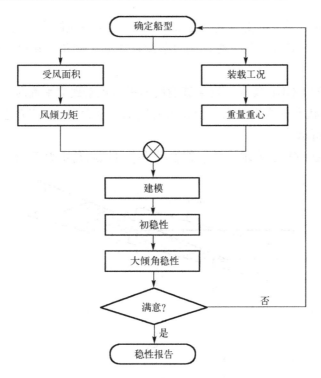

图 3-11　浮式平台稳性分析流程图

表 3-1　风力形状系数表

形状	球	柱	大尺度平面	井架	线	梁	小部件	孤立物体	集中建筑
C_S	0.4	0.5	1.0	1.25	1.2	1.3	1.4	1.5	1.1

表 3-2　风力高度系数表

高度/m	C_H	高度/m	C_H
0～15.3	1.00	137.0～152.5	1.60
15.3～30.5	1.10	152.5～167.5	1.63
30.5～46.0	1.20	167.5～183.0	1.67
46.0～61.0	1.30	183.0～198.0	1.70
61.0～76.0	1.37	198.0～213.5	1.72
76.0～91.5	1.43	213.5～228.5	1.75
91.5～106.5	1.48	228.5～244.0	1.77
106.5～122.0	1.52	244.0～256.0	1.79
122.0～137.0	1.56	＞256.0	1.80

(2) 建立平台湿表面模型、质量模型。

(3) 根据平台水密性能数据定义进水口。

(4) 指定吃水, 使用静水力计算程序计算平台在不同横倾角时的恢复力矩, 获得稳性高、进水口入水横倾角等参数。

(5) 绘制稳性曲线、风倾力矩曲线, 确定两曲线交点所对应的横倾角。

(6) 根据稳性要求校核平台稳性。

(7) 在运输工况和生存工况的范围内改变吃水，返回第(4)步重新计算，获得各吃水情况下的重心允许高度。

上述稳性分析方法适用于完整稳性和破舱稳性分析，有所不同的是两种工况下平台的装载情况、初始倾角、稳性要求等，此外，破舱稳性分析过程中还应考虑到破损舱室的充水率、破损舱室的工况组合对稳性的影响。

3.2 平台波浪载荷计算

结构尺度大小相对于波浪波长大小而有所不同，波浪载荷特性也会产生较大的区别。一般结构物的特征长度 D 大于 $1/6$ 的波长($D > \lambda/6$)时，物体本身对于波浪会产生较为明显的影响(即结构物的绕射作用，并相应地产生绕射波浪力)。结构特征长度小于波长的 $1/5$，结构对于波浪的影响基本可以忽略，此时黏性载荷与惯性载荷是波浪载荷的主要成分。

在海洋工程浮体分析中，诸如 FPSO、半潜式平台、SPAR 平台、张力腿平台以及其他工程船舶(起重船、铺管船、驳船等)都属于大型结构物，其绕射作用不可忽略。而 Truss SPAR 平台的桁架结构、垂荡板结构以及其他小直径结构物适合使用莫里森公式进行波浪载荷计算。对于一些大尺度、小尺度结构共存的浮体(如 Truss SPAR 平台与具有横撑/斜撑的半潜式平台)，想要真实地计算结构整体受到的波浪载荷，需要同时考虑大尺度结构部件的绕射波浪载荷以及小尺度结构部件的黏性波浪载荷。

3.2.1 线性辐射/绕射势流理论

1. 坐标系定义

为了描述入射波、浮体运动和流场速度势以及浮体剖面载荷，引入以下三个右旋坐标系，具体如图 3-12 所示。其中，空间固定坐标系 $O\text{-}XYZ$，原点 O 位于未扰动的水平面上，Z 轴垂直向上；随体平动坐标系 $o\text{-}xyz$，原点 o 位于未扰动的水平面上，z 轴垂直向上，这个坐标系不随浮体摇荡而运动，用以描述浮体未扰动的平衡位置；固连于浮体的坐标系 $G\text{-}x_By_Bz_B$，原点 G 一般为浮体的重心。浮体的运动可以分为以重心 G 为原点的三个方向上的平动和三个围绕 G 点的转动，在许多情况下有些运动是小幅度的。因此假设浮体处于均匀、无黏性、不可压缩的理想流场中，流体无旋即有势，入射波是线性微幅波。浮体在微幅波作用下做六自由度运动，浮体无航速，入射波沿 x 轴负方向传播，浪向为 β，迎浪时定义 $\beta = 0°$。

浮式平台的刚体运动包括三个线位移和三个角位移运动。在浮体相对于平动坐标系运动后，连体坐标系原点 G 在 ox、oy、oz 方向的位移分量分别为纵荡 η_1、横荡 η_2、垂荡 η_3。连体坐标系相对于平动坐标系绕 ox、oy、oz 方向的转动角度可用三个欧拉角来度量，分别记为横摇角 η_4、纵摇角 η_5、艏摇角 η_6，这三个欧拉角构成了浮体转动姿态变化情况。

2. 速度势的分解与定解条件

浮式平台在规则波作用下的辐射/绕射分析主要应用势流理论，假设流体是理想无旋

的，入射波是小振幅的，可以线性叠加。为了寻求流场的稳态解，将总速度势 $\Phi(X,Y,Z,t)$ 表示为

$$\Phi(X,Y,Z,t) = \mathrm{Re}[\phi(X,Y,Z)\mathrm{e}^{-\mathrm{i}\omega t}] \tag{3-12}$$

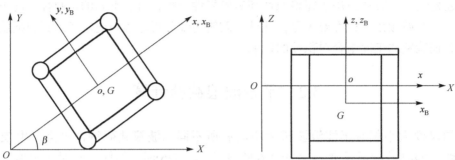

图 3-12 描述浮体运动的三个坐标系

线性条件下入射波的一阶速度势为

$$\phi_0 = \frac{g\varsigma_a}{2\mathrm{i}\omega} \cdot \frac{\mathrm{ch}[k(Z+h)]}{\mathrm{ch}(kh)} \mathrm{e}^{\mathrm{i}k(X\cos\beta + Y\sin\beta)} \tag{3-13}$$

式中，ς_a 为入射波幅；k 为波数；β 为浪向；h 为水深。为寻求问题的线性解，把流体和浮体的运动作为一阶无穷小，即将问题线性化，因此可以对流体的速度势进行线性叠加。

首先从总速度势出发，分离出入射波部分，即

$$\phi = \phi_0 + \phi_p \tag{3-14}$$

然后根据总速度势的物面条件，得到扰动势 ϕ_p 在物面上的条件，即

$$\frac{\partial \phi_p}{\partial n} = \sum_{j=1}^{6} v_j n_j - \frac{\partial \phi_0}{\partial n} \tag{3-15}$$

式中，v_j 为物体运动速度。由此可见，根据叠加原理可以将扰动势分解为下面 7 个组成部分，即

$$\phi_p = \sum_{j=1}^{6} v_j \phi_j + \phi_7 \tag{3-16}$$

式中，ϕ_j 为辐射势；ϕ_7 为绕射势。形象的说法为：辐射问题是浮体动而水不动(浮体在静水中做微幅简谐振动)，绕射问题是水动而浮体不动(浮体固定在入射波中)。这样把辐射势和绕射势的定解条件综合在一起，得到完整的定解条件：

$$\begin{cases} \nabla^2 \phi_j = 0, & j=1,2,\cdots,7 & \text{(流场内拉普拉斯方程)} \\ \dfrac{\partial \phi_j}{\partial z} - \dfrac{\omega^2}{g}\phi_j = 0, & z=0, j=1,2,\cdots,7 & \text{(自由面边界条件)} \\ \dfrac{\partial \phi_j}{\partial z} = 0, & z=-h, j=1,2,\cdots,7 & \text{(底部条件)} \\ \dfrac{\partial \phi_j}{\partial z} = n_j, \dfrac{\partial \phi_7}{\partial n} = -\dfrac{\partial \phi_0}{\partial n}, & j=1,2,\cdots,6 & \text{(物面条件)} \\ \phi_j = O\left(\dfrac{1}{\sqrt{\rho}}\mathrm{e}^{\mathrm{i}k_0\rho}\right), & j=1,2,\cdots,7 & \text{(远方条件)} \end{cases} \tag{3-17}$$

式中，∇ 为汉密尔顿算子。

3. 速度势的求解

目前求解三维辐射和绕射问题的方法很多，一般采用如下两种方法：一种是基于解析的自由面格林函数方法；另一种是基于简单格林函数的 Rankine 源方法。其中用简单格林函数法求解速度势的方法较为普遍，该方法又称为奇点分布法或赫斯-史密斯(Hess-Smith)方法，在应用上相当灵活，对边界的适应性较强。而且选取合适的格林函数形式，对于线性问题，边界积分可以简化为仅在流固交界面上进行。格林函数法的基础是格林公式，它们可由高斯公式推导得到。对于三维空间的有界区域 V，有以下三个格林公式：

$$\iint_S \phi \frac{\partial \psi}{\partial n} \mathrm{d}S = \iiint_V (\phi \nabla^2 \psi + \nabla \phi \cdot \nabla \psi) \mathrm{d}V \tag{3-18}$$

$$\iint_S \left(\phi \frac{\partial \psi}{\partial n} - \psi \frac{\partial \psi}{\partial n} \right) \mathrm{d}S = \iiint_V (\phi \nabla^2 \psi - \psi \nabla^2 \phi) \mathrm{d}V \tag{3-19}$$

$$\phi(p) = \frac{1}{4\pi} \iint_S \left[\frac{1}{r_{pq}} \cdot \frac{\partial \phi(q)}{\partial n_q} - \phi(q) \frac{\partial}{\partial n_q} \frac{1}{r_{pq}} \right] \mathrm{d}S_q \tag{3-20}$$

式中，S 表示充分光滑的边界面；向量 n 为曲面 S 的单位外法线矢量分量；p 是域内一点；r_{pq} 表示定点 p 到动点 q 的距离。格林公式告诉我们，适合拉普拉斯方程的函数在域内任一点的数值都可以用边界上的值和法向导数来表示，或者说在边界上布置分布源和沿法向方向的分布偶极便可描述域内的函数。如果场点 p 为任意一点，那么对于内域问题，按场点位置不同有如下的格林第三公式：

$$\phi(p) = -\frac{1}{4\pi} \iint_S \left(\phi \frac{\partial}{\partial n} \frac{1}{r} - \frac{1}{r} \frac{\partial \phi}{\partial n} \right) \mathrm{d}S = \begin{cases} -2\pi\phi(x,y,z), & p \in 域内 \\ -\pi\phi(x,y,z), & p \in 边界上 \\ 0, & p \notin 域内 \end{cases} \tag{3-21}$$

下面以 p 点在域内为例，求解三维无航速情况下浮体的速度势。当 p 点在域内时，应用空间域内格林公式，有

$$\phi(p) = \iint_S \sigma(q) G(p,q) \mathrm{d}S \tag{3-22}$$

式中，$\sigma(q)$ 为分布源密度；$G(p,q) = 1/r_{pq} + H(p,q) = 1/r_{pq} - 1/r_{p\bar{q}}$ 为格林函数，$H(p,q) = -1/r_{p\bar{q}}$ 为修正项，$\bar{q}$ 为 q 的影像点。式(3-22)求解的关键是给出合适的格林函数表达式，经过大量学者多年的研究，目前已经得出几个常用的格林函数，其表达式为

三维无限水深格林函数表达式：

$$G(p,q) = \frac{1}{r_{pq}} + \frac{1}{r_{p\bar{q}}} + 2\nu \mathrm{P.V.} \int_0^\infty \frac{1}{k-\nu} \mathrm{e}^{k(z+\zeta)} J_0(kR) \mathrm{d}k + \mathrm{i}2\pi\nu \mathrm{e}^{\nu(z+\zeta)} J_0(\nu R) \tag{3-23}$$

三维有限水深格林函数表达式：

$$G(p,q) = \frac{1}{r} + \frac{1}{r_2} + \int_L \frac{2(k+\nu)\mathrm{e}^{-kh}\mathrm{ch}[k(\zeta+h)]}{k\mathrm{sh}(kh) - \nu\mathrm{ch}(kh)} \mathrm{ch}[k(z+h)] J_0(kR) \mathrm{d}k \tag{3-24}$$

式中，$v = \dfrac{\omega^2}{g}$；$J_0(kR) \approx \sqrt{\dfrac{2}{\pi kR}} \cos\left(kR - \dfrac{\pi}{4}\right)$；$r = R^2 + (z - \zeta)^2$；$r_2 = R^2 + (z + \zeta + 2h)^2$。

在已知格林函数的前提下，结合物面条件通过对分布源模型公式的变换，可以得到下面的关系式，即分布源密度 σ 所适合的线性积分方程：

$$2\pi\sigma(p) + \iint\limits_{s\text{-}\varepsilon} \sigma(q)\frac{\partial}{\partial n_p}\frac{1}{r_{pq}}\mathrm{d}S_q = -V_\infty \cdot n_p \tag{3-25}$$

通常把式(3-25)转换成线性代数方程组，即用离散量代替连续变量，这就是常说的面元法。

对于浮式平台物来说，一般是用平面四边形和三角形来代替小曲面，表达式为

$$S = \sum_{j=1}^{N} \Delta S_j \tag{3-26}$$

因此，物面 S 上的积分可以用 N 个平面四边形(三角形)上的积分来近似表示为

$$\iint\limits_{S} \sigma(q)\frac{\partial}{\partial n_p}\frac{1}{r_{pq}}\mathrm{d}S_q \approx \sum_{j=1}^{N}\sigma_j \iint\limits_{\Delta S_j}\frac{\partial}{\partial n_{p_i}}\frac{1}{r_{pq}}\mathrm{d}S_q \tag{3-27}$$

这样，积分方程便可以转换为 N 阶线性代数方程组：

$$\sum_{j=1}^{N} a_{ij}\sigma_j = b_i \ \ (i = 1, 2, \cdots, N) \tag{3-28}$$

式中，$b_i = -V_\infty \cdot n_{p_i}$；$a_{ij}$ 为影响系数，$a_{ij} = \iint\limits_{\Delta S_j}\frac{\partial}{\partial n_{p_i}}\frac{1}{r_{p_iq}}\mathrm{d}S_q (j \neq i)$，$a_{ii} = 2\pi$。

求解上述线性代数方程组，得到 σ_j 的值以后，就可以得到速度势 $\phi(p)$ 在控制点 p_i 处的值为

$$\phi(p_i) \approx \sum_{j=1}^{N} c_{ij}\sigma_j, \quad c_{ij} = \iint\limits_{\Delta S_j}\frac{1}{r_{p_iq}}\mathrm{d}S_q \tag{3-29}$$

3.2.2　静水力与惯性力

浮体受波浪作用产生摇荡运动，对应的垂荡、横摇和纵摇运动会引起浮体水下排水体积的变化，存在与浮体摇荡位移反向的静水恢复力(力矩)。常将静水压力产生的船体作用力和由重心位置变化产生的船体作用力合在一起考虑。

当浮体无约束自由漂浮时，将力和力矩分量写为

$$F_{Sj} = -\sum_{j=1}^{6} C_{jk}\eta_k \tag{3-30}$$

式中，C_{jk} 为静水恢复力系数，表达式为

$$
C_{jk} = \begin{bmatrix}
0 & 0 & 0 & 0 & 0 & 0 \\
0 & 0 & 0 & 0 & 0 & 0 \\
0 & 0 & \rho g S & \rho g S_2 & -\rho g S_1 & 0 \\
0 & 0 & \rho g S_2 & \rho g(S_{22}+Vz_B)-mgz_G & -\rho g S_{12} & -\rho g V x_B + mgx_G \\
0 & 0 & -\rho g S_1 & -\rho g S_{12} & \rho g(S_{11}+Vz_B)-mgz_G & -\rho g V y_B + mgy_G \\
0 & 0 & 0 & -\rho g V x_B + mgx_G & -\rho g V y_B + mgy_G & 0
\end{bmatrix}
$$

$$(3\text{-}31)$$

式中，m 为质量；ρ 为水密度；V 为浮体排水体积；重心坐标为 (x_G, y_G, z_G)；浮心坐标为 (x_B, y_B, z_B)；S 是浮体水线面面积；S_i, S_{ij} 分别为水线面一阶矩和二阶矩。

对于自由漂浮浮体，$m = \rho V$，静力平衡时要求重心与浮心在同一垂线上，即 $x_B = x_G$，$y_B = y_G$。此时 $C_{46} = C_{64} = C_{56} = C_{65} = 0$。

浸水体积对称于 $G\text{-}x_B z_B$ 平面的物体仅有的非零系数：

$$
\begin{aligned}
C_{33} &= \rho g S \\
C_{35} &= C_{53} = -\rho g S_1 \\
C_{44} &= \rho g(S_{22}+Vz_B) - mgz_G = \rho g V \cdot \overline{GM}_T \\
C_{55} &= \rho g(S_{11}+Vz_B) - mgz_G = \rho g V \cdot \overline{GM}_L
\end{aligned}
$$

$$(3\text{-}32)$$

式中，$\overline{GM}_T$、$\overline{GM}_L$ 代表横稳性高和纵稳性高。对于系泊的结构物来说，还需要加上额外的恢复力。然而，伸展开的锚泊系统对线性波浪诱导运动的影响一般是非常小的。不过也有特殊情况，例如，张力腿平台的张力筋对平台垂荡、纵摇和横摇恢复力贡献很大，在分析该类型平台线性运动时，必须考虑张力筋的恢复力作用。

根据牛顿第二定律，浮体惯性力为

$$
F_{Ij} = \sum_{k=1}^{6} M_{jk} \ddot{x}_k
$$

$$(3\text{-}33)$$

式中，M_{jk} 为浮体的广义质量，可表示为

$$
M_{jk} = \begin{bmatrix}
m & 0 & 0 & 0 & mz_G & my_G \\
0 & m & 0 & -mz_G & 0 & mx_G \\
0 & 0 & m & my_G & mx_G & 0 \\
0 & -mz_G & my_G & I_{11} & I_{12} & I_{13} \\
mz_G & 0 & -mx_G & I_{21} & I_{22} & I_{23} \\
-my_G & mx_G & 0 & I_{31} & I_{32} & I_{33}
\end{bmatrix}
$$

$$(3\text{-}34)$$

式中，(x_G, y_G, z_G) 是重心坐标；I_{ij} 是惯性矩。对于关于 $G\text{-}x_b y_b$ 平面对称的浮体有

$$
x_G = y_G = I_{12} = I_{21} = I_{23} = I_{32} = 0
$$

$$(3\text{-}35)$$

3.2.3 一阶波浪载荷

通过前面的求解，得到流场的速度势后，就可以通过伯努利方程(只保留一阶项)得到

作用于浮体结构上的一阶波浪载荷。波浪激励力视为由入射力(弗劳德-克雷洛夫力)和绕射力两部分组成。

根据伯努利方程，流体的脉动压力可以表示为

$$F_k = \iint\limits_{S_H} p n_k \mathrm{d}S = \mathrm{Re}\left[\left(f_{0k} + f_{7k} + \sum_{j=1}^{6} T_{kj} v_j\right) \mathrm{e}^{-\mathrm{i}\omega t}\right] \tag{3-36}$$

其中

$$f_{0k} = \mathrm{i}\rho\omega \iint\limits_{S_H} \phi_0 n_k \mathrm{d}S$$

$$f_{7k} = \mathrm{i}\rho\omega \iint\limits_{S_H} \phi_7 n_k \mathrm{d}S$$

$$T_{kj} = \mathrm{i}\rho\omega \iint\limits_{S_H} \phi_j n_k \mathrm{d}S$$

式中，f_{0k} 是入射力(力矩)，f_{7k} 是绕射力(力矩)，这两者之和 $f_{0k}+f_{7k}$ 是浮体在波浪中受到的波浪激励力(力矩)，其中 f_{0k} 占主要成分，称为弗劳德-克雷洛夫(F-K)力(力矩)，也就是波浪主干扰力；T_{kj} 为浮体做单位速度 j 态运动时受到的 k 方向的辐射力(力矩)。

辐射力(力矩)还可以如下分解：

$$\mathrm{Re}(T_{kj} v_j \mathrm{e}^{-\mathrm{i}\omega t}) = -\ddot{\eta}_j \mu_{kj} - \dot{\eta}_j \lambda_{kj} \tag{3-37}$$

其中

$$\mu_{kj} = \rho \iint\limits_{S_H} \mathrm{Re}(\phi_j) n_k \mathrm{d}S$$

$$\lambda_{kj} = \rho\omega \iint\limits_{S_H} \mathrm{Im}(\phi_j) n_k \mathrm{d}S$$

即辐射力由两部分组成：一部分和浮体的加速度成正比，比例系数 μ_{kj} 称为附加质量系数；另一部分和浮体的速度成正比，比例系数 λ_{kj} 称为辐射阻尼系数。因此浮体在波浪中受到的流体扰动力(力矩)又可以表示为

$$F_k = \mathrm{Re}(f_{0k} + f_{7k}) \mathrm{e}^{-\mathrm{i}\omega t} - \sum_{j=1}^{6} (-\ddot{\eta}_j \mu_{kj} - \dot{\eta}_j \lambda_{kj}), \quad k = 1, 2, \cdots, 6 \tag{3-38}$$

通过数学上的证明，可以知道附加质量系数和辐射阻尼系数具有对称性，即

$$\mu_{kj} = \mu_{jk}, \quad \lambda_{kj} = \lambda_{jk} \tag{3-39}$$

若浮体关于 xoz 平面是对称的，则纵荡、垂荡和纵摇速度势关于 xoz 平面是对称的；而另外三个速度势关于 xoz 平面是反对称的，因此当 j、k 中有一个是奇数而另外一个是偶数时，$\mu_{jk} = \lambda_{kj} = 0$。

3.2.4　二阶波浪载荷

作用在浮体结构上的波浪载荷以及运动响应包含了多个分量。首先是具有波浪能谱频

率的频率分量，其载荷幅值与入射波幅成正比，这是前面描述的一阶波浪力。其次是波浪载荷分量，其变化频率要高于或者低于波浪能谱频率范围，这些载荷幅值与入射波幅的平方成正比，称为二阶波浪力。按照载荷变化频率可分为二阶平均波漂力、二阶差频波浪力、二阶和频波浪力。

1. 二阶平均波漂力计算

水平方向二阶力的定常部分通常称为漂移力，在一个周期内对漂移力积分后得到的平均值称为平均漂移力，即二阶平均波漂力。二阶平均波漂力会使得在波浪中自由漂浮的浮体趋向于向波浪传播方向漂移，这也是波漂力名称的由来。

近场法和远场法是应用较为广泛的平均波漂力计算方法，近场法因为计算精度依赖面元模型划分情况，精度不稳定；远场法计算结果精度较高，通常将近场法计算结果与远场法计算结果进行对比校验，以检验近场法计算结果的精度以及侧面验证面元模型的网格质量。

近场法直接由积分作用在结构湿表面上的压力得到。平均二阶波漂力及其力矩的计算公式为

$$
F_{\mathrm{w}}^{(2)} = -\oint_{\mathrm{WL}} \frac{1}{2} \rho g \zeta_{\mathrm{r}}^2 \frac{\overline{N}}{\sqrt{n_1^2 + n_2^2}} \mathrm{d}l + \iint_{S_0} \frac{1}{2} \rho |\nabla \phi|^2 \overline{N} \mathrm{d}S
$$

$$
+ \iint_{S_0} \rho \left(X \cdot \nabla \frac{\partial \Phi}{\partial t} \right) \overline{N} \mathrm{d}S + M_{\mathrm{S}} \boldsymbol{R} \cdot \ddot{X}_g \tag{3-40}
$$

$$
M_{\mathrm{w}}^{(2)} = -\oint_{\mathrm{WL}} \frac{1}{2} \rho g \zeta_{\mathrm{r}}^2 \frac{\overline{r} \times \overline{N}}{\sqrt{n_1^2 + n_2^2}} \mathrm{d}l + \iint_{S_0} \frac{1}{2} \rho |\nabla \phi|^2 (\overline{r} \times \overline{N}) \mathrm{d}S
$$

$$
+ \iint_{S_0} \rho \left(X \cdot \nabla \frac{\partial \Phi}{\partial t} \right) (\overline{r} \times \overline{N}) \mathrm{d}S + \boldsymbol{I}_{\mathrm{S}} \boldsymbol{R} \cdot \ddot{X}_g \tag{3-41}
$$

式中，$F_{\mathrm{w}}^{(2)}$、$M_{\mathrm{w}}^{(2)}$ 为平均波漂力及其力矩；WL 为结构表面的水线面；ζ_{r} 为相对波高；S_0 为结构湿表面；$\overline{N}$ 为结构湿表面单位法向；X 为结构表面的运动；M_{S} 为结构质量；$\boldsymbol{I}_{\mathrm{S}}$ 为结构惯性矩矩阵；$\boldsymbol{R}$ 为结构转动矩阵；$\ddot{X}_g$ 为结构重心处的加速度。近场法可以给出六个自由度的平均波漂力，但计算精度依赖于面元网格质量，在尖角位置收敛性较差。

远场法通过考虑指定流体域内流体动量变化率，应用动量守恒原理导出平均波漂力的远场表达式。平均波漂力及其力矩的计算为

$$
\overline{F}_x = -\int_{S_{\mathrm{in}}} \overline{P \cos \Psi + \rho V_R (V_R \cos \Psi - V_\Psi \sin \Psi)} R \mathrm{d} \Psi \mathrm{d} Z \tag{3-42}
$$

$$
\overline{F}_y = -\int_{S_{\mathrm{in}}} \overline{P \sin \Psi + \rho V_R (V_R \sin \Psi - V_\Psi \cos \Psi)} R \mathrm{d} \Psi \mathrm{d} Z \tag{3-43}
$$

$$
\overline{M}_z = -\int_{S_{\mathrm{in}}} \overline{\rho V_R V_\Psi R^2} \mathrm{d} \Psi \mathrm{d} Z \tag{3-44}
$$

式中，$\overline{F}_x$、$\overline{F}_y$、$\overline{M}_z$ 分别为水面处固定坐标系的坐标 X、Y 方向的平均力和绕 Z 方向的力

矩；S_{in} 为远方固定的直立圆柱面；ρ 为流体密度；P 为流体压力；V_R、V_ψ 为极坐标下的速度组成。远场法计算精度较高，但只能计算三个自由度的平均波漂力。

为了提高浮体六个自由度的平均波漂力精度，相继出现了中场法和控制面法。中场法对一个包围浮体并距离浮体一定位置的面进行载荷求解，避免了压力直接积分的精度误差。控制面法则是在浮体与自由表面交界的位置定义控制面，通过动量/通量原理计算平均波漂力。不同计算方法特点对比如表 3-3 所示。

表 3-3　平均波漂力计算方法特点对比

名称	远场法 Far-field 法	近场法 Near-field 法	中场法 Mid-field 法	控制面法 Control Surface 法
又名	Maruo-Newman 法	Pinkster 法	陈晓波法	—
原理	动量	面元直接积分	中场控制面	动量通量
结果自由度	三自由度	六自由度	六自由度	六自由度
计算精度	高	低	高	高
计算效率	高	高	低	低
是否可以进行多体计算	否	是	是	是

2. 差频与和频波浪力计算

根据波浪理论，不规则波假设由一系列的规则波组成，当两个频率十分接近的规则波进行叠加时，其频率之差如果接近于系统的固有频率，会引发低频共振运动特别是水平面内的低频缓慢漂移，浮体系统的低频阻尼很小而振幅通常很大。浮体低频慢漂运动的同时伴随着系泊缆索中诱发很大的张力，对系泊系统设计具有重要意义。

张力腿平台系泊系统，除了在水平面内会产生大幅慢漂运动外，在垂直平面内还会产生垂荡、横摇和纵摇运动固有周期附近的高频共振运动，容易导致张力索疲劳损伤。这一高频的共振运动主要是由波浪力的二阶高频作用产生的，重要来源是其受到的二阶和频波浪力作用。

不规则波中浮式平台的二阶波浪力的计算为

$$F_w^{(2)}(t) = \sum_{i=1}^{N}\sum_{j=1}^{N}\left\{ \begin{array}{l} P_{ij}^- \cos[-(\omega_i-\omega_j)t+(\varepsilon_i-\varepsilon_j)] \\ +P_{ij}^+ \cos[-(\omega_i+\omega_j)t+(\varepsilon_i+\varepsilon_j)] \end{array} \right\}$$
$$+ \sum_{i=1}^{N}\sum_{j=1}^{N}\left\{ \begin{array}{l} Q_{ij}^- \sin[-(\omega_i-\omega_j)t+(\varepsilon_i-\varepsilon_j)] \\ +Q_{ij}^+ \sin[-(\omega_i+\omega_j)t+(\varepsilon_i+\varepsilon_j)] \end{array} \right\} \quad (3\text{-}45)$$

式中，P_{ij}、Q_{ij} 为二阶传递函数(Quadratic Transfer Functions，QTF)，分别为异相与同相分量；上标 -、+ 代表差频项与和频项；ω_i、ω_j 分别为 i、j 规则波的频率；ε_i、ε_j 分别为 i、j 规则波的相位角；N 为波浪谱被划分的数量。

差频波浪力是浮式平台低频载荷的最主要因素。Pinkster 将差频二阶传递函数分为五个部分：①相对波高的作用的水线积分项；②由速度平方项引起的伯努利方程项；③动量项；④加速度项；⑤二阶速度势项。P_{ij}^- 的全矩阵 QTF 计算为

$$P_{ij}^- = -\oint_{\text{WL}} \frac{1}{4} \rho g \zeta_{\text{r},i} \zeta_{\text{r},j} \cos(\varepsilon_i - \varepsilon_j) \frac{\overline{N}}{\sqrt{n_1^2 + n_2^2}} \mathrm{d}l + \iint_{S_0} \frac{1}{4} \rho |\nabla \phi_i| \cdot |\nabla \phi_j| \overline{N} \mathrm{d}S$$

$$+ \iint_{S_0} \frac{1}{2} \rho \left| X_i \cdot \nabla \frac{\partial \Phi_j}{\partial t} \right| \overline{N} \mathrm{d}S + \frac{1}{2} M_S \boldsymbol{R}_t \cdot \ddot{X}_{g,j} + \iint_{S_0} \rho \frac{\partial \Phi^{(2)}}{\partial t} \overline{N} \mathrm{d}S \tag{3-46}$$

纽曼(Newman)于 20 世纪 70 年代提出了一种对 QTF 近似处理的假设，可以大幅度减少波浪漂移力的计算时间，而且不需要计算二阶势。纽曼近似假设如下计算：

$$P_{ij}^- = \frac{a_i a_j}{2} \left(\frac{P_{ii}^-}{a_i^2} + \frac{P_{jj}^-}{a_j^2} \right) \tag{3-47}$$

$$Q_{ij}^- = 0 \tag{3-48}$$

式中，a_i、a_j 分别为 i、j 规则波的波高，纽曼近似假设忽略了位于 QTF 矩阵对角线之外的二阶势，对平均波漂力没有影响，通常可以得到令人满意的结果。但是对于浅水系统，如果考虑二阶势的作用，慢漂力系数会明显增加，因此，对于波浪漂移力的计算，采用纽曼近似假设方法就不太合适，而需要考虑全矩阵 QTF。

3.2.5　小尺度构件 Morison 力

莫里森(Morison)于 1950 年在模型试验的基础上提出了计算垂直于海底的刚性柱体的波浪载荷的公式，并指出作用于垂直柱体一微小长度上的水平力(图 3-13)的计算为

$$f_{\text{H}} = \rho \frac{\pi D^2}{4} C_{\text{M}} \dot{v}_x \mathrm{d}z + \frac{1}{2} \rho C_{\text{D}} D v_x |v_x| \mathrm{d}z \tag{3-49}$$

式中，右侧第一项为惯性力，第二项为拖曳力。

沿柱体全高的波浪载荷为

$$F = \int_0^{\eta} f_{\text{H}}(z) \mathrm{d}z \tag{3-50}$$

式(3-49)和式(3-50)中，ρ 为流体密度；D 为柱体直径；C_{D} 为柱体的拖曳力系数(阻力系数)；C_{M} 为柱体的质量系数，$C_{\text{M}} = 1 + C_m$，C_m 为附加质量系数；v_x 为 $\mathrm{d}z$ 段中点处流体瞬时速度的水平分量；$\dot{v}_x$ 为 $\mathrm{d}z$ 段中点处流体瞬时加速度的水平分量；η 为波浪波面幅值；η、v_x 可根据具体水深 h、波速 c 等条件利用波浪理论求得，如图 3-13 所示。

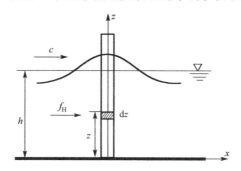

图 3-13　垂直于海底的刚性柱体的波浪载荷

Morison 公式是带有经验性的计算公式,主要遵循以下条件。

(1) 水质点的瞬时速度和加速度需根据某种波浪理论求出,如线性波、Stokes 五阶波等。这些波浪理论都假定构件的存在不影响波浪特征,因此一般要求构件的直径 D 满足如下范围:$D/L \leqslant 0.2$(L 为波长)。

(2) 系数 C_D 和 C_M 受到雷诺数 Re、Kc 数及表面粗糙度等影响,需根据经验或试验确定,其取值可参照表 3-4。

(3) 构件表面光滑。

表 3-4 C_M 和 C_D 取值

船级社	美国 API	挪威 DNV	英国 DTI
波浪理论	Stokes 五阶波、流函数	Stokes 五阶波	
拖曳力系数 C_D	0.6~1.0(不小于 0.6)	0.5~1.2	根据实际水深位置的测量结果
质量系数 C_M	1.5~2.0(不小于 1.5)	2.0	
备注	C_D 和选用的波浪理论有关	不同的波浪理论使用不同的 C_M、C_D,高雷诺数时 $C_D > 0.7$	

对于非圆形截面的细长柱体,实践中通常也用 Morison 公式计算其波浪载荷。此时式中的 $\pi D^2/4$ 由 dz 段柱体的横剖面面积 A 代替,而拖曳力项中的 D 代表该段柱体在垂直于来流方向面上的投影宽度。

如果构件是可移动的,则单位长度上的波浪载荷计算为

$$f_H = \frac{1}{2}\rho C_D D v_x |v_x| - \frac{1}{2}\rho C_D D \dot{x}|\dot{x}| + \rho(1+C_m)A\dot{v}_x - \rho C_m A\ddot{x} \tag{3-51}$$

式中,$\dot{x}$ 与 $\ddot{x}$ 为结构运动的水平速度和加速度分量。波流联合作用下的水面水质点速度可近似为 $v = v_c + \pi H_s/T_z$,这里 v_c 为流速;H_s 为有益波高;T_z 为跨零周期。

当 $x/D > 1$ 时,可以将上述表达式拖曳力项写成相对速度形式,即

$$f_H = \frac{1}{2}\rho C_D D v_r |v_r| + \rho(1+C_m)A\dot{v}_x - \rho C_m A\ddot{x} \tag{3-52}$$

当 $x/D < 1$ 时,表达式的有效性与折合速度 $V_R = v_x T_n/D$ 相关(T_n 为结构振动周期),当 $V_R \geqslant 20$ 时,推荐用相对速度形式;当 $10 < V_R < 20$ 时,相对速度形式可能导致高估阻力;当 $V_R \leqslant 10$ 时,推荐用速度分离形式。

如图 3-14 所示,攻角 α 倾斜构件波浪载荷可分解为法向拖曳力、切向拖曳力以及垂直于来流向的升力作用。

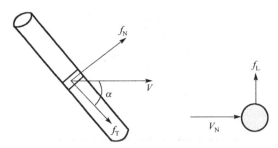

图 3-14 倾斜刚性柱体的波浪载荷

法向拖曳力：

$$f_{\mathrm{N}} = \frac{1}{2}\rho C_{\mathrm{Dn}} D v_{\mathrm{N}} \left| v_{\mathrm{N}} \right| \qquad (3\text{-}53)$$

式中，$v_{\mathrm{N}} = v\sin\alpha$。

切向拖曳力：

$$f_{\mathrm{T}} = \frac{1}{2}\rho C_{\mathrm{Dt}} D v^2 \qquad (3\text{-}54)$$

法向拖曳力系数 C_{Dn} 与雷诺数和攻角相关。裸管构件的切向拖曳力系数 C_{Dt} 相比 C_{Dn} 很小，只有当相对速度很大时需要考虑其影响。

3.3　平台运动性能分析

浮式平台运动响应包括平台横荡、纵荡、垂荡、横摇、纵摇、艏摇六个自由度的运动响应。在生存工况和操作工况下，平台各自由度的运动幅值应满足设计规范要求。一般在作业工况下，平台横摇、纵摇幅值应当小于 5°，垂荡幅值应当满足立管补偿装置的要求。

3.3.1　频域与时域分析方法

浮式平台在海上定位作业时产生六自由度的运动，必然受到各种外力的作用，通常包括：风、波浪、海流等所产生的海洋环境载荷，周围海水的流体反作用力，定位系统所产生的系泊力、立管力等。浮式平台系统总体运动方程为

$$(\boldsymbol{M}_{\mathrm{s}} + \boldsymbol{M}_{\mathrm{a}})\frac{\mathrm{d}^2 \boldsymbol{x}}{\mathrm{d}t^2} + \boldsymbol{C}\frac{\mathrm{d}\boldsymbol{x}}{\mathrm{d}t} + \boldsymbol{K}\boldsymbol{x} = \boldsymbol{F}_{\mathrm{wf}} + \boldsymbol{F}_{\mathrm{ws}} + \boldsymbol{F}_{\mathrm{sd}} + \boldsymbol{F}_{\mathrm{wind}} + \boldsymbol{F}_{\mathrm{current}} + \boldsymbol{F}_{\mathrm{mr}} \qquad (3\text{-}55)$$

式中，$\boldsymbol{x}$ 代表浮式平台的六自由度运动；$\boldsymbol{F}_{\mathrm{wf}}$、$\boldsymbol{F}_{\mathrm{ws}}$、$\boldsymbol{F}_{\mathrm{sd}}$、$\boldsymbol{F}_{\mathrm{wind}}$、$\boldsymbol{F}_{\mathrm{current}}$、$\boldsymbol{F}_{\mathrm{mr}}$ 分别为作用在浮式平台上的波频力、平均波漂力、波浪低频慢漂力(或高频弹振力)、风力、海流力、系泊与立管张力；$\boldsymbol{M}_{\mathrm{s}}$ 表示质量矩阵；$\boldsymbol{M}_{\mathrm{a}}$ 表示附加质量矩阵；$\boldsymbol{C}$ 表示阻尼矩阵；$\boldsymbol{K}$ 表示刚度矩阵。按照波浪、风载荷激励作用下浮式平台的运动周期范围，常可以把对应浮体运动分为波频运动、慢漂运动、平均漂移、高频运动等几类。

对于以上浮式平台系统总体运动方程，根据不同需要可以在频域或时域内进行分析求解。

1. 频域分析

研究浮式平台在不规则波浪作用下的运动和受力，均为假定波浪是平稳的正态随机过程，而浮式平台是时间恒定的线性系统。因此问题即为线性系统的输入与输出之间的关系，输入与输出都是平稳的随机过程，如图 3-15 所示。

频域分析是指在频域范围内以频率响应来分析浮式平台在波浪作用下的动态特性。频率响应是指浮式平台系统对不同频率的正弦(余弦)输入响应的稳态值。假设波浪的输入以

复数表示为 $\zeta = \zeta_0 e^{i\omega t}$，则输出的稳定值也是相同频率的正弦函数 $Y = Y_0 e^{i(\omega t + \delta)}$，注意到两式中的虚部表示真正的输入与输出，因此频率响应函数为

$$H(i\omega) = \frac{Y(i\omega)}{\zeta(i\omega)} = \frac{Y_0}{\zeta_0} e^{i\delta} \tag{3-56}$$

式中，Y_0 / ζ_0 为输出对输入的幅值比；平方值 $|H(i\omega)|^2$ 称为幅值响应算子(RAO)；$\delta = \arg[H(i\omega)]$ 为输出对输入的相位差。

图 3-15　线性系统输入与输出的转换

　　频率响应函数是浮式平台系统的一个非常重要的动态特性，只要知道了系统的频率响应函数，便可得到任意波浪条件作用下系统的线性响应。

　　对于像不规则波浪那样的随机扰动，输入和输出最方便的表达方式是谱密度函数。谱分析方法中的一个重要结论是：在线性系统中，输出的谱密度 $S_y(\omega)$ 等于输入的谱密度 $S_\zeta(\omega)$ 乘以系统的幅值响应算子，即

$$S_y(\omega) = S_\zeta(\omega) |H(i\omega)|^2 \tag{3-57}$$

　　谱分析方法的优点在于，将作为随机过程的波浪和浮式平台之间的不确定关系转化为非随机的谱密度之间的确定关系，而频率响应函数则是建立这种确定关系的关键。频率响应函数可以由前述的理论计算方法得到，也可以通过模型试验得到。

　　选择和使用合理的波能谱是获得可靠分析结果的基础。到目前为止，已有不少描述波浪的波能谱公式，但是由于各公式所基于的海域、前提假定和分析手段的不同，其结果相差较大。其中比较典型的有：1952 年由半经验方法提出的纽曼波能谱，1964 年提出的适用于波浪充分发展阶段的皮尔逊-莫斯柯维奇波能谱(简称 P-M 谱)，1969 年提出的适用于有限风区的北海波浪研究联合计划(Joint North Sea Wave Project，JONSWAP)波能谱等。根据国内有关单位的研究结果，在中国南海海域可采用 JONSWAP 波能谱。

　　浮式平台运动响应频域分析时，浮式平台及其系泊系统运动方程通常被分解，分别求得静态力、波频力、低频力响应。静态力响应通过求解包含静态环境力和系泊系统恢复力的静态方程而得。波频力和低频力响应通过以上的频域分析而得到，根据一定的峰值响应分布情况统计浮式平台运动及受力的响应情况。最后将波频力和低频力响应组合，得到浮式平台在所有外力作用下的运动响应及受力的最大值。

2. 时域分析

　　随着理论分析方法的发展，在要求越来越高的数值计算中，需要模拟出浮式平台在一定时间范围内和一定的环境条件下是如何运动的，完全真实地反映浮式平台在实际海况下的状态(运动、受力等)变化情况。对于某些特定问题，如船舶在恶劣海况下甲板上浪、砰

击等,人们在对统计值进行分析预报的同时,更加关心发生甲板上浪、砰击等的具体时刻,以及事件发生的整个时间历程。这些都是仅仅进行频域分析所不能解决的,而只能通过时域内的模拟来实现。在时域下的模拟,不仅可以加入前一时刻对后一时刻的影响,这些影响对于浮式平台的实时运动起着关键性的作用,而且与试验值的对比也更加直观,理论分析与实时预报也更有说服力。

时域计算的某些理论和原理出现较晚,由奥塔莫森(Oortermersen)于 1979 年在计算机上得以实现,这是由于直接从时域格林函数出发求解计算时域下的运动是一项非常耗时和繁杂的工作,需要大容量高速的计算机。而事实上,卡明斯(Cummins)利用脉冲响应的概念,把任一时刻的船体运动归结为一系列瞬时的脉冲运动叠加,同样将波浪力分解成一系列脉冲响应的组合,从而将频域计算与时域计算联系在一起,使时域的计算可以直接利用频域的计算结果,将时域的问题大大简化而变得更加可行。卡明斯的工作不仅没有抛开频域的计算,反而赋予频域计算一种全新的意义,大大缩短时域模拟的计算时间,并经过检验与试验结果吻合良好,因而在工程中得到广泛的应用。

时域分析时,首先引入一个单位脉冲 $\delta(t_0)$ 作用在系统上,产生了一个响应 $h(t-t_0)$,称为脉冲响应函数,即浮式平台受到一个短促的突然作用之后的响应,从扰动终止的瞬时起,直到恢复静平衡的整个过程中的动态特性。

令 $\tau = t - t_0$,则单位脉冲 $\delta(t_0) = \delta(t-\tau)$,其脉冲响应 $h(t-t_0) = h(\tau)$。根据线性叠加原理,输入可看作很多脉冲之和,这时的脉冲即为波面升高 $\zeta(t_0) = \zeta(t-\tau)$。经过数学推导,线性系统在 t 时刻的输出 $y(t)$ 为

$$y(t) = \int_{-\infty}^{\infty} \zeta(t-\tau)h(\tau)\mathrm{d}\tau \tag{3-58}$$

$h(\tau)$ 可由理论计算或模型试验得到。在频域分析中,浮式平台的动态特性由频率响应函数 $H(\omega)$ 来表达,而在时域分析中,则由脉冲响应函数 $h(\tau)$ 来表达其动态特性。$H(\omega)$ 和 $h(\tau)$ 都是系统本身动态特性的反映,两者之间的关系可由下列傅里叶变换确定:

$$H(\omega) = \frac{1}{2\pi}\int_{-\infty}^{\infty} h(\tau)\mathrm{e}^{-\mathrm{i}\omega t}\mathrm{d}\tau \tag{3-59}$$

$$h(\tau) = \int_{-\infty}^{\infty} H(\omega)\mathrm{e}^{\mathrm{i}\omega t}\mathrm{d}\omega \tag{3-60}$$

时域分析时,浮式平台及其系泊系统在静态力、波频力、低频力下的运动响应方程直接在时域内求解。描述浮式平台、系泊线、立管、推进力等都同时在一个时域内进行模拟。模拟的所有系统参数(浮式平台位移、系泊线张力、锚的载荷等)的历史记录都是有效的,其结果可以用来做统计分析,得到极值。

为了降低完全时域分析的复杂性和计算的难度,通常采用频域与时域的组合分析方法。系统在静态力和低频力下的运动响应用时域方法,而波频运动响应用频域方法,分别进行求解。最后将波频运动响应的结果与静态运动和低频运动响应的结果进行叠加即可。

3.3.2　波频运动

波频运动主要是指受波浪激励作用产生的线性激励运动。

浮式平台作为大尺度物体,作用于其上的波频力为作用于各个规则波上的波浪力之和。波频力的计算可通过频域分析和时域分析两种方法得到。频域方法适于波频力均为频率函数的线性形式的解,不规则波中的统计预报可据此用谱分析方法得到,特别适于长期响应的预报。因为频域方法仅限于线性或拟线性微分方程,运动方程中所有非线性项都必须用线性项近似来替代,因而,无法得到非线性影响较强的结构运动响应。

时域内浮式平台在波频力下的运动方程可以写为

$$(\boldsymbol{M}_{\mathrm{s}} + \boldsymbol{M}_{\mathrm{a}})\frac{\mathrm{d}^2 x_{\mathrm{wf}}(t)}{\mathrm{d}t^2} + \boldsymbol{C}\frac{\mathrm{d}x_{\mathrm{wf}}(t)}{\mathrm{d}t} + \boldsymbol{K}x_{\mathrm{wf}}(t) = F_{\mathrm{wf}}(t) \tag{3-61}$$

式中,$x_{\mathrm{wf}}(t)$、$F_{\mathrm{wf}}(t)$分别为浮式平台在波频力下的运动与受力;阻尼矩阵$\boldsymbol{C}$包括辐射阻尼与黏性阻尼;刚度矩阵$\boldsymbol{K}$包含恢复力刚度与系泊刚度。

在浮式平台设计的初步阶段,通常忽略或者简化系泊系统对平台运动的影响,基于三维势流理论频域分析波浪中平台运动性能。根据所在海域环境条件,通过计算其相应的响应传递函数和响应谱,获得平台受到载荷和运动响应的基本规律。频域分析时,波频力由前述的辐射/绕射分析得到。应用谱分析方法在频域内进行线性分析时,浮式平台的响应频率与入射波频率相同,浮式平台的总体响应由一系列规则波引起的响应进行叠加而得到。

在规则波条件下,令$x_{\mathrm{wf}}(t) = x_0 \mathrm{e}^{\mathrm{i}\omega t}$,$F_{\mathrm{wf}}(t) = F_0 \mathrm{e}^{\mathrm{i}\omega t}$,$\omega$为波频力的频率,则有

$$x_0 = HF_0 \tag{3-62}$$

式中,H为传递函数,$\boldsymbol{H} = [\boldsymbol{K} - (\boldsymbol{M}_{\mathrm{s}} + \boldsymbol{M}_{\mathrm{a}})\omega^2 + \mathrm{i}\boldsymbol{C}\omega]^{-1}$。

平台幅值响应传递函数是指平台在单位波幅的规则波作用下的响应,表征线性波浪作用下浮式平台的响应特征,主要包括平台运动 RAO 和载荷 RAO。一般情况下,需要对浮式平台生存工况和操作工况分别计算响应传递函数。获得平台响应的传递函数后,即可结合由平台使用海域海况资料确定的波浪谱,采用谱分析方法预报平台在不规则波中的短期响应。

在不规则波条件下,浮式平台响应谱的计算为

$$S_{x_i x_i}(\omega) = \sum \left| \mathrm{mod}(H_{ir})^2 S_{F_r F_r}(\omega) \right| \tag{3-63}$$

式中,$S_{x_i x_i}(\omega)$为响应谱密度;H_{ir}为r方向的波浪对i方向响应的传递函数;$S_{F_r F_r}(\omega)$为r方向的波浪谱密度。浮式平台响应的有义值$x_{\mathrm{sig}} = 2\sqrt{A}$,$A$为响应谱曲线下的面积。

时域分析时,对于每一时刻t,波高的表达式为

$$A(t) = \mathrm{Re}\sum_{i=1}^{N} a_i \mathrm{e}^{\mathrm{i}(-\omega_i t + k_i x_{\mathrm{p}} + \varepsilon_i)} \tag{3-64}$$

式中,$A(t)$为t时刻的波高;a_i、ω_i、k_i、x_{p}、ε_i为每个规则波的幅值、频率、波数、波场的位置坐标、相位;N为波浪谱被划分的数量。

因此,每一时刻t的波频力为

$$F_{\mathrm{wf}}(t) = \mathrm{Re}\sum_{i=1}^{N} a_i f_i \mathrm{e}^{\mathrm{i}(-\omega_i t + k_i x_{\mathrm{p}} + \varepsilon_i)} \tag{3-65}$$

式中，f_i 为频率 ω_i 的单位波高规则波对浮式平台的波浪激励力，由前述的辐射/绕射计算分析得到。

辐射阻尼主要是通过势流辐射和绕射理论计算得到的。而平台本体的黏性力一般通过 Morison 公式的拖曳力项来描述，由于平台本体的直径与运动响应的幅值之比相对于细长体假设较大，因此需要按照相关理论进一步修正黏性拖曳力系数 C_D。例如，根据 Keulegan-Carpenter 理论推导得到方形截面和圆形截面拖曳力系数的表达式为

$$C_{D_e} = 52.48 / (Kc\beta^{0.5}) + 0.08Kc$$
$$C_{D_r} = 60 / (Kc\beta^{0.5}) + 2.5$$

$\hspace{13cm}$ (3-66)

式中，雷诺数 Re 分解成为 Kc 数与 β 的乘积，表达式为

$$Re = Kc \cdot \beta = \frac{U_0 D}{\nu}$$
$$Kc = \frac{U_0 T}{D}$$
$$\beta = \frac{D^2 f}{\nu T} = \frac{D^2 f}{\nu}$$

$\hspace{13cm}$ (3-67)

式中，U_0 为作用柱体上波浪的分速度幅值；D 为柱体的直径；ν 为水的黏性系数。

为了在随机波浪载荷中应用上述频域方法，Morison 方程表达式中的速度平方项必须做线性化处理。拖曳力线性化的方法是将拖曳力与速度的关系曲线用一条直线来代替，而此直线可以由最小二乘法得到，这样线性化的拖曳力项表达式为

$$\dot{x} \cdot |\dot{x}| = \sqrt{\frac{8}{\pi}} \sigma_{\dot{x}} \cdot \dot{x}$$
$$\sigma_{\dot{x}}^2 = \int_0^\infty S_{\dot{x}}(\omega) \mathrm{d}\omega$$

$\hspace{13cm}$ (3-68)

浮式平台模型建立如图 3-16 所示。

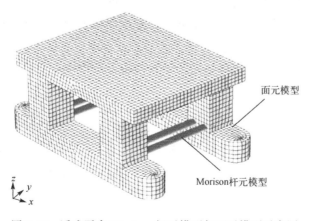

图 3-16　浮式平台 Morison 杆元模型与面元模型示意图

3.3.3　低频运动

浮式平台在不规则波作用下受到的低频慢漂力也可以通过频域分析和时域分析两种方法得到。

频域分析时,低频慢漂力的响应谱的计算公式为

$$S_{\mathrm{d}}(u) = 8 \int \left[S(\omega_i) S(\omega_i + u) D_u^2 \right] \mathrm{d}\omega_i \qquad (3\text{-}69)$$

式中,$S_{\mathrm{d}}(u)$ 表示频率为 u 时的慢漂力的响应谱;$S(\omega_i)$、$S(\omega_i + u)$ 表示频率为 ω_i、$\omega_i + u$ 时的波浪谱;D_u 表示频率为 u 时的漂移力系数。

低频慢漂力的计算公式为

$$F_{ij} = \sum \left\{ \sum \left[\sqrt{2S(\omega_i)\mathrm{d}\omega_i} \sqrt{2S(\omega_j)\mathrm{d}\omega_j} D_{ij} E_{ij} \right] \right\} \qquad (3\text{-}70)$$

式中,$S(\omega_i)\mathrm{d}\omega_i$ 表示谱密度函数下频率为 ω_i 的波能量;D_{ij} 表示频率为 ω_i、ω_j 的两单位波高规则波的漂移力;$E_{ij} = \mathrm{e}^{-i(\omega_i - \omega_j)t - (k_i - k_j)x + (\varepsilon_i - \varepsilon_j)}$;$k_i$、$k_j$ 表示频率为 ω_i、ω_j 的两规则波的波数;ε_i、ε_j 为两波浪的相位。

时域分析时,低频慢漂力可根据辐射/绕射分析得到的 P_{ij}^- 求得。例如,根据纽曼近似假设方法,低频慢漂力在时域的表达式为

$$F_{\mathrm{sd}} = F_{\mathrm{sv}}(t) = \sum_{i=1}^{N} \sum_{j=1}^{N} a_i a_j P_{ij}^- \cos[-(\omega_i - \omega_j)t + (\varepsilon_i - \varepsilon_j)] \qquad (3\text{-}71)$$

考虑波浪、海流相互作用时的 QTF 可以通过对无海流时的 QTF 进行修正得到,例如1993 年伯纳德·莫林(Bernard Molin)提出了具体的修正方法。

3.3.4　固有周期

现实海域中波浪主要能量集中在 3~20s。在这个范围内(特别是 8~16s),波浪对浮式平台施加很大的载荷,浮式平台响应周期与波浪周期相同,其运动幅值以几乎线性的方式与入射波幅相关联。波频载荷每时每刻都存在,因而使得浮体六个自由度运动固有周期避开波频载荷的主要能量范围,避免发生共振,降低浮体响应是海洋工程浮体设计中非常重要的一项设计原则。

根据耐波性理论,忽略自由度运动间耦合与阻尼的影响,浮体波频运动自由度的固有周期 T 可近似表达为

$$T_i = 2\pi \sqrt{\frac{M_{ii} + \mu_{ii}(\omega)}{C_{ii} + K_{ij}}} \qquad (3\text{-}72)$$

式中,K_{ij} 为考虑系泊影响时的附加系泊刚度,下标 i、j 为浮体自由度$(1,2,\cdots,6)$。

例如,对于 FPSO 和半潜式平台的垂荡、横摇和纵摇固有周期,可近似表达为

$$T_3 = 2\pi \sqrt{\frac{m + \mu_{33}(\omega)}{\rho g S}}$$

$$T_4 = 2\pi \sqrt{\frac{mr_{44}^2 + \mu_{44}(\omega)}{\rho g V \cdot \overline{GM}_T}}$$

$$T_5 = 2\pi \sqrt{\frac{mr_{55}^2 + \mu_{55}(\omega)}{\rho g V \cdot \overline{GM}_L}} \tag{3-73}$$

式中，m 为平台质量；μ 为附加质量系数；r 为回转半径；$\overline{GM}_T$ 为横稳性高；$\overline{GM}_L$ 为纵稳性高。

张力腿平台垂荡固有周期近似为

$$T_3 = 2\pi \sqrt{\frac{m + \mu_{33}(\omega)}{EA / L}} \tag{3-74}$$

式中，E 为筋腱弹性模量；A 为所有张力筋横截面面积；L 为张力筋长度。

低频波浪载荷是关于两个规则成分波频率之差的波浪载荷。由于系泊浮体平面内运动固有周期(纵荡、横荡)与艏摇固有周期较大，对应运动自由度的整体阻尼较小，在低频波浪载荷作用下，系泊浮体这三个自由度的运动易发生共振，即二阶波浪载荷导致的低频运动。如果浮体其他自由度的运动固有周期较大，那么也有可能在低频波浪载荷的作用下产生共振(如 SPAR 平台较大的升沉量与横纵摇固有周期)。

高频波浪载荷中的和频载荷是关于两个波浪成分波频率之和的波浪载荷。在张力筋系统的约束下，张力腿平台的升沉、横摇、纵摇固有周期在 5s 以下，在和频波浪载荷的作用下产生高频弹振。高频波浪载荷还有另外一种非常重要的类型，即高速航行的船舶由于多普勒效应产生的波浪遭遇频率升高，波频载荷在高遭遇频率下与结构共振频率接近并产生弹振。典型浮体运动的固有周期见表 3-5。

表 3-5 典型浮体运动固有周期 (单位：s)

运动自由度	FPSO	SPAR	TLP	SEMI
纵荡	>100	>100	接近或大于 100	>100
横荡	>100	>100	接近或大于 100	>100
垂荡	5~20	20~35	<5	20~50
横摇	5~30	30	<5	30~60
纵摇	5~20	>30	<5	30~60
艏摇	>100	>100	接近或大于 100	>50

3.4 平台气隙分析

气隙是甲板底部到水面的距离。浮式平台在恶劣海况下服役，平台的运动及其波面的起伏变化极易导致甲板底部气隙值变小，当起伏运动的海浪波面接触到平台结构时，说明平台结构遭受到波浪的砰击载荷作用，此时甲板底部气隙值为负。当平台发生波浪砰击(即甲板底部气隙值为负)时，容易使平台结构产生破坏，平台作业人员的生命安全受到严重威胁。因此，平台在最初的设计阶段，通常做法是通过增加下层甲板初始高度以抵抗波浪的砰击。

如图 3-17 所示，平台在波浪中运动的 t 时刻的气隙 a 参照式(3-75)计算：

$$a(x,y,t) = a_0(x,y,t) - \chi(x,y,t) \tag{3-75}$$

式中，a_0 为静水时的平台气隙；χ 为平台的相对波面升高。平台相对波面的升高是指响应波高与平台垂向位移的差，可写为

$$\chi(x,y,t) = \eta(x,y,t) - z_p(x,y,t) \tag{3-76}$$

式中，η 为平台的响应波高，常显示出非线性特性。一般而言，辐射波 η_R、绕射波 η_D 和入射波 η_I 的总和是 $\eta(t)$，每一个都是假定为一阶和二阶部分的总和，即

$$\eta = \eta^{(L)} + \eta^{(NL)}$$
$$\eta^{(L)} = \eta_I^{(L)} + \eta_D^{(L)} + \eta_R^{(L)} \tag{3-77}$$

式(3-76)中，z_p 为平台指定位置的垂向位移，如图 3-17 所示，包括平均位置 z_{mean}、波频运动位置 z_{WF} 和低频运动位置 z_{LF}，即

$$z_p(x,y,t) = z_{\mathrm{mean}}(x,y) + z_{\mathrm{WF}}(x,y,t) + z_{\mathrm{LF}}(x,y,t) \tag{3-78}$$

而平台的垂向位移 z_{WF} 和 z_{LF} 由垂荡运动、纵摇运动和横摇运动三部分组成，例如，指定点垂向波频位移参照式(3-79)进行计算：

$$z_{\mathrm{WF}}(x,y,t) = \xi_3(t) - x\sin[\xi_5(t)] + y\sin[\xi_4(t)] \tag{3-79}$$

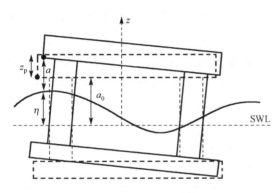

图 3-17　浮式平台指定位置垂向位移

式中，ξ_3、ξ_4、ξ_5 分别为平台垂荡、横摇以及纵摇运动产生的广义位移。

设计前期可采用简化分析方法，首先基于线性辐射/绕射分析确定线性波面升高以及平台线性运动，然后采用非对称因子 γ 修正非线性波浪以及非线性绕射波对波面升高的影响。相对波面升高可定义为

$$\chi = \gamma \eta - z_p \tag{3-80}$$

缺少模型试验值时，γ 在水平位置可取 1.2，在甲板上浪方向外沿等位置可取 1.3。

气隙分析的目的是确保甲板底部在极端环境条件下不会受到波浪冲击，如果甲板底部存在可以上浪的部件，则需要进行局部强度校核。气隙的数值并不是越大越好，随着气隙的增加，平台重心位置将提高，从而增加倾覆力矩并影响平台稳性。气隙最小值可以使用水动力分析程序进行预报。一般地，完整状态下最小气隙应不小于 1.5m。

在平台气隙计算中，首先要预报平台下甲板某点相对于波面的垂向相对运动短期最大值(即相对波面升高的最大值)，平台静气隙与相对波面升高最大值之差即为平台在波浪中的最小气隙。如果平台在风载荷作用下产生明显的初始倾斜，那么还要扣除由于倾斜引起的气隙减小量。在平台气隙计算中，应考虑如下因素：

(1) 平台波频运动；

(2) 平台低频运动；

(3) 波面升高；

(4) 风载荷引起的气隙减小。

平台气隙的预报极为复杂,由于浮式平台服役环境恶劣且结构组成复杂,平台结构体积大,容易形成强绕射效应,平台的浮体与甲板间由若干立柱进行支撑,极易造成波浪爬坡和砰击发生;另外,平台与波浪彼此的耦合运动使得波浪的非线性效应明显增强,加上平台与其锚链系统、立管之间的耦合运动,这些干扰因素的叠加导致平台气隙运动受诸多参数影响,大大增加了理论预报的难度。

3.5　案例分析

以下将应用某半潜式起重平台为例,介绍运动响应及载荷分析过程,采用水动力分析软件对该半潜式起重平台进行水动力频域分析,主要得到附加质量、辐射阻尼、一阶波浪力、二阶平均波漂力以及一阶运动响应等结果。

3.5.1　平台主要参数

本案例所研究的半潜式起重平台属于第三代大型起重船,集海上重型起重作业、甲板货物储存和生活居住等功能于一体。该平台采用双浮体形式,浮体主要由 2 个下浮筒、4个大型垂直浮筒组成,两个浮体由 2 个小型垂直浮筒、数个斜撑和横撑连接,其主尺度的具体参数见表 3-6,主体属性参数见表 3-7。

表 3-6　半潜式起重平台主尺度参数　　　　　　　　　　(单位:m)

项目	参数	数值
主甲板	总长	80
	宽	70
	高(主甲板到龙骨)	38
	主甲板厚	5
下浮筒	长	118
	宽	15
	高	8
小型垂直浮筒	长	15
	宽	15
	高	25
大型垂直浮筒	长	17.5
	宽	15
	高	25

表 3-7　半潜式起重平台主体属性参数

工况	吃水/m	排水量/t	重心位置			回转半径		
			X/m	Y/m	Z/m	横向 R_X/m	纵向 R_Y/m	垂向 R_Z/m
自存	20	49075	−50.01	0.0	20.33	29.13	34.52	38.46

3.5.2　平台水动力分析模型

基于三维绕射势流理论计算平台运动和载荷 RAO 的步骤如下。

(1) 设定入射波方向。应全面考虑来波方向(0°~360°),步长一般取 15°。若平台型线关于中纵剖面或中横剖面对称,则入射波的方向可对称选取。

(2) 设定规则波周期。分析的规则波周期范围一般为 3~40s,步长为 1s,并在关键周期区间上加密。若平台在低频(或者高频)上响应明显,则应扩大上述规则波周期范围。

(3) 建立分析模型。

(4) 执行水动力分析程序,计算 RAO。

浮式平台的总体性能分析通常需要建立如下三类分析模型。

(1) 三维湿表面模型(3D Surface Model):用于三维绕射势流理论计算浮体静水力和波浪载荷的面元模型。

(2) 莫里森模型(Morison Model):用于计算小尺度构件惯性力和黏性阻力。

(3) 质量模型(Mass Model):用于描述平台重量、重心位置与惯性半径等质量分布特征。在设计初期进行运动性能估算时,也可采用重量、重心位置、质量惯性半径等参数对平台质量进行简化模拟。

针对本节涉及的半潜式平台具体结构形式,下浮筒和垂直浮筒属于大尺度结构,应采用面元模型。对于这类结构波浪载荷的计算,主要基于三维绕射势流理论,采用格林函数法计算波浪载荷的数值解。斜撑和横撑属于小尺度结构,对于这类结构波浪载荷的计算,由于需要考虑流体的黏性作用,目前并没有严格意义的理论解,在海洋工程中多采用经验公式(莫里森公式)进行计算,且精度能够满足工程上的要求。建立的半潜式起重平台的水动力模型如图 3-18 所示。

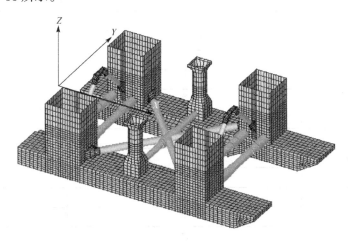

图 3-18　半潜式起重平台的水动力模型

面元法的计算精度与网格描述船体湿表面的精细程度(即网格单元质量)有关,一般遵循以下几个准则。

(1) 面元大小应小于计算波长的 1/7。

(2) 结构湿表面的面元分布应充分表征结构的湿表面的几何尺度变化,对于圆柱结构,在其圆周方向至少应布置 15～20 个单元以捕捉其几何尺度变化。

(3) 对于尖角位置以及其他船体几何尺度变化剧烈的地方,应采用较小的单元以减小计算误差。

(4) 单元节点之间不应距离过近,均匀的、正方形的单元较好。

(5) 可以不断加大网格密度进行试算,查看计算结果收敛来校验网格质量与计算结果精度。

(6) 面元法与有限元法有本质的区别,面元法的单元分布不必要求单元节点之间连续。

3.5.3　平台运动 RAO 结果

本节主要给出一阶运动响应传递函数结果。

考虑由静水自由衰减试验得到的阻尼的影响,对半潜式起重平台进行水动力分析,得到该半潜式起重平台在不同波浪频率、不同波浪入射方向下的一阶运动响应传递函数,即 RAO,如图 3-19 所示。

由一阶运动响应传递函数可知以下几点。

(1) 半潜式起重平台的纵荡响应与横荡响应明显受到波浪入射方向的影响,以纵荡运动为例, 在 90° 浪向下, 纵荡响应最小, 幅值趋于零。平台在水平方向的运动还呈现出明显的低频特性,在小于 0.04rad/s 时将出现峰值,即纵荡运动与横荡运动的固有周期大于 157s,这意味着平台将产生大幅度长周期的慢漂运动,与半潜式平台的特性相吻合。

(2) 半潜式起重平台的垂荡响应受波浪入射方向的影响较小,体现了竖直面内运动与平面内运动的弱耦合特性。半潜式起重平台的垂荡运动具有明显的低频特性, 在 0.27～0.29rad/s 达到峰值,垂荡运动的固有周期为 21.7～23.3s,符合半潜式平台垂荡的一般特性,尽管未处于波浪能量集中的区域内,但垂荡响应仍然应该引起注意。

(3) 与水平方向的运动相似,半潜式起重平台的横摇响应与纵摇响应同样很大程度上受到波浪入射方向的影响, 以横摇运动为例, 在 0° 和 180° 浪向下, 横摇响应最小, 幅值趋于零。横摇运动在 0.60～0.62rad/s 达到峰值,其固有周期为 10.1～10.5s;纵摇运动在 0.50～0.53rad/s 达到峰值, 其固有周期为 11.8～12.6s。

(4) 半潜式起重平台的艏摇响应同样与波浪入射方向关系密切,在不同浪向下达到峰值时所对应的波浪频率呈现差异性, 在 75° 和 105° 浪向下, 其运动响应最为剧烈, 在 0.95～0.97rad/s 达到峰值, 响应的固有周期为 6.5～6.6s。

3.5.4　环境载荷计算

1.　一阶波浪力

一阶波浪力是根据流场速度势通过伯努利方程得到的波浪载荷的一阶成分,也是波浪载荷的主要组成成分。一阶波浪力是考虑了波浪遭遇海洋结构物而产生复杂绕射后作用于海洋结构物上的波浪载荷,包括波浪激振力和波浪绕射力。

基于线性理论的假设,半潜式起重平台是一个线性系统,在单一频率入射波的作用下,其所受到的一阶波浪力的幅值与入射波的波幅成正比，根据波浪谱叠加理论，可将不规则波视为由无限个不同波幅、不同波长、相位随机的规则波线性叠加而成，因此，半潜式起重平台在不规则波中所受的一阶波浪力可以根据它在不同频率的单位波幅的规则波中所受的一阶波浪力求得。浮体在单位波幅规则波中受到的一阶波浪力通常被表示为一阶波浪力的传递函数，该函数是研究半潜式起重平台在不规则波中受力的基础。

彩图 3-19

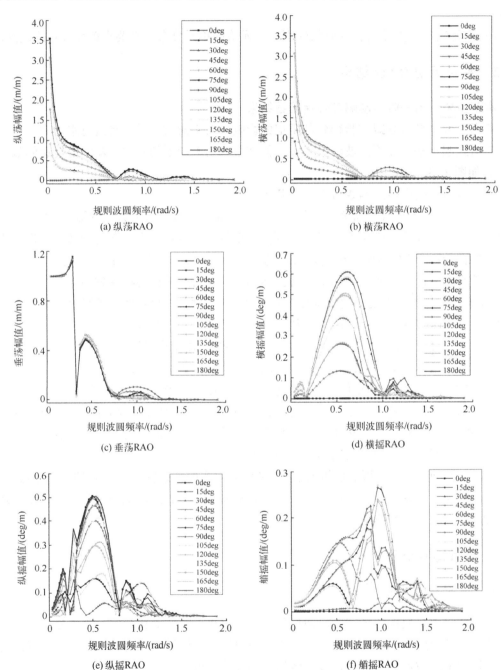

图 3-19　一阶运动响应传递函数

图中 deg 表示度(°)

一阶波浪力的传递函数与波浪的频率和入射方向有关，因此，本文给出了一阶波浪力在 13 个波浪入射方向下，50 个不同波浪频率的传递函数，如图 3-20 所示。其中，纵荡、横荡和垂荡一阶波浪力 $F_x^{(1)}$、$F_y^{(1)}$ 和 $F_z^{(1)}$ 的单位为 N/m，横摇、纵摇和艏摇一阶波浪力矩 $M_x^{(1)}$、$M_y^{(1)}$、$M_z^{(1)}$ 的单位为 N·m/m。

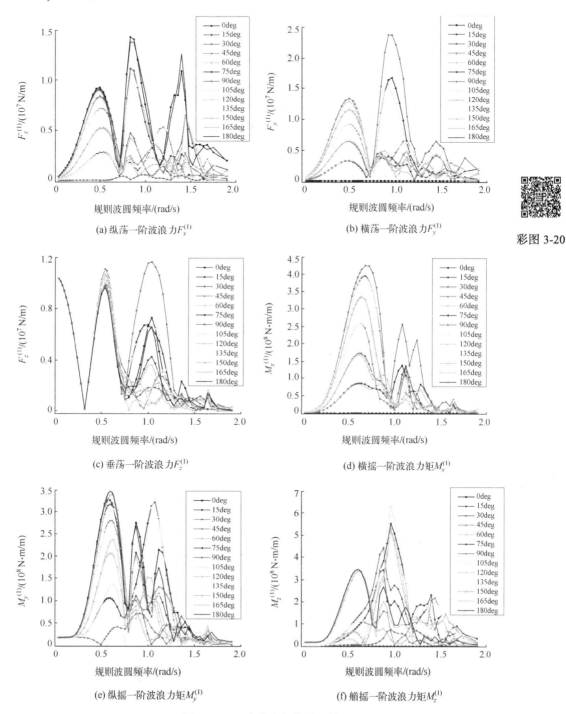

(a) 纵荡一阶波浪力 $F_x^{(1)}$　　　　　　　　(b) 横荡一阶波浪力 $F_y^{(1)}$

彩图 3-20

(c) 垂荡一阶波浪力 $F_z^{(1)}$　　　　　　　　(d) 横摇一阶波浪力矩 $M_x^{(1)}$

(e) 纵摇一阶波浪力矩 $M_y^{(1)}$　　　　　　　　(f) 艏摇一阶波浪力矩 $M_z^{(1)}$

图 3-20　一阶波浪力传递函数

2. 二阶波浪力

二阶波浪力是波浪载荷的二阶部分，远小于波浪载荷的线性成分(即一阶波浪力)，但是波浪载荷的线性成分并不能真实反映海洋结构物的受力情况，因此有必要对二阶波浪力进行研究。

二阶波浪力包括和频二阶波浪力、差频二阶波浪力以及二阶平均波漂力。在采用锚泊系统进行系泊的半潜式起重平台的设计中，对于差频二阶波浪力(又称缓变波浪漂移力)和二阶平均波漂力应给予重点关注，这是由于半潜式平台水平运动的固有周期一般为 100～200s，处于二阶低频波浪力的主要能量范围内，平台会产生大幅度的漂移运动。这里主要关注二阶平均波漂力，对于二阶平均波漂力的计算，本文采用远场法。

图 3-21 给出了在 13 个波浪入射方向下，50 个不同波浪频率的二阶平均波漂力的传递函数。其中，纵荡和横荡的二阶平均波漂力 $F_x^{(2)}$ 和 $F_y^{(2)}$ 的单位为 N/m/m，艏摇二阶平均波漂力矩 $M_z^{(2)}$ 的单位为 N·m/m/m。

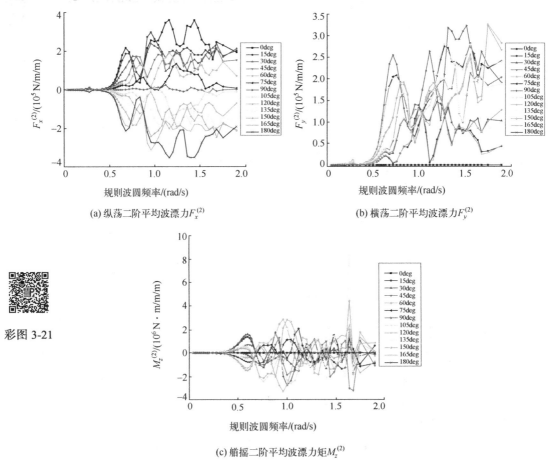

(a) 纵荡二阶平均波漂力 $F_x^{(2)}$　　　　(b) 横荡二阶平均波漂力 $F_y^{(2)}$

彩图 3-21

(c) 艏摇二阶平均波漂力矩 $M_z^{(2)}$

图 3-21　二阶平均波漂力传递函数

练 习 题

1. 对某四立柱环形浮箱半潜式平台的总体性能进行频域分析,计算平台的运动响应传递函数,预报平台的运动响应并进行气隙分析。计算分析平台的运动性能是否良好,并评估气隙在极端设计海况下是否满足要求。平台的主尺度与装载工况参数见表 3-8。

表 3-8　半潜式平台的主尺度与装载工况参数表

主尺度参数	立柱间距	68.0m
	浮箱宽	13.0m
	浮箱高	10.5m
	浮箱导角	1.5m
	立柱长	17.0m
	立柱宽	17.0m
	立柱高	43.5m
	立柱导角	2.5m
装载工况参数	作业吃水	37.0m
	排水量	71 010.0Mt
	重心位置(x, y, z)	(0, 0, 27.7)
	横摇惯性半径	39.70m
	纵摇惯性半径	39.34m
	摇惯性半径	39.01m
	净气隙	18.5m

注：运动响应预报采用频域分析方法,不考虑锚泊链、缆及立管的作用,忽略风、海流作用下平台的倾斜。由于平台关于中纵剖面对称,计算浪向取 0°～180°,步长为 15s,共 13 个浪向;波浪周期范围为 3～36s,步长为 1s,并在 10～14s、18～21s 的周期区间以 0.5s 和 0.25s 的步长加密;考虑到黏性的影响,在作业工况和生存工况的计算中,在垂荡方向加入 3%的临界阻尼作为黏性阻尼;为了预报平台整体运动性能和气隙、SCR 悬挂点运动参数及甲板上关键点的运动参数,特设监测点如图 3-22 所示。

2. 不考虑锚泊链、缆及立管的作用,忽略风、海流作用下平台的倾斜,采用频域分析方法计算桁架式 SPAR 平台的运动性能,分析其总体性能特点。

平台的主体分为三大部分：位于平台主体上部的硬舱是单圆柱结构,中心处开有中央井,中央井内装有独立的立管浮筒;平台中段采用开放式桁架结构,垂荡板分为三层;平台底部为软舱,平台的稳定性由垂荡板和软舱提供,如图 3-23 所示。表 3-9 给出了本题所采用 SPAR 平台的主要参数,利用这些数据可以建立 SPAR 平台的简化的水动力模型。

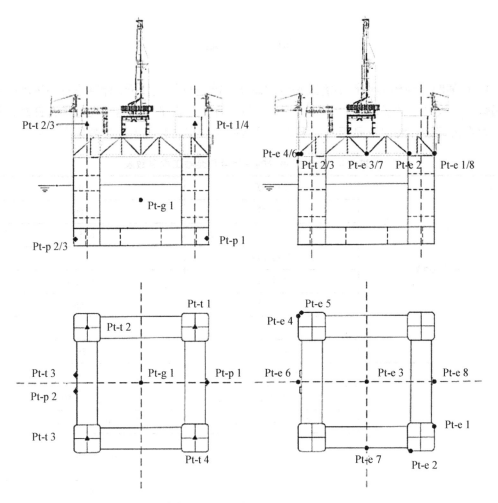

图 3-22　平台气隙监测点布置位置

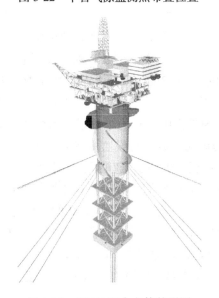

图 3-23　SPAR 平台主体外形图

表 3-9　SPAR 平台主要参数

参数名称	单位	数值
作业水深	m	1219.2
平台总排水量(包含内部水)	N	8.69×10^8
平台总重量	N	7.73×10^8
硬舱直径	m	37.19
平台吃水	m	164.59
中央井边长	m	10.97
桁架长度	m	97.49
垂荡板边长	m	37.19
垂荡板厚度	m	1.0
软体舱边长	m	37.19
软舱厚度	m	6.1
重心高 KG	m	98.66
浮心高 KB	m	109.0
纵摇回转半径 R_{xx}	m	77.12
横摇回转半径 R_{yy}	m	77.27
艏摇回转半径 R_{zz}	m	14.63
受风面积	m^2	2290.2
风压中心垂向坐标	m	36.57

第4章 浮式平台结构强度分析

确定了平台主尺度和基本布置之后，需进一步进行结构规划，确定板、加强筋和横梁等的布置和尺寸，并经过各种校核验证。结构设计是浮式平台设计的一个重要方面，合理的结构强度设计是保证在服役过程中结构安全性的关键。浮式平台结构强度分析可以分解为总体载荷下的总体强度分析、局部载荷下的局部强度分析，以及校核结构在总体载荷和局部载荷作用下的屈曲强度和疲劳强度。

本章首先介绍不同载荷状态中的载荷类型，接着在详细阐述设计波法后对浮式平台总体强度、局部强度的分析方法和流程进行介绍，最后叙述疲劳强度中的 *S-N* 曲线、线性累积损伤理论、疲劳强度评估简化和谱疲劳分析方法等内容。

4.1 载 荷 类 型

浮式平台结构强度分析的首要工作之一是根据其所处的状态或工况，确定作用在平台上的载荷。对于深水浮式生产平台，其载荷状态可以分为：建造、拖航、安装和在位等不同状态，在位状态又分为正常环境条件和极端环境条件。深水浮式生产平台在这各种不同状态下承受外载荷作用的位置、方向和大小是不同的，要分别加以分析计算。合理选择状态和确定作用在平台的外载荷是平台结构强度计算的关键一步。

深水浮式生产平台安装就位以后，在长期固定的海域操作，它们承受的外载荷类似，总体可分为：环境载荷、静水压力、立管及系泊载荷、自重载荷、操作载荷、活载荷、惯性载荷、波浪砰击载荷及事故载荷。

1) 环境载荷

环境载荷主要是指风、波浪、海流、地震等环境载荷，其中波浪载荷为深水浮式生产平台设计的控制载荷。作用在平台上的波浪载荷的大小取决于浪向、周期及波高，由于波浪载荷是一种随机载荷，因此准确计算比较困难。目前的波浪载荷的分析方法主要有谱分析法和设计波法两种，其中设计波法应用较广泛。设计波法是按照规定工况，对波浪周期、浪向进行搜索，最后确定一个能在结构上产生最大载荷的规则波，然后用这个规则波在结构上产生的波浪载荷与其他作用在平台上的载荷组合进行平台结构强度计算。深水浮式生产平台的结构强度计算一般按照一年一遇的操作海况(或十年一遇的操作工况)和百年一遇的极端海况确定设计波参数，然后应用水动力分析软件计算波浪载荷，再施加在平台结构上进行结构的应力计算。

2) 静水压力

位于水面以下的结构要承受静水压力作用，在没有动水压力作用的情况下，静水压力向上的总合力(浮力)与平台结构所受的重力平衡,平台浮体保持一定的吃水深度,通过调节舱内压载水量可以控制平台的吃水深度。

3) 立管及系泊载荷

浮式生产平台依靠立管,将水下生产系统与上部甲板上的油气处理设备相连接。立管类型包括:顶部张紧式立管、钢悬链立管及控制管缆等。外输立管,即钢悬链立管悬挂在平台的一侧。所有立管对平台所产生的拉力必须加以考虑。另外,还有系泊系统产生的系泊载荷。对于张力腿平台,张力腿的张力也作用在平台上,同样应给予考虑。

4) 自重载荷

平台上所有设备以及平台本身包括浮体、上部组块等的重量都应该作为施加在平台上的重量载荷。另外,平台的自重载荷还应包括浮体舱室内的压载水或压载物的重量。

5) 操作载荷

浮式生产平台一般具有钻井、完井和修井设备,在钻井、完井和修井作业中所产生的载荷同样作用在平台上,这些载荷作用的位置、大小均要在基本载荷工况中考虑。

6) 活载荷

活载荷指在平台生存期间,平台上可变化和可移动的静载荷,应考虑最大和最小活载荷基本工况,以确定最不利的载荷工况。

7) 惯性载荷

浮式生产平台在环境载荷的作用下,产生 6 个方向上的运动,运动加速度产生惯性力,其对平台的结构强度有一定影响,在基本载荷工况中应考虑惯性力的影响。

8) 波浪砰击载荷

浮式生产平台在拖航或作业过程中,平台的部分结构,如浮箱、立柱以及甲板下面一侧的支撑梁、柱可能遭受到波浪的砰击作用,波浪砰击载荷对结构强度的影响,一般根据具体设计要求,作为局部载荷单独计算校核。

9) 事故载荷

浮式生产平台结构设计和设备(设施)布置时,应考虑使事故载荷的影响降到最小,事故载荷一般包括船舶碰撞、意外坠物的撞击、火灾和爆炸、立管和井口事故等。

4.2 　总体强度分析

结构总体强度分析的主要目的是计算浮体在相应载荷组合工况下壳体、内部平板、舱壁、立柱、立柱舱壁等结构单元的名义应力,根据结构许用应力来评估浮体结构规划设计的可行性,或根据应力分布和大小进行结构的设计优化。

4.2.1 　波浪载荷分析

波浪载荷是浮式平台所受外载荷的主要部分,是进行平台结构强度计算的基础数据。对于波浪载荷的不确定性,目前比较普遍的方法是将动力问题转化为准静力问题来处理。假定平台承受规则波作用,将瞬时作用在平台上的最大波浪载荷施加到平台结构,同时考虑结构运动产生的惯性力和其他载荷，认为所有外载荷保持静力平衡，从而转化为静力问题，即准静态方法。

1. 设计波法

平台在波浪中的载荷与平台的装载情况、波浪的波高、周期、相位及浪向都有密切的关系。波浪载荷进行长期预报之前必须选定多组典型控制剖面(一般选择在波浪载荷响应最大部位和结构最薄弱部位)，之后需要对一系列波浪周期和不同入射波相位进行循环，找出最大波浪载荷所对应的波浪参数，即"设计波"，作为整体结构强度分析的基本数据。

在船舶与海洋工程中，各载荷分量之间的组合，是个比较复杂的问题。设计波法是基于加拿大学者 Turkstra 的组合规则提出的，即组合载荷的最大值是可变载荷中的一个达到使用期的最大值，而其他的可变载荷采用相应的瞬时值。考虑平台结构遭受的各种可变载荷(如截面弯矩、截面剪力等)，当其中某一主要载荷(控制载荷参数)达到最大值时，其他载荷取为相应的瞬时值。设计波法的关键在于如何合理地确定以控制载荷为基础的规则波的各个参数(包括波幅、浪向、频率等)，使按它计算出来的应力范围能代表实际平台生产作业过程中对应一定超越概率水平的应力或应力范围。目前，ABS、DNV 等船级社规范已在船舶直接计算中采用设计波法对各种载荷分量进行组合，但方法并不统一。

根据波浪描述方式的不同，设计波有随机性方法、确定性方法两种确定方法。确定性方法以船级社规范和环境参数为基础直接计算设计规则波波高，相对而言应用广泛，优点在于计算时应用简单，便于采用高阶波理论，在计算波浪载荷时容易考虑非线性影响。确定性方法的缺点是它与实际波浪状态不同，没有考虑波浪的不规则性与波能分布的方向性，波浪载荷容易受到波浪周期的影响，有时会给出过于苛刻的设计条件。随机性方法是通过对结构响应的长短期统计预报得到设计规则波波高，它考虑了波浪的随机性和不规则性，相对而言更加科学、合理。

波浪条件以波谱的形式描述获得设计波幅值和周期，称为随机性方法或者谱分析法，该方法流程如图 4-1 所示，其分析步骤如下。

(1) 根据所求特征量和平台几何尺度确定浪向和特征波长 L_c，然后根据波长与周期之间的关系得到特征周期 T_c，即

$$T_c = \sqrt{2\pi L_c / g} \tag{4-1}$$

(2) 在 3~25s 周期范围内使用规则波计算特征载荷工况下平台的响应传递函数，在 T_c 附近使用 0.2~0.5s 的间隔，其他周期范围内可使用 1.0~2.0s 的间隔，从而得到精确的 T_c 值。

(3) 计算不同频率下的响应传递函数 $RAO(\omega)$ 幅值。

(4) 根据波陡 S 使用式(4-2)在 3~18s 跨零周期范围内计算相应的有义波高 H_s，平均跨零周期 T_z 的间隔为 1s，则有

$$H_s = \frac{gT_z^2}{2\pi} S \tag{4-2}$$

(5) 由得到的有义波高 H_s 和平均跨零周期 T_z，定义波浪谱。

(6) 将响应传递函数 RAO(ω) 幅值的平方与波浪谱密度函数 $S_w(\omega)$ 相乘，得到响应谱 SR(ω)，并根据响应谱在各波浪条件下预报最大响应，并选择其中的最大值 R_{max}。

(7) 使用式(4-3)计算设计波幅值 A_D：

$$A_D = (R_{max} / \mathrm{RAO}_c) \cdot \mathrm{LF} \tag{4-3}$$

式中，RAO_c 为与 T_c 对应的传递函数幅值；LF 为载荷因子，范围是 1.1～1.3。

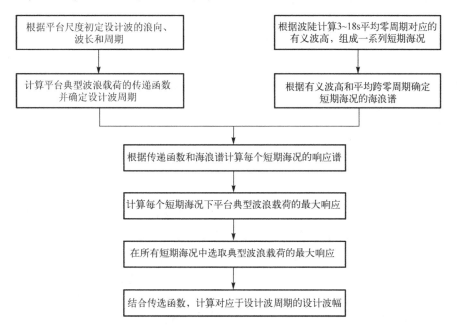

图 4-1　谱分析法流程图

根据最大规则波波陡来确定设计波高，称为确定性方法，其分析步骤如下。

(1) 根据平台几何尺度与特征波浪载荷工况确定浪向和波长。

(2) 与随机性方法相同，计算不同频率下的响应传递函数 RAO(ω) 幅值。

(3) 由波陡 S 在 3～15s 周期 T 范围内计算相应的规则波的限制波高 H 为

$$H = \frac{gT^2}{2\pi} S \tag{4-4}$$

不同船级社的规范对波陡的计算方法不同，DNV 规范波陡的计算如下：

$$S = \begin{cases} \dfrac{1}{7}, & T \leqslant 6S \\[3mm] \dfrac{1}{7 + \dfrac{0.93}{H_{100}}(T^2 - 36)}, & T > 6S \end{cases} \tag{4-5}$$

式中，H_{100} 为百年一遇极限波高，对无限海区工作的海洋平台，一般取 $H_{100} = 32\mathrm{m}$，对应的波浪周期为 18s。

(4) 对各波周期计算载荷响应(由上面得到的限制波高 H 乘以相应的 RAO(ω)幅值)。

(5) 找到最大载荷所对应的波高和波浪周期，作为设计波参数。

2. 控制剖面和特征载荷选取

如果平台运动中在控制剖面产生了最大的载荷响应，那么此时对应的波浪条件就是控制波浪条件，可以作为结构强度校核的依据。因此，在进行波浪载荷分析之前，必须选定平台控制剖面。控制剖面一般应选择在波浪载荷响应最大部位和结构最薄弱部位。

对于半潜式平台而言，其特征载荷分析工况一般包括水平分离力、纵向剪力、扭转、甲板重量引起的横向和纵向惯性力、迎浪时的垂向弯矩。

1) 水平分离力工况

如图 4-2 所示，当平台遭遇横浪且波长接近平台宽度的 2 倍时，将产生最大水平分离力，该载荷将影响如下部件的设计：

(1) 水平横撑；

(2) 甲板结构；

(3) 立柱与甲板的连接处。

2) 纵向剪力工况

如图 4-3 所示，当平台遭遇 30°～60° 斜浪且波长接近平台对角线长度的 1.5 倍时，将产生最大纵向剪力，该工况下横撑将承受最大弯矩。由于纵向剪力与水平分离力同时产生，因此不能仅分析最大纵向剪力工况，需要对多个浪向进行对比，找到最大的组合工况。

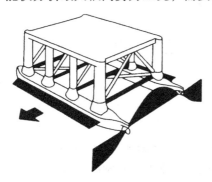 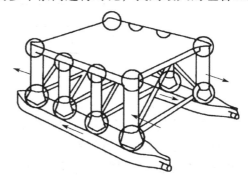

图 4-2　水平分离力工况　　　　　　　图 4-3　纵向剪力工况

3) 扭转工况

如图 4-4 所示，当平台遭遇 30°～60° 斜浪且波长接近平台对角线长度时，将产生以水平横轴为转轴的最大扭矩，该工况对如下部件为控制工况：

(1) 横撑或斜撑；

(2) 甲板结构。

4) 惯性力工况

如图 4-5 所示，当平台迎浪或遭遇横浪时，甲板重量将引起纵向或横向加速度，若平台吃水深度较小，惯性力将在立柱与甲板或浮箱的连接部位产生较大的弯矩，因而是平台作业、生存和运输条件的控制工况。

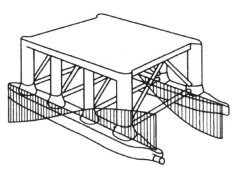
图 4-4　扭转工况

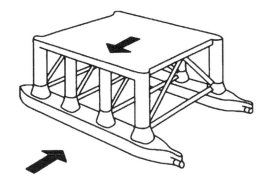
图 4-5　惯性力工况

5) 垂向弯矩工况

如图 4-6 所示,当平台迎浪且波长接近浮箱长度时,将在浮箱上产生最大垂向弯矩,弯矩方向因平台与波浪的相对位置的不同而不同:

(1) 波峰位于平台浮箱中部时,因中拱产生的弯矩;

(2) 波谷位于平台浮箱中部时,因中垂产生的弯矩。

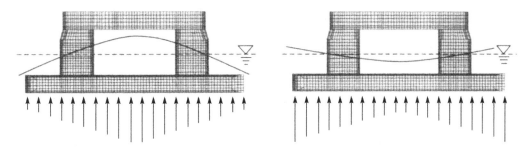
图 4-6　垂向弯矩工况

张力腿平台与半潜式平台具有相似的结构形状,特征载荷工况基本相同,其控制剖面一般可设置中纵剖面、中横剖面、甲板平面等,如图 4-7(a)所示。

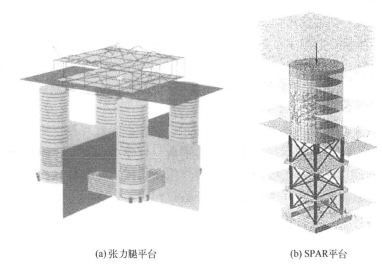

(a) 张力腿平台　　　　　　　　(b) SPAR 平台

图 4-7　张力腿平台与 SPAR 平台波浪载荷控制截面

深吃水单立柱式平台与半潜式平台或张力腿平台不同，它在竖直方向尺度较大而在水平方向尺度较小，这个特点导致深吃水单立柱式平台沿轴向分布的弯矩成为控制载荷。因此，在进行详细的结构数值分析之前，有必要在深吃水单立柱式平台上设置不同高度的水平控制截面，如图 4-7(b)所示，以掌握平台整体所受弯矩的分布状态。

4.2.2　工况组合

深水浮式平台总体结构强度分析的第一步是选择组合载荷工况。深水浮式平台在风浪作用下，始终处于运动状态，因此对浮式平台的载荷进行计算是一个非常复杂的动力问题，难以精确计算。目前比较普遍使用的方法是将动力问题转化为准静力问题来处理，即把平台运动产生的惯性力考虑在内，认为所有外载荷保持静力平衡，从而转化为静力问题来简化计算。

由于深水浮式平台的总体结构形状不同，各种载荷的作用位置不同，尤其是在波浪载荷的作用下，对于不同的平台结构，其内力和变形的响应的差别很大。因此选择组合载荷工况应考虑平台的结构特点。

1. 深吃水单立柱式平台的组合载荷工况

深吃水单立柱式平台的浮体部分是一个长的圆柱壳体(Truss SPAR 平台中间一段是桁架结构)，在波浪载荷作用下或安装扶正时，遭受弯矩、剪力和轴向拉力作用。计算载荷的确定一般采用设计波法，根据一年一遇(或十年一遇)的波浪条件和百年一遇的波浪条件搜索设计波，然后按一年一遇、十年一遇和百年一遇的设计波与其他载荷(如风力、流力、自重载荷、活载荷、立管和系泊载荷等)组合，形成组合载荷工况，并根据设计基础的要求列出载荷工况表。

2. 半潜式生产平台的组合载荷工况

半潜式生产平台一般采用锚链/系泊缆系泊，且浮体有两个对称面，纵、横向波浪载荷的作用效果差别不大。当波长约为 2 倍浮体宽度的波浪通过半潜式生产平台时，产生最大的挤压和分离力，半潜式生产平台在波浪载荷作用下的纵、横摇和垂荡加速度使上部甲板产生惯性力，另外纵、横波浪作用也将在下浮体上产生弯矩。确定载荷工况要通过设计波分析，确定一年一遇(或十年一遇)的设计波和百年一遇的设计波并与其他载荷组合起来形成组合载荷工况。

半潜式生产平台重力/浮力载荷如图 4-8 所示。在横向负载视图上可以看到，平台甲板和立柱浮筒的重力由集中作用在两侧的浮力平衡，导致平台有中垂的趋势，在横向撑杆上产生了很大的拉力。此外甲板的重力直接作用在斜撑上，并传递到立柱。此外，横向负载视图显示的系泊系统载荷也是通过撑杆的拉伸传递，表明了结构系统中撑杆的重要性。在侧向负载视图中可以看到，大多半潜式生产平台每侧有 3 或 4 个位置相近的立柱，由一个连续的浮筒支持。由于半潜式生产平台一般相对较短，纵向重力/浮力分布合理，没有很大的纵向弯矩或剪力。

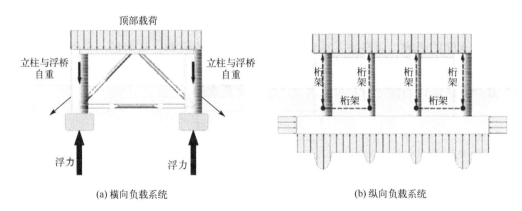

(a) 横向负载系统　　　　　　　　　(b) 纵向负载系统

图 4-8　半潜式生产平台重力/浮力载荷

环境载荷中两种波浪载荷情况需要重点考虑：一种是压缩/分离特征载荷；另一种是扭转特征载荷。

3. 张力腿平台的组合载荷工况

根据张力腿平台的结构特点，它在横向波浪载荷作用下，两边的立柱将受到挤压和分离作用，当波长约为2倍浮体宽度的波浪通过时，产生最大的挤压和分离力。张力腿平台由于受到张力腿的限制，其主要运动为横向偏移和垂直下降。横向偏移和垂直下降运动加速度产生的甲板结构的惯性力应当在结构强度计算中得以考虑。与深吃水单立柱式平台的组合载荷工况类似，对于张力腿平台，也是按一年一遇(或十年一遇)的设计波和百年一遇的设计波与其他载荷组合起来形成组合载荷工况。

用于计算张力腿平台的特征载荷工况包括：最大横向分离力、最大横向扭矩、最大纵向剪切力、最大垂向弯矩、最大甲板纵向惯性力、最大甲板横向惯性力。

4.2.3 评估流程

深水浮式平台的总体强度分析作为平台设计的关键技术，可为平台主体结构、构件尺寸和结构连接节点的优化设计提供合理依据。下面介绍采用有限元方法直接计算开展浮式平台结构总体强度评估的流程。

1. 总体强度分析流程与要求

根据平台作业海域的环境条件和设计要求，选取平台可能遇到的最大波浪作为设计波，规范通常规定使用100年重现期的最大规则波；然后计算平台在设计波作用下的运动、载荷和构件应力，并根据规范强度要求校核平台的结构安全性。由于在不同的浪向、不同的周期及不同的波峰位置(波浪相位)下，波浪对平台的作用力有很大的差异，因此要选取若干个不同的浪向、周期的波浪在不同相位对平台的载荷进行计算，并选取最不利的情况进行准静态有限元分析计算。平台总强度评估流程如图4-9所示。

在设计波参数确定以后，就可以采用三维水动力理论计算平台在该设计波中的运动和载荷，进而采用准静态方法对平台整体结构进行强度评估。它假定平台在规则波上处于瞬时静止，其不平衡力由平台运动加速度引起的平台惯性力来平衡。这种计算方法只考虑了平台运动加速度的影响，而略去了平台运动速度与位移的影响，从而把一个复杂的动力问题简化为静力问题来处理。由于实际海况中的波浪周期远低于平台结构的固有周期，因而采用准静态方法进行结构分析是可以满足工程精度要求的。

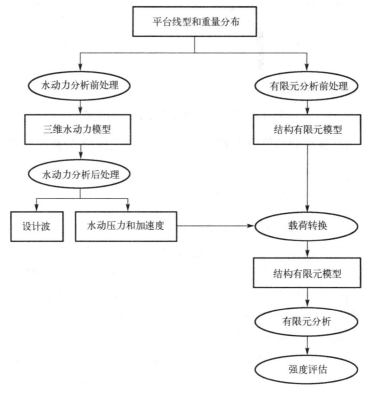

图 4-9　平台总强度评估流程

2. 结构模型

平台结构是一种板、梁组合结构，由于板、梁、筋和肘板等构件的尺度差别较大，受有限元单元网格划分的限制，要在整体结构模型中完全模拟所有的构件是困难的，在建立结构有限元模型时，一般要如实地模拟主要结构构件和单元。为了简化模型、提高计算效率，可以忽略一些小的构件，但结构有限元模型简化要符合规范的有关规定。在建立平台总体结构模型的过程中，由于有限元模型的简化，模型的重量和实际结构的重量必然有差别，所以要通过调整平台材料的密度来控制模型的重量，使模型重量与实际结构的重量相等。

总体有限元模型应该包括主要构件、部分次要构件和部分特殊构件。参与建模的主要构件应该包括上部结构的箱形甲板、立柱外壳板、浮箱外壳板、纵舱壁、横舱壁；未参与建模的主要构件包括直升机甲板、救生艇平台、重型底座及设备支撑构件。参与建模的次要构件包括甲板加强筋、立柱的纵桁、纵骨、垂向及水平扶强材，浮箱的纵桁、纵骨、垂向及水平扶强材。参与建模的特殊构件包括立柱与上部甲板和浮体交接部分的外壳板以及承受足够载荷传递的"贯穿"构件。

船舶与海洋工程结构有限元模型常用的单元类型如表 4-1 所示。

表 4-1　常用单元类型

单元类型	单元属性
杆单元	线单元，仅具有轴向刚度，且沿单元长度其横剖面积不变
梁单元	线单元，具有轴向、弯曲、扭转和双向剪切刚度，且沿单元长度特性不变
膜单元	面单元，具有面内刚度，且厚度不变
板、壳单元	面单元，具有面内刚度和面外弯曲刚度，且厚度不变

单元网格划分应尽可能遵从骨材实际的排列规律，以表示骨材之间的实际板格，浮式结构物网格划分通常遵循以下原则。

(1) 船体结构有限元网格沿船壳横向按纵骨间距划分，沿纵向按肋骨间距划分，网格形状尽量接近正方形。

(2) 一般来讲，船体的外板、纵横舱壁、甲板、强框架、桁材、高腹板的肋骨等结构采用 4 节点板壳单元模拟。双层底纵桁和肋板，沿腹板高度至少划分为三个单元。

(3) 承受水压力和货物压力等侧向压力的加筋板结构应用壳单元连同梁单元模拟，梁单元考虑偏心的影响。

(4) 舷侧肋骨可以用板单元模拟，当肋骨腹板的高度与舷侧的网格尺寸之比小于1/3时，可以用杆单元模拟。纵桁、肋板等主要支撑构件的腹板上的加强筋、肋骨和肘板等主要构件的面板和加强筋可用杆单元模拟。

(5) 板厚有突变的地方应作为单元的边界，板单元的长宽比应尽可能接近 1，最大不应该超过 3，并注意防止单元形状的扭曲。避免在可能产生高应力区域使用不同的单元。模型任何位置都应该尽可能减少使用三角形板单元。

在施加外载荷的过程中，把水动力分析求解出的总载荷施加到结构相应的位置，如横浪时使半潜式生产平台发生挤压或分离的载荷一般施加在浮箱侧板的中部，同时还要考虑上部甲板结构所受的重力和垂荡加速度产生的惯性力，立柱、下浮体所受的重力和垂荡加速度产生的惯性力，以及横撑的浮力等，如图 4-10 所示为半潜式生产平台横浪载荷工况组合。根据载荷工况的不同，如拖航、安装和就位，要把平台结构各种受力状态下载荷的组合列举出来，分别施加到结构模型上，分别求解以获得各个载荷组合下的结构应力分布。

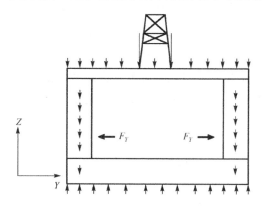

图 4-10　半潜式生产平台横浪载荷工况组合

在有限元结构模型求解前，必须施加边界条件。实际上作用于浮体结构的外载荷是平衡力系，理论上不需要边界条件，但为了消除其刚体位移，保证有限元结构求解的收敛，需要施加边界条件。采用不同的结构分析软件以及不同的结构边界，边界条件施加位置有所不同，一般要求施加边界的节点要远离结构连接部位，以免影响连接区域的应力分布。

在深吃水单立柱式平台的总体模型中，用弹簧模拟锚链对整个结构的约束作用并作为总体强度分析的边界条件，对每个平移自由度使用一个弹簧单元。弹簧单元的刚度为

$$K_X^{\text{SPAR}} = K_Y^{\text{SPAR}} = \frac{F_H}{X} \tag{4-6}$$

$$K_Z^{\text{SPAR}} = \rho g A_w \tag{4-7}$$

式中，F_H 是锚链的水平方向张力；X 是锚链系泊点到其末端的水平距离；A_w 是深吃水单立柱式平台的水线面面积。

半潜式生产平台同样采用锚链系泊，边界条件的施加方法可参照深吃水单立柱式平台的边界条件施加方式，只不过要在下浮体和立柱上施加弹簧边界模拟静水压力，使平台结构处于外力平衡状态。

在张力腿平台的总体模型中，用线性弹簧单元模拟张力腿并作为张力腿平台总体强度分析的边界条件，对每个平移自由度使用一个弹簧单元。弹簧单元的刚度为

$$K_X^{\text{TLP}} = K_Y^{\text{TLP}} = \frac{P}{L} \tag{4-8}$$

$$K_Z^{\text{TLP}} = \frac{EA}{L} \tag{4-9}$$

式中，P 为张力腿预张力；L 为张力腿长度；E 为弹性模量；A 为张力腿横截面面积。

浮式平台在漂浮状态下，其承受的所有外载荷(包括惯性力)与作用在浮体上的静水压力构成平衡力系，外载荷施加的是否合理或有无遗漏，可通过输出的支反力大小来判断，一般支反力的大小是总重量的 0.1%为正常。

3. 总体强度评估准则

就结构强度而言，海洋平台的安全性一般是通过保证结构应力小于结构的承载能力，也就是在结构强度上保留一定的安全储备。结构破坏并不意味着必须是结构开裂或者断开那样的严重破坏，而是定义为一种不容许出现的极限状态。海洋平台的结构破坏模式主要有屈服破坏、屈曲破坏、极限破坏和疲劳破坏四种。为保证平台的安全，目前世界各国船级社都颁布了自己的海洋平台建造与入级规范。在这些规范中，对结构分析的基本原则、结构安全系数的选取等都做了规定。本书主要针对确定工况下的张力腿平台进行总体屈服强度评估。

例如，DNV-OS-C105: Structural Design of TLPs (LRFD Method)(《张力腿平台结构设计(LRFD 方法)》)规范采用海洋工程结构物强度评估方法——载荷抗力系数法，是将载荷的不确定性以载荷系数表示、抗力的不确定性以材料系数表示的结构设计校核方法。不同环境条件下的设计载荷系数如表 4-2 所示。

表 4-2　不同环境条件下的设计载荷系数

环境条件	永久载荷和可变使用载荷	环境载荷
正常作业状态	1.2	0.7
风暴自存状态	1.0	1.2

式(4-10)给出在 LRFD 方法中屈服失效模式的强度条件:

$$\sigma_{d} \leqslant R_{d} \tag{4-10}$$

式中, σ_{d} 为结构在设计载荷作用下的工作应力, 最常用的是 von-Mises 应力; $R_{d} = \sigma_{y} / \gamma_{m}$ 为结构的设计抗力, σ_{y} 为结构的屈服极限, γ_{m} 为材料系数, 一般按照规范选取。式(4-11)给出了 ABS 和 DNV 规范分别对 γ_{m} 的定义:

$$\gamma_{m} = \begin{cases} \text{ABS规范} \begin{cases} 1.43(\text{正常作业状态}) \\ 1.11(\text{风暴自存状态}) \end{cases} \\ \text{DNV规范} \begin{cases} 1.67(\text{正常作业状态}) \\ 1.25(\text{风暴自存状态}) \end{cases} \end{cases} \tag{4-11}$$

从安全系数上来看, DNV 的安全储备相对于 ABS 偏大。

4. 冗余度评估

平台很可能在恶劣海况中出现小的支撑构件破坏, 此时平台应该具有足够的强度抵抗环境载荷带来的破坏, 而不至于出现总强度的丧失, 在此之前需要在平台总强度评估中做冗余度分析。

冗余度分析是指评判平台结构在某个局部撑杆失效后的整体强度储备。ABS 规范中规定, 失效的局部撑杆指有可能在突发事件中断裂的承载撑杆。突发事件包括供应船的碰撞、物体坠落、火灾和爆炸等。

在冗余度分析中需要确定的失效撑杆可以根据使该撑杆断裂所需要的冲击能量来判断。对于碰撞而言, 一艘 5000t 排水量供应船以 2m/s 速度航行, 产生的冲击能量为 14MJ(舷侧碰撞); 11MJ(艏艉碰撞)。

ABS 规范规定, 在冗余度分析中首先需要计算撑杆能否承受这种偶然载荷。如果可以承受此载荷, 则在冗余度分析中不必完全忽略该撑杆的贡献, 只需要把破坏部分所丧失的刚度扣除即可; 如果撑杆在此载荷作用下完全断裂, 则在冗余度分析中需要完全扣除该撑杆对结构强度的贡献。

半潜式生产平台、SPAR 平台等撑杆具有较大尺度, 它们的形状和尺度甚至接近下浮体。一般而言, 对于这类撑杆在冗余度分析中有必要考虑它对结构强度的贡献。

ABS 规范对半潜式生产平台结构强度冗余度分析的要求为: 主要承载小撑杆破坏; 基于 80%的最恶劣海况和 100%材料屈服限的许用应力。

4.3　局部强度分析

平台结构存在多种类型的局部典型节点受到较大载荷, 重要局部结构是制约平台安全作业的关键因素。按照 ABS 和 CCS 规范要求，设计分析过程中一般采用有限元方法分析浮式平台在遭受静载荷和环境载荷条件下立柱撑杆连接处的局部强度。

1. 结构局部位置的选取

浮式平台的结构形式不同，需要做局部强度校核的位置也不同，一般是选取重要的连接部位进行局部强度分析。

对于深吃水单立柱式平台，局部结构分析位置选在硬舱外壳顶部与上部组块及桁架部分相交处、硬舱和软舱外壳与桁架相交处，这些位置既是应力集中区域，又是关系到整体结构失效的关键位置。

张力腿平台的关键位置或应力集中区域是在立柱外壳及立柱顶部与上部组块相交处、立柱外壳与下浮体立板相交处、下浮体立板与平板相交处等关键部位，应在这些位置选取局部模型进行校核。半潜式生产平台与张力腿平台有类似的结构形式，局部模型的选择可参照张力腿平台，半潜式平台局部典型节点包括撑杆与上层平台、撑杆与立柱、立柱与上层平台、立柱与下浮体等。

2. 局部有限元结构模型的建立与边界条件

局部结构分析的原理是圣维南原理，即利用等效载荷代替实际分布载荷后，应力和应变只在载荷施加位置的附近有改变。局部有限元模型较整体结构模型更为详细，模型中包括了与关键部位相连的板、壳、肘板及加强筋，各几何体均采用壳单元进行模拟，如图 4-11 所示。

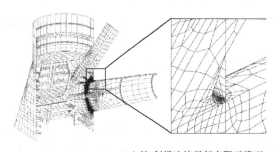
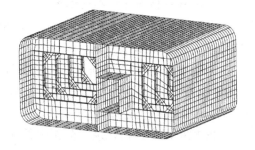

(a)立柱-斜撑连接局部有限元模型　　　　　　　　　(a)浮箱局部有限元模型

图 4-11　局部有限元模型

建立局部有限元模型是为了获取连接部位的真实应力分布和大小，必须细化连接处的有限元网格以反映连接区域的应力变化梯度。局部模型可由整体结构模型上截取后细化，为保证局部模型的受力和变形与在整体结构模型上的受力和变形一致，必须对局部模型施加外载荷和边界条件。

施加在局部模型上的外载荷包括重力、惯性力、静水压力以及水动力载荷，这些载荷的大小按照总体结构强度确定的载荷工况决定。局部模型的边界条件为位移边界条件，一般从总体结构分析结果中获取。

依据平台总强度计算结果确定局部结构模型各载荷工况下的载荷边界条件，并将水动力载荷和载荷边界条件传递给平台局部结构有限元模型。最后，进行局部结构强度分析，确定局部结构的整体应力水平。深水浮式平台典型节点局部强度分析流程如图 4-12 所示。

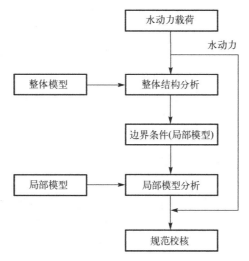

图 4-12　深水浮式平台典型节点局部强度分析流程

　　通过局部结构模型求解计算，可以获取结构的应力、位移等计算结果。把单元结果列表、节点结果列表与应力分布云图结合起来，从中找出最大应力值及其发生的位置。在总体结构强度计算中，某些部位的应力可能满足强度要求，但局部结构分析所得到的最大应力值可能不满足强度要求。局部结构的应力分析可以为改进局部结构提供指导，但更重要的作用是为疲劳寿命计算提供应力水平的基础数据。

4.4　疲劳强度设计分析

　　在船舶与海洋工程等领域，结构物在服役期内交变循环载荷下发生的疲劳破坏屡见不鲜，疲劳强度设计已经成为海洋工程结构设计的一个重要方面。在海洋工程结构物的设计过程中，由于高强度材料的使用、更恶劣的环境条件、结构过度优化等，因此结构的疲劳问题变得更加严重。

4.4.1　浮式平台结构疲劳特点

　　对浮式平台结构产生长期交变应力的作用主要是波浪载荷，其他载荷作用只占很小的部分而且计算比较复杂，故其他载荷在通常的疲劳设计分析中可不予考虑。

　　不同的载荷工况对平台结构疲劳强度的影响程度也不同，评估疲劳寿命的控制载荷应选择作用时间长的工况。例如，在生存条件下，大波幅波浪主要对结构强度产生显著影响，但是作用时间较短，可能对结构疲劳的影响不大；拖航工况也会引起结构的疲劳，但如果拖航路径短、所用时间短，对结构疲劳的影响不大；对于半潜式钻井平台，钻井作业工况是其长期经历的工况，是对钻井平台疲劳寿命影响最大的工况；浮式生产平台在完成安装以后长期在固定的海域操作，它们在在位工况下所经历的波浪载荷，是评估疲劳寿命的控制载荷。

　　由于平台承受的波浪载荷的大小、方向都是随时间变化的，故由此引起的交变应力是一个随机过程，要评估它们的疲劳寿命必须建立随机波浪载荷的概率分布模型。波浪载荷作用在结构上产生交变应力，研究表明结构疲劳损伤程度主要与应力循环时的变动范围，即应力幅值范围的大小及其作用次数有关。因此，利用波浪载荷的概率分布模型去获得结构应力范围的概率分布模型，依次计算各个应力循环次数，结合累积疲劳损伤原理，可以计算得到平台结构的疲劳寿命。

　　不同结构形式的浮式平台，在波浪载荷作用下，容易发生结构疲劳损伤的位置及应力幅值的大小也各不相同。因此，在计算浮式平台的结构疲劳寿命时，通过分析研究平台结构特点，找出平台结构疲劳的易发生部位是平台结构疲劳分析的关键所在。有关规范对平台结构的疲劳热点位置确定做出了一般性规定，但由于平台结构的复杂性，确定平台结构疲劳的热点部位仍需要做大量分析，以便能确定结构易出现疲劳的位置。

　　影响深水浮式平台结构疲劳强度的因素很多，包括结构的材料、局部结构形式、焊接形式及焊接质量、波浪载荷作用时间以及波浪载荷大小等都会对平台结构的疲劳寿命产生影响。深水浮式平台疲劳寿命分析的目的就是通过综合考虑内部结构和外部载荷等多种因素的影响，采用合理的计算方法，对平台结构的疲劳寿命进行合理的评估，以满足设计规范的要求。

　　海洋工程结构物疲劳强度评估一般采用 S-N 曲线方法或断裂力学方法，前者更适用于结构的设计阶段。鉴于 S-N 曲线方法在海洋工程中的广泛应用和其主导地位，断裂力学方法通常是用作疲劳强度计算的辅助和支持手段，尤其是在现役结构上已经发现有裂纹的情形下。

4.4.2　基于 S-N 曲线的疲劳分析方法

1. S-N 曲线

　　在 S-N 曲线方法中，具有同一类属性的结构节点的疲劳强度用一条曲线或者一个公式来表示。曲线的横坐标一般为寿命或循环次数(N)，纵坐标为应力范围(S)，曲线的每一个点(N_i, S_i)表示该类结构的节点在等值循环应力范围 S_i 的作用下达到疲劳破坏时的寿命或循环数为 N_i。S-N 曲线是应力水平下疲劳试验数据经过拟合得到的。中国船级社指南中采用的 S-N 曲线是基于相关试验数据的平均值减去两倍的标准差后得到的设计 S-N 曲线，具有97.5%的存活率。S-N 曲线所内含的失效准则如下。

　　(1) 对于具有同样计算损伤的结构节点，疲劳裂纹的起始寿命在母材切口中比在焊趾或者焊喉中要长。这意味着与焊接节点相比，母材具有更高的疲劳抗力。但当裂纹发生后，裂纹在母材中扩展速率更快。

　　(2) 在海洋工程实践中，通常定义裂纹穿透板厚时为失效点。当把本失效准则应用到更可能发生应力重新分配的实际结构的裂纹尺寸上时，这意味着本失效准则对应的裂纹尺寸比板厚略小。

　　(3) 管节点的试验通常采用大尺寸模型。当裂纹扩展时，这类节点也显示出应力重新分配的更大可能性。因此，在试验中，在断裂前裂纹可以穿透厚度并可以沿着管节点继续扩展。在确定管节点 S-N 曲线时，仍采用了裂纹尺寸穿透壁厚时对应的循环次数。由于这些试验与结构的实际行为差别不大，因此管节点 S-N 曲线的失效点大约对应于裂纹穿透相关弦管或者支管热点处的壁厚的循环次数。

S-N 曲线的一般表达式为

$$NS^m = A \tag{4-12}$$

式中，S 为应力范围；N 为应力范围 S 下的失效循环次数；A 和 m 是疲劳试验拟合参数，代表了构件的疲劳性能。式(4-12)等号两边取对数，得

$$\lg N = \lg A - m \lg S \tag{4-13}$$

可见，在 $\lg N$-$\lg S$ 坐标系下，式(4-13)代表了一条直线，m 代表双对数坐标系下直线的负反向斜率，$\lg A$ 代表直线在 $\lg N$ 轴上的截距。根据结构节点的几何形状以及其他因素(如载荷方向、可能的装配/检测方法等)将节点分为不同的类别并具有不同的设计 S-N 曲线。

通过疲劳试验发现，在低应力范围作用下，试件疲劳寿命偏向于无穷大。以往在疲劳分析中根据恒幅载荷疲劳试验的结果认为，在应力范围水平降低到某一临界值以后，结构可以经历无穷多次应力循环而不发生破坏，此临界值称为疲劳极限或持久极限，通常假设为当 $N = 10^7$ 时所对应的 S，S-N 曲线在大于 $N = 10^7$ 时是一条水平的直线。然而，疲劳极限仅存在于恒幅载荷情况，在实际的变幅载荷情况下，疲劳极限并不存在。并且新的试验表明，即使在恒幅应力范围低于疲劳极限的情况下，试件仍会发生疲劳破坏。鉴于以上情况，一般 S-N 曲线由两段组成，结构承受低应力范围水平的高寿命区的 S-N 曲线一般采用与中寿命区 S-N 曲线相比稍大的 m 值，如图 4-13 所示。其中 $\lg(K_i)$ 为 S-N 曲线在 $\lg N$ 轴上的截距($I = 1,2$)。

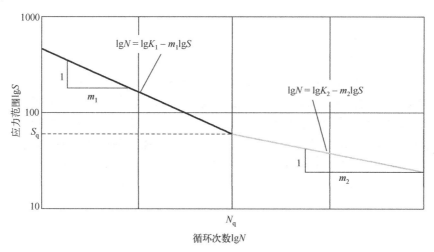

图 4-13　双线段 S-N 曲线示意图

在船舶与海洋工程疲劳分析中，S-N 曲线中的 S 通常指名义应力范围或热点应力范围。名义应力一般定义为结构中只考虑宏观几何效应而不考虑结构节点不连续以及焊缝引起的应力集中时得到的应力，可以通过载荷参数和截面属性定义。针对简单的构件，名义应力可以通过如梁理论等经典理论求得。针对稍复杂的构件，可以用粗网格有限元方法确定名

义应力。基于名义应力方法进行疲劳分析时，焊接接头按几何形状、疲劳载荷作用方向以及建造和检查方法分类，每一类都对应一个指定的 *S-N* 曲线。

针对复杂的焊接结构，名义应力无法准确表征焊缝处的应力情况，名义应力无法准确定义，此时一般采用热点应力来进行疲劳分析。与名义应力不同，热点应力是结构在热点处的表面应力，也是热点处最大的几何应力或者结构应力。结构疲劳裂纹可能启裂的点(即热点)可能位于焊趾、角焊缝或者部分熔透焊缝的焊根或者板/型材的自由边。热点应力计入了结构节点中的所有不连续和存在的附件所引起的应力升高，但是不包括由于切口(如焊趾)引起的非线性应力峰成分。热点应力可通过细化有限元分析得到。

存在多个方法确定热点应力，其中表面应力外插法是较为常用，也是船级社疲劳规范推荐的方法。此外，经过多年的发展，有关学者针对多个结构形式提出了计算热点应力的公式，即

$$\sigma_{hs} = SCF \cdot \sigma_n \tag{4-14}$$

式中，σ_{hs} 为热点应力；σ_n 为名义应力；SCF 为应力集中系数，船级社规范中提供了针对多个结构形式的应力集中系数计算方法。

由于材料性能本身的分散性，以及试件尺度、加工状态和试验设备、环境、操作等方面存在的不确定性，因此疲劳试验的结果具有很大的分散性。即使在一个给定应力范围水平下，进行一组相同试件的疲劳试验，测得的疲劳寿命值也会是各不相同的。于是，在若干不同应力范围水平下的试验得到的数据将形成一个散布带。一般假设疲劳寿命服从对数正态分布。

2. 线性累积损伤理论

结构在交变应力作用下的疲劳损伤是一个累积的过程。通常认为交变应力的每一个循环都将造成一定的疲劳损伤，从而消耗掉一定量的结构寿命。对于结构受变幅交变应力作用的情况，结构总的疲劳损伤量可以通过把不同幅值的应力循环造成的疲劳损伤按适当的原则累加而得到。当结构的总疲劳损伤量达到某一数值时，就将发生疲劳破坏。

目前最常用的疲劳累积损伤模型是建立在 Miner 线性累积损伤理论的基础上的。这一理论认为，假设在任一给定的应力水平下，累积损伤的速度与以前的载荷历程无关，并且加载顺序不影响疲劳寿命的计算值。因此，结构在多级恒幅交变应力作用下发生疲劳破坏时，其总损伤量是各应力范围水平下的损伤分量之和。若设应力范围水平有 j 级，那么有

$$D = \sum_{i=1}^{j} d_i \tag{4-15}$$

式中，D 为总的损伤量；d_i 为在第 i 级应力范围 S_i 下的损伤分量。Miner 线性累积损伤理论又认为，某一应力范围水平下的损伤分量是该应力范围实际的循环次数与结构在该应力范围单一作用下达到疲劳破坏所需的循环次数之比，即

$$d_i = \frac{n_i}{N_i} \tag{4-16}$$

式中，n_i 为应力范围 S_i 的实际循环次数；N_i 为结构在应力范围 S_i 的恒幅交变应力作用下达到破坏所需的循环次数，通过 S-N 曲线查询得到。

结构在变幅交变应力作用下是否发生疲劳破坏的判据如下：

$$D = \sum_{i=1}^{j} \frac{n_i}{N_i} \leqslant [D] \tag{4-17}$$

式中，$[D]$ 是发生疲劳破坏时的累积损伤值，即许用累积损伤值，取值应参考船级社规范，一般取 1.0。需要注意的是，针对一些无法有效检测的可靠性要求高的重要结构构件，$[D]$ 会取小于 1 的值，如取 0.1。

在计算海洋工程结构物的疲劳寿命时，由于结构物往往具有多个工况，且各工况在服役期间所占时间比例不同，因此，应对每一种需考虑的载荷工况分别计算损伤度，然后再按照各个工况在评估目标服役期中的比例加权计算总的损伤度。

3. 结构疲劳热点位置的选择

深水浮式平台在波浪载荷的作用下，在结构上产生交变的应力作用，平台结构的疲劳寿命取决于交变应力幅值的大小、单位时间内的循环次数，以及局部结构应力热点的焊接情况、几何形状、尺寸效应等因素。计算深水浮式平台的疲劳寿命，首先应当分析波浪对平台结构的作用特点准确选定结构的疲劳敏感位置，这是平台结构疲劳强度校核的最关键的环节。其次是应用有限元法计算结构的疲劳敏感位置的应力范围传递函数，然后根据应力范围的分布状况，用上述的疲劳强度的累积计算原理，计算平台结构的疲劳寿命。由于各类平台的结构特点不同，波浪载荷作用在平台结构上的应力响应也有较大的差别，必须根据各种平台的结构特点，选定结构的疲劳敏感位置。

1) 深吃水单立柱式平台的结构疲劳热点位置

深吃水单立柱式平台在波浪载荷的作用下，承受弯曲、剪切和轴向拉伸作用。一般应力集中位置发生在截面尺寸突变的部位，对于深吃水单立柱式平台，下列位置认为是可能发生疲劳损坏的位置：

(1) 硬舱外壳与桁架连接处；

(2) 架与硬舱外壳舱壁交界处；

(3) 硬底板与相交处；

(4) 硬舱顶板与上部组块连接处；

(5) 软舱底板与桁架连接处。

深吃水单立柱式平台的疲劳强度分析一般选择上述部位的受力构件连接端进行疲劳校核，但是每一校核点的计算工作量十分繁重，一般可以通过筛选校核少数点，以保证能够选择到最不利的疲劳热点。

2) 张力腿平台的结构疲劳热点位置

在波浪载荷作用下，张力腿平台的受力状况明显不同于深吃水单立柱式平台。张力腿平台的受力状况与波浪作用方向密切相关。张力腿平台在横向波浪载荷作用下，两边的立柱将受到挤压和分离作用，当波长约为 2 倍浮体宽度的波浪通过时，产生最大的挤压和分离力。张力腿平台由于受到张力腿的限制，其运动形式主要是横向偏移和垂直下降。由于横向偏移和垂直下降运动加速度产生的甲板结构的惯性力作用在立柱与上甲板的连接处。张力腿平台疲劳敏感区域位于以下区域：

(1) 立柱与下浮体的连接处；

(2) 下浮体板与板交界处；

(3) 立柱外壳与上部组块相交处；

(4) 立柱平板。

半潜式生产平台在浮体结构形式上与张力腿平台类似，只是半潜式生产平台的垂荡运动要比张力腿平台大，由垂荡运动加速度产生惯性力作用在立柱与上甲板的连接处，对该处结构疲劳有一定的影响。半潜式生产平台结构疲劳热点位置的选取方法可参照张力腿平台。

4. 结构应力范围的确定

结构应力范围一般应用有限元法计算，S-N 曲线应基于结构类型与平台结构节点的结构形式合理选择。

按在疲劳寿命计算中所采用的应力类型，疲劳寿命评估方法分为三类：名义应力法、热点应力法和切口应力法。

(1) 名义应力：在结构构件中根据其受力和截面特性，用梁等简单理论求得的一般应力。

(2) 热点应力：结构接头的热点(临界点)局部应力。由于结构接头处复杂的几何形状或变化梯度大的局部应力，采用名义应力法不合适，因此在这些位置使用热点应力法，热点应力包括由于结构间断和附加结构的存在而引起的应力集中。

(3) 切口应力：在焊缝根部处或切口(热点)处的峰值应力，它考虑了由于结构几何效应和焊接存在引起的应力集中。

在用名义应力法估算疲劳寿命时，要根据载荷类型和结构截面特性，计算节点的名义应力幅值。但是在大多数情况下，船舶结构节点的复杂几何形状和受载情况，均比 S-N 曲线所用的试件要复杂得多。特别是当定义名义应力有困难及所讨论的结构节点形式在已有的 S-N 曲线中无法找到合适的类型时，采用热点应力法或切口应力法更为合理。海洋工程结构的疲劳寿命评估多采用热点应力法。

用有限元法计算热点应力时，所采用的有限元类型以及网格大小对热点应力有影响。在确定了平台的结构疲劳热点位置之后，一般在结构分析时应对校核点附近结构进行局部网格加密。

在建立整体结构有限元模型时，模型的网格大小应保证计算模型的边界条件对校核点附近的应力影响很小。根据已确定的平台结构的疲劳热点位置，该位置的最大应力值需要通过波浪搜索确定：首先选择不同波浪方向对平台施加波浪载荷，从中选取波浪载荷最大的浪向进行结构计算；然后对选定的浪向，搜索不同相位对应的应力计算结果，从而可以在某一相位角获得应力峰值，并在另一相位角获得应力谷值，疲劳热点的交变应力幅值或应力范围是该工况下两个时刻的应力差值。在进行结构的疲劳寿命计算时，选用校核点处的循环主应力范围计算，通常主应力范围根据设计规范的要求确定。一般主应力的方向并非完全垂直于目标裂纹。根据 DNV 规范，出于保守考虑，选用垂直于裂纹 45°范围内的主应力。

5. 疲劳寿命安全系数的选取

平台结构疲劳寿命安全系数的选取一般应基于结构局部的区域和位置、检测和维修的难易程度、疲劳损伤的后果及其结构的重要程度等因素，依据所采用的设计规范进行选取。一般情况下，设计疲劳寿命应至少为结构使用寿命的 2 倍，即取安全系数 2.0。对那些一旦失效将导致灾难性后果的关键构件(如系泊系统及其连接结构、张力腿及其连接结构)，应该考虑 10.0 的安全系数。

4.4.3　疲劳寿命分析方法

目前在海洋工程结构疲劳分析中常用的分析方法主要有两种：简化疲劳分析方法和谱疲劳分析方法。这两种方法的本质是相同，都要考虑长期分布的海况对平台结构疲劳产生累积效应。

下面介绍的两个疲劳评估方法是围绕交变应力范围的统计学描述展开的。

1. 简化疲劳分析方法

简化疲劳分析方法有时又称为许用应力范围法，它是一种间接的疲劳评估方法，因为它给出的结果不一定是疲劳损伤或者疲劳寿命值。简化疲劳分析方法根据作用的应力范围是低于或高于许用值来确定疲劳强度要求是满足或不满足。

简化疲劳分析方法通常用于结构节点疲劳强度的筛选。筛选方法通常是一种对结构裕度的快速而保守的校核方法。如果按照该筛选方法计算得到的结构强度满足要求，那么不需再进行进一步的详细分析。如果按照该筛选方法计算得到的结构强度不满足要求，那么应采用进一步的精细方法评估该结构的强度是否真的不满足要求。同时，筛选方法在甄别结构中疲劳敏感区域也非常有效，该筛选计算结果可以为结构检验计划的制定提供依据。

应力范围在结构整个寿命期间的分布称为应力范围的长期分布。在疲劳评估的简化方法中，用双参数威布尔分布表示应力范围的长期分布。应力范围的概率分布函数可以表示为

$$F(S) = 1 - \exp\left[-\left(\frac{S}{q}\right)^h\right] \tag{4-18}$$

式中，S 为应力范围的随机变量；h 为威布尔分布的形状参数；q 为威布尔分布的尺度参数。应力范围的超越概率为

$$Q(S) = 1 - F(S) \tag{4-19}$$

定义一个应力范围 S_0，表示在应力循环次数为 n_0 中只出现一次，则 S_0 对应的超越概率为

$$Q(S_0) = \exp\left[-\left(\frac{S_0}{q}\right)^h\right] = \frac{1}{n_0} \tag{4-20}$$

因此，尺度参数可以表示为

$$q = \frac{S_0}{(\ln n_0)^{\frac{1}{h}}} \tag{4-21}$$

船级社规范中介绍了简化应力分析方法，计算某 n_0 对应的 S_0，也可以通过设计波法，结合水动力分析和有限元分析得到某 n_0 对应的 S_0，进而通过式(4-21)计算得到尺度参数。

形状参数的取值对简化的疲劳分析结果影响较大，可以通过对波浪载荷的长期分析得到。在缺少精确结果的情况下，可以通过规范提供的经验公式计算或者取类似结构物的经验值。研究表明，一般船舶的形状参数略小于 1，为方便起见，常近似地取 1，得到的疲劳损伤结果偏保守。

根据线性累积损伤理论，疲劳损伤为

$$D = \int_0^\infty f(S) \frac{N_0(S)}{N(S)} \mathrm{d}S \tag{4-22}$$

式中，$N_0(S)$ 为应力循环次数；$f(S)$ 为应力范围的概率密度函数；$N(S)$ 表示 S-N 曲线。

当应力范围的长期分布用威布尔分布表示而且 S-N 曲线为单一斜率曲线时，疲劳损伤可以推导为

$$D = \frac{N_0}{A} q^m \Gamma\left(\frac{m}{h} + 1\right) \tag{4-23}$$

$\Gamma(x)$ 是定义式(4-24)的伽马函数：

$$\Gamma(x) = \int_0^\infty t^{x-1} \mathrm{e}^{-t} \mathrm{d}t \tag{4-24}$$

针对更普遍的双段 S-N 曲线，疲劳损伤的计算公式也可推导得到，具体参见船级社规范。

深水浮式平台结构简化疲劳分析流程如图 4-14 所示。

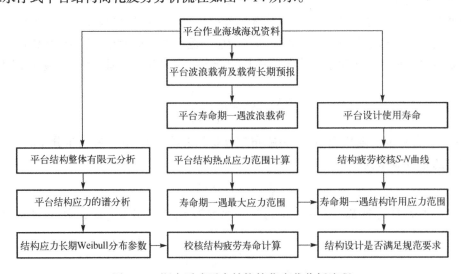

图 4-14　深水浮式平台结构简化疲劳分析流程

2. 谱疲劳分析方法

谱疲劳分析方法是一种考虑到波浪的随机特性并用统计方法来描述海况的方法，也称为概率分析方法。可根据实测波浪得出各种海况波浪谱或根据海况参数选用适当的波谱来表达每一海况的波浪能量，然后根据结构有限元分析而得到的应力传递函数来计算结构中各构件的应力响应谱，最后用 Miner 线性累积损伤理论计算疲劳寿命，目前浮式平台的结构疲劳计算多采用谱分析方法。图 4-15 展示了谱疲劳分析方法的基本步骤。

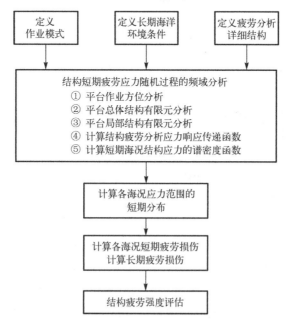

图 4-15 谱疲劳分析方法的基本步骤

浮式平台谱疲劳分析的一般步骤如下。

(1) 建立波浪环境模型。根据波浪记录作出波浪散布图，表 4-3 所示为波浪散布图，用于计算每个波高/周期组合产生的疲劳累积效应。把每个波高/周期组合产生的疲劳累积效应累加起来，获得平台预期的疲劳寿命。

表 4-3 波浪散布图

H_s/T_s	波浪联合分布概率/%									汇总/%
	= 3	3～4	4～5	5～6	6～7	7～8	8～9	9～10	= 10	
0～0.5	2.76	5.5	3.0	0.63	0.11	0.00	0.00	0.00	0.00	12.00
0.5～1.0	1.23	7.44	4.04	2.78	0.82	0.00	0.00	0.00	0.00	16.31
1.0～1.5	0.01	8.87	5.54	2.73	1.43	0.13	0.00	0.00	0.00	18.74
1.5～2.0	0.00	0.95	13.20	2.41	1.09	0.20	0.00	0.00	0.00	17.86
2.0～2.5	0.00	0.00	10.39	2.82	1.03	0.12	0.00	0.00	0.00	14.36
2.5～3.0	0.00	0.00	1.15	8.67	0.52	0.16	0.00	0.00	0.00	10.59
3.0～3.5	0.00	0.00	0.01	5.31	0.54	0.17	0.00	0.00	0.00	6.03
3.5～4.0	0.00	0.00	0.00	1.35	1.21	0.25	0.00	0.00	0.00	2.80

H_s/T_s	波浪联合分布概率/%									汇总/%
	= 3	3~4	4~5	5~6	6~7	7~8	8~9	9~10	= 10	
4.0~4.5	0.00	0.00	0.00	0.01	0.60	0.11	0.00	0.00	0.00	0.72
4.5~5.0	0.00	0.00	0.00	0.00	0.11	0.09	0.00	0.00	0.00	0.20
5.0~6.0	0.00	0.00	0.00	0.00	0.11	0.11	0.00	0.00	0.00	0.23
汇总/%	4.04	22.76	37.33	26.70	7.59	1.34	0.09	0.00	0.00	99.9

(2) 建立水动力载荷模型，计算作用在平台结构上的水动力载荷。水动力载荷是引起结构疲劳的主要载荷。

(3) 建立平台结构有限元模型，计算平台结构上的应力分布，利用局部有限元模型计算应力集中系数。

(4) 建立循环应力计算模型就是确定结构的疲劳热点位置，按照有关规范的规定计算热点位置的应力，获得热点位置应力范围的传递函数。

(5) 建立疲劳损伤模型，对于焊接钢结构，疲劳破坏主要取决于应力范围和每个应力范围作用的循环次数。由于作用在钢结构上的每一个应力范围的大小是不同的，计算总的结构疲劳损伤，必须建立疲劳损伤模型，考虑作用于结构上应力范围的累积效应。

下面介绍疲劳损伤计算解析表达式的主要步骤。在以下推导中，仅针对某一特定装载工况和特定浪向的情形，对于具有多个不同的装载工况和不同浪向的情形，可根据各个工况出现的概率以及各个浪向出现的概率进行加权疲劳累积计算。

(1) 计算结构中某一点的应力幅值的应力传递函数 $H_\sigma(\omega|\theta)$。其做法是对结构在指定的波浪频率范围和浪向进行一系列的应力分析，得到的应力结果就可以直接用于得到该点在不同浪向 θ 时的应力传递函数。

(2) 通过应力传递函数 $H_\sigma(\omega|\theta)$ 和波浪散布图中某一个短期海况的波浪谱密度函数 $S_\eta(\omega|H_s,T_z)$，可由式(4-25)得到应力能量谱：

$$S_\sigma(\omega|H_s,T_z,\theta) = |H_\sigma(\omega|\theta)|^2 \cdot S_\eta(\omega|H_s,T_z) \tag{4-25}$$

式中，$S_\sigma(\omega|H_s,T_z,\theta)$ 为应力谱；$H_\sigma(\omega|\theta)$ 为应力传递函数；$S_\eta(\omega|H_s,T_z)$ 为波浪谱。

随机过程的功率谱密度函数定义为随机过程自相关函数的傅里叶变换。经过对海洋波浪长期观测并对数据资料进行统计分析，目前已经建立了一些描述短期波浪情况的波浪功率谱密度函数的经验表达式，通常称为波浪谱。在船舶与海洋工程中常用的波浪谱有Pierson-Moskowitz谱(简称P-M谱)和北海波浪联合研究计划谱(简称JONSWAP谱)。

(3) 计算应力能量谱的谱矩，第 n 阶谱矩为 m_n，即

$$m_n = \int_0^\infty \omega^n S_\sigma(\omega|H_s,T_z,\theta) \mathrm{d}\omega \tag{4-26}$$

由于大部分的疲劳损伤是由中低海况引起的，因此应该考虑短峰波的作用。由于短峰波会引起波浪能量的分散，这种分散可通过一个平方余弦函数 $\frac{2}{\pi}\cos^2\alpha$ 加以考虑。通常，平方余弦函数假设的传播方向为与选定波浪方向为$-90°$~$90°$的夹角，即半个平面。考虑波浪扩散函数后的谱矩公式为

$$m_n = \int_{-90}^{90} \left(\frac{2}{\pi}\right) \cos^2 \alpha \int_0^\infty \left[\omega^n S_\sigma(\omega|H_s, T_z, \theta+\alpha)\right] \mathrm{d}\omega \mathrm{d}\alpha \qquad (4\text{-}27)$$

(4) 应用得到的谱矩，则应力范围短期分布的概率密度函数(瑞利分布)的上过零周期以及谱宽参数计算如下：

瑞利分布概率密度函数为

$$g(S) = \frac{S}{4\sigma^2} \exp\left[-\left(\frac{S}{2\sqrt{2}\sigma}\right)^2\right] \qquad (4\text{-}28)$$

平均上过零周期(单位为 Hz)计算为

$$f = \frac{1}{2\pi} \sqrt{\frac{m_2}{m_0}} \qquad (4\text{-}29)$$

谱宽参数计算为

$$\varepsilon = \sqrt{1 - \frac{m_2^2}{m_0 m_4}} \qquad (4\text{-}30)$$

式中，S 为应力范围(2 倍的应力幅值)；σ 为 $\sqrt{m_0}$，m_0 为应力谱的零阶矩；m_2 为应力谱的二阶矩；m_4 为应力谱的四阶矩，参见式(4-26)。

(5) 应用 Miner 线性累积损伤理论计算累积疲劳损伤，当某一短期海况产生的应力范围短期分布的概率密度函数可用式(4-28)所示的瑞利分布表示时，假设 S-N 曲线的形式为 $N = KS^{-m}$，那么第 i 个短期海况造成的短期疲劳损伤为

$$D_i = \left(\frac{T}{K}\right) \int_0^\infty S^m f_{0i} p_i g_i \mathrm{d}S \qquad (4\text{-}31)$$

式中，D_i 为第 i 个短期海况造成的疲劳损伤；T 为设计寿命，s；p_i 为有义波高和上过零周期的联合概率；S 为用于表示某个应力范围的代表值；g_i 为第 i 个短期海况中产生 S 值的概率密度，见式(4-28)；f_{0i} 为应力响应的上过零频率，即应力范围的平均作用频率，单位为 Hz，其计算式为

$$f_{0i} = \frac{1}{2\pi} \sqrt{\frac{m_{2i}}{m_{0i}}} \qquad (4\text{-}32)$$

m 和 K 为定义 S-N 曲线的两个物理参数。对波浪散布图中各个短期海况(假设共 M 个)造成的损伤 $D_i(i = 1, M)$进行累加，就得到总的累积损伤为

$$D = \sum_{i=1}^M D_i = \left(\frac{f_0 T}{K}\right) \int_0^\infty S^m \left[\sum_{i=1}^M f_{0i} p_i g_i \bigg/ f_0\right] \mathrm{d}S \qquad (4\text{-}33)$$

式中，D 为计算点处总的疲劳损伤；f_0 为计算点在结构整个生命期中的应力范围 S 的"平均"频率，Hz，其计算式为

$$f_0 = \sum p_i f_{0i} \qquad (4\text{-}34)$$

引入应力范围分布的概率密度函数 $g(s)$ 和结构设计寿命期总循环数 N_T，即

$$g(S) = \frac{\sum_i f_{0i} p_i g_i}{\sum_i f_{0i} p_i}, \quad N_T = f_0 T \tag{4-35}$$

式中，p_i 为有义波高和上过零周期的联合概率；S 为用于表示某个应力范围的代表值；g_i 为第 i 个短期海况中产生 S 值的概率密度函数；T 为设计寿命，s。

那么总的累积疲劳损伤 D 可以写为

$$D = \frac{N_T}{K} \int_0^{\infty} S^m g(s) \mathrm{d}S \tag{4-36}$$

(6) 如果总的循环次数 N_T 对应的最小设计寿命为 20 年，那么计算的疲劳寿命为 20/D。

(7) 损伤计算解析表达式。对所有的单斜率 S-N 曲线，式(4-33)表示的疲劳损伤计算表达式可以表示为

$$D = \frac{T}{K} \left(2\sqrt{2}\right)^m \Gamma\left(\frac{m}{2}+1\right) \sum_{i=1}^M \lambda(m, \varepsilon_i) f_{0i} p_i (\sigma_i)^m \tag{4-37}$$

式中，σ_i 为 $\sqrt{m_0}$，即所计算的第 i 个短期海况的零阶谱矩的算术平方根；$\Gamma(\cdot)$ 为伽马函数；λ 为维尔辛(Wirsching)"雨流修正因子"，计算式为

$$\lambda(m, \varepsilon_i) = a(m) + [1 - a(m)][1 - \varepsilon_i]^{b(m)} \tag{4-38}$$

式中，$a(m)$ 为 0.926～0.033m；$b(m)$ 为 1.587～2.323m；ε_i 为第 i 个短期海况的谱宽，按式 (4-30)计算。

3. 基于断裂力学的疲劳分析方法

断裂力学方法认为损伤是一切工程构件所固有的。原有损伤的尺寸通常用无损探伤技术来确定。若在构件中没有发现损伤，则进行可靠性检验，即根据经验对一个结构在应力水平稍稍高于使用应力的条件下进行模拟试验。如果无损试验方法没有检验出裂纹，而且在可靠性检验中也不发生突然的破坏，则可根据探伤技术的分辨率来估计最大(未测出)原始裂纹尺寸。

疲劳寿命定义为主裂纹从这一原始尺寸扩展到某一临界尺寸所需的疲劳循环次数或时间。对于海洋工程钢结构的疲劳寿命，一般取为当贯穿裂纹出现时对应的循环次数，该寿命包括了裂纹的起始寿命和扩展寿命。

S-N 曲线方法不能预估裂纹的扩展速率和剩余疲劳寿命，对于已经发现了裂纹的结构的疲劳寿命评估，需用断裂力学的方法。对于目前海洋工程钢结构物的疲劳寿命评估，在推荐采用基于 S-N 曲线方法的同时，断裂力学方法可以用作疲劳寿命评估的一个补充方法。若出现以下情况时，可以考虑采用断裂力学评估的方法。

(1) 当评估发生了裂纹并测量了裂纹大小的节点的适用性时，由于该节点的裂纹难以修复或者修复费用昂贵，因此需要决定是否修复或者不修复。这时根据断裂力学评估的结果，可能会给出三种选择中的一种：立即修复、暂不修复但需加强观测、不需修复。

(2) 在设计中，节点很特殊从而无法找到与之相对应的标准 S-N 曲线类别或者节点受到多分量、复杂的应力集中。对于这些特殊情形，CCS 可能需要额外的基于断裂力学的方法对该节点进行分析。

(3) 制定或者修改在位检修计划。

(4) 对旧的结构进行剩余疲劳寿命评估。

分析目标是得到失效时的循环次数或者是给定寿命时的裂纹尺寸。在进行这种分析时，假定实际缺陷是一种尖端裂纹。

当裂纹从初始深度 a_i 扩展到深度 a 时所需要的循环次数为

$$NS^m = \frac{1}{C} \int_{a_i}^{a} \frac{1}{[Y(x)]^m (\pi x)^{m/2}} \mathrm{d}x \tag{4-39}$$

当裂纹深度达到临界深度 a_c 时，则认为结构失效，这时对应的循环次数 N 为失效的循环数。

注意到式(4-39)与 S-N 曲线形式（$NS^m = K$）一致。疲劳强度系数 K 就等于式(4-39)的右侧部分。断裂力学方法对初始裂纹尺寸的值非常敏感，这个初始裂纹尺寸的精度取决于建造中检测缺陷的无损检测技术的精度。

练　习　题

1. 结构强度设计中要考虑哪些载荷？各种平台的组合工况如何确定？

2. 以半潜式平台为例，简述平台总体强度分析流程。

3. 选取某平台结构案例，分析采用随机性方法、确定性方法对设计波的影响。

4. 局部强度分析的目的是什么？简述局部强度与总体强度分析差异及其联系。

5. 影响深水浮式结构疲劳强度的因素有哪些？

6. 名义应力法和热点应力法的区别是什么？

7. 已知平台结构关键点在波浪作用时的热点应力传递函数如图 4-16 所示，试求在 H_s = 3.25m、T_z = 8.0s 海况下，关键点的应力响应谱(假设波浪采用 P-M 谱)；并结合 ABS 规范中钢质非管状单元在海水中阴极保护的两段式 S-N 曲线参数，计算关键点的疲劳寿命。

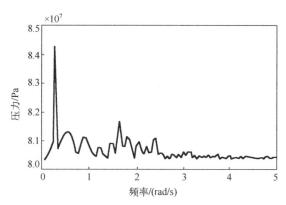

图 4-16　关键点的热点应力传递函数

第5章　定位系统设计与分析

用于海洋资源开发的各种浮式结构，包括常用的采油平台，必须由定位系统来约束控制其海上位置，才能保证在设计海洋环境下的正常作业和恶劣海况下的生存安全。浮式结构定位系统的设计是一个复杂的系统过程。平台功能、结构类型和尺寸不同，作业海域环境不同，定位系统的设计和效果也截然不同。此外，在世界海洋工程技术快速发展的今天，随着新型系泊材料、深水系泊形式、动力定位技术等不断涌现，浮式结构设计的理论方法和开发技术日新月异。定位系统是平台设计时的重要部分之一，根据平台的类型和作业海况的不同，定位系统的类型和工作原理也有差距。

本章主要针对系泊系统定位、张力腿系泊定位和动力定位等典型定位方式进行阐述，主要内容包括：定位系统常见类型概述；系泊系统设计规范要求、计算方法、强度分析与疲劳分析过程；张力腿系泊的特点、刚度计算方法、强度分析过程；动力定位系统工作特点、静态及动态分析方法、相关规范要求。

5.1　定位系统形式

5.1.1　多点系泊与单点系泊

系泊系统定位是用系泊线将水面平台与海底锚连接起来，以限制平台的位移范围。根据系泊系统控制平台运动方法的不同，通常可分为多点系泊和单点系泊。

1. 多点系泊

多点系泊是在平台周围分布一定数量的系泊线，在一定程度上控制平台的直线运动和旋转运动，保证其安全工作。相对来说，多点系泊系统简单、经济，不需要复杂的机械设施，一旦抛锚定位完成，平台的位置和方向就都被有效制约，从而能安装较多的立管及脐带系统。采用多点系泊的典型平台有单柱式平台、半潜式平台、FPSO、船形浮体，另外，张力腿平台也属于多点系泊平台，其只是用张力腿代替了系泊线，后面会有详细介绍。

系泊线的数量和布局可根据具体的平台类型、作业海况、安装要求等综合要求而定。典型浮式平台多点系泊系统如图 5-1 所示，SPAR 平台系泊系统通常由 8～16 根系泊线组成，系泊线顶端可以沿立柱均匀分布，或者沿立柱平均分成 3 组或 4 组。分成 4 组时，每组 3 根，可以简称 4×3 组合；对于半潜式平台系泊系统，通常由 8～12 根系泊线组成，如 4×2 或 4×3 组合；对于 FPSO 系泊系统，也可由 12～16 根系泊线组成，如 4×3 或 4×4

组合，船形浮体的多点系泊只适合于外载荷的方向性十分确定、海况较好的海域，即风、波浪、海流方向单一、设计海况较低的区域，如西非海域。

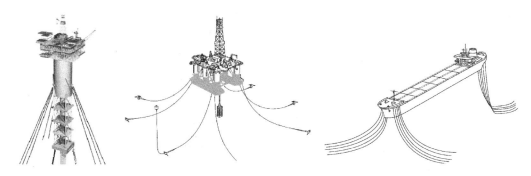

图 5-1　浮式平台多点系泊系统

2. 单点系泊

单点系泊系统主要应用于 FPSO，其容许 FPSO 在风标效应下绕单点自由转动，从而有效地减小风、波浪、海流的作用力，这样系泊线的尺度也相应地减小。单点系泊系统应用于 FPSO 始于 20 世纪 70 年代，由于其灵活性强、环境适应性强、相对投资较低、安全可靠、发展较快，目前世界上已有 200 多座单点系泊装置投入使用。通常，FPSO 单点系泊系统具有两个功能。

(1) 定位系泊功能，通过单点提供的系泊力将 FPSO 固定在海上油田作业现场，并作为成品原油外输的海上终端。

(2) 液体输送及电力、光控传输功能，通过特殊的液体旋转滑环、光、电滑环经海底管线、海底电缆或光缆将海上平台与水下生产设施相连，接收来自油田的井口液体，进行相应的工艺处理以生产合格的成品原油。

单点系泊结构复杂、技术要求高，建造成本也较高。根据工作特点的不同，通常分为内转塔式系泊系统和外转塔式系泊系统两大类。

内转塔式系泊装置是一种钢结构装置，其上部与 FPSO 直接相连，下部与系泊线连接，顶部装有旋转接头，可以允许安装超过 50 根立管及脐带系统，如图 5-2 所示。FPSO 在风、波浪、海流的作用下可绕转塔内部轴承转动。柔性立管通过法兰与转台底部的刚性管连接。内转塔式系泊系统的准确构造设计根据工作要求、船体尺寸、环境条件等的不同而不同。

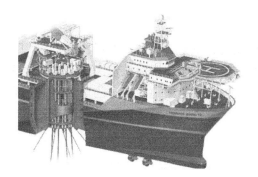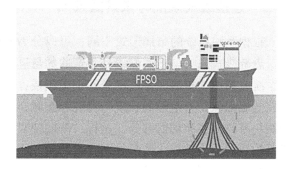

图 5-2　内转塔式系泊装置

在 FPSO 所采用的系泊系统中，内转塔式系泊系统应用最广泛，常用于中等水深及深水海域的 FPSO，如图 5-2 所示。内转塔式系泊装置一般设在 FPSO 的船艏，转塔位于船体内部，系泊线固定在转塔底部，来自海底的柔性管汇与转塔内部的刚性管汇连接，或直接向上连接到转塔的上部，通过旋转接头实现井口流体的转换与传输。内转塔式系泊系统的优点是：转塔直径可以设计得很大，可为布置设备和管汇提供足够的空间，内转塔嵌入船体中之后可以得到很好的保护，内转塔系泊位置使得生产储油装置在转塔处的垂直运动相对外转塔更小，减小了系泊线和柔性立管的负荷。其缺点是：转塔的存在对船体结构造成了影响，也减小了舱容，同时 FPSO 的风标效应受转塔位置的制约，当转塔位置接近 FPSO 的中心时，风标效应消失。

外转塔式系泊系统类似于内转塔式系泊系统，只是转塔位于船体的外部，如图 5-3 和图 5-4 所示。其主要特点包括以下 4 点：

(1) 外转塔式系泊系统减少了对船体必需的维修，并且允许在码头沿岸安装，而内转塔式系泊系统只能在干坞中安装；

(2) 外转塔式系泊系统限制了立管的数量；

(3) 外转塔式系泊系统的系泊链工作台通常位于水平面以上，不影响船体的存储量，而内转塔式系泊系统的系泊链工作台位于水下；

(4) 外转塔式系泊系统多用于浅水海域。

图 5-3　外转塔式 FPSO 系泊系统　　　　　　　图 5-4　软钢臂式 FPSO 系泊系统

另外，由于世界各地海域的环境条件差异性大，因此对系泊系统的要求也不一样，根据不同的需求，又提出了其他类型的单点系泊方式，如在极端恶劣条件下可以提前进行解脱的可解脱式转塔系泊系统、由刚性塔结构固定于海底的外转塔式系泊系统、能够输入输出原油的悬链线式浮筒系泊系统等。

5.1.2　悬链线式系泊与张紧式系泊

根据系泊系统的布局形式不同，可以分为悬链线式和张紧式两种，如图 5-5 所示。

悬链线式系泊是指系泊线处于弯曲的悬链线状态，适用于中浅海域水深的浮式平台系泊系统。系泊线材料通常由链条和钢缆组成，其恢复力主要由系泊线自身的重量产生。系泊线的底部保持有足够的长度与海底相接触，即使平台系统处在最恶劣的海况下，底部系泊线仍有与海底相切的部分，这样，海底锚只受水平方向的力，而不承受垂向力，悬链线式系泊线的受力及变化情况如图 5-6 所示。因此，悬链线式系泊系统在海底占据的范围，即系泊锚点的影响半径较大。

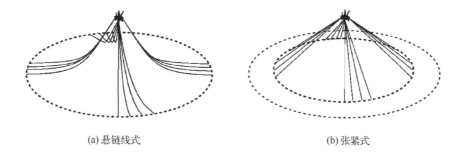

(a) 悬链线式　　　　　　　　　　(b) 张紧式

图 5-5　悬链线式与张紧式系泊系统

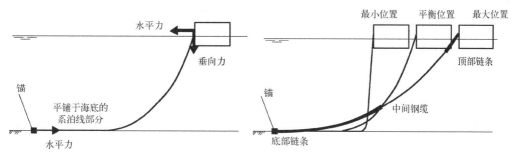

图 5-6　悬链线式系泊线受力变化图

张紧式系泊系统的系泊线与海底以一定的角度相交，系泊线总是处于张紧状态，适用于深水或超深水海域的浮式结构系泊系统。系泊材料以重量较轻、强度与重量比较大的纤维材料为主，避免了因链条自重太大而影响深水定位效果的问题。张紧式系泊线的恢复力主要由其自身的弹性产生，海底锚要同时承受水平和垂向的力，张紧式系泊线的受力及变化情况如图 5-7 所示。因此，张紧式系泊系统在海底占据的范围比悬链线式系泊系统要小很多，即系泊锚点的影响半径较小。

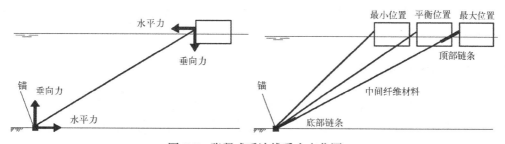

图 5-7　张紧式系泊线受力变化图

5.1.3　动力定位

随着平台作业水深的增加，海底地形地质条件更加复杂，深水系泊系统的安装及运行成本将大幅增加，而采用动力定位系统是一个很好的选择。

动力定位系统是借助于推力器来保持浮式平台位置的技术，工作原理如图 5-8 所示。它使用精密仪器来测定平台因风、波浪、海流作用而发生的位移和方位变化，通过自动控制系统对位置反馈信息进行处理与计算，并控制若干个推力器产生推力和力矩，使平台恢复到指定位置和最有利的方向。

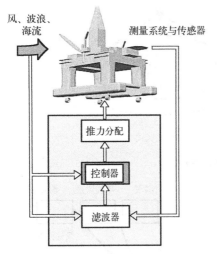

图 5-8　动力定位工作原理示意图

动力定位系统的主要组成部分如下。

(1) 位置测量系统：随时将平台的具体位置提供给控制系统。

(2) 控制系统：控制平台在具体的位置和方向，以抵抗外界环境载荷。

(3) 推力器系统：通过控制平台在水平、纵向及扭转的推进力，使其保持在指定的位置。

(4) 动力操纵系统：提供定位所需要的驱动力。

动力定位系统的工作原理如下。

(1) 由环境状态测量仪测得风速和风向，计算风载荷作为风前馈力/力矩。

(2) 由位置测量系统和平台运动参考系统得到其运动状态测量值，控制系统将测量值经滤波得到平台运动状态的最优估计值。根据最优估计值及设定位置之间的偏差得到使偏差趋于 0 的反馈力/力矩。

(3) 将前馈力/力矩和反馈力/力矩叠加得到总推力/力矩，并进行推力分配，由推力系统执行。

(4) 有关传感器将把推力器的工作状态反馈到控制系统以进行确认。

5.2　系泊系统设计

系泊系统设计是一个复杂的过程，需要根据浮式平台的作业需求，综合考虑各种因素后，参考相关的设计规范，选择系泊线材料，依据相关理论，对系泊系统的强度和疲劳特性进行计算分析，到满足安全要求为止。

5.2.1　规范与设计考虑因素

系泊系统设计规范是对浮式平台定位系统进行设计与分析时的重要参考材料，规范中介绍了定位系统的功能、形式、设计和分析方法，并给出相应的设计标准。常用的定位系统分析规范如下。

(1) 美国石油协会推荐做法：API RP 2SK: Recommended Practice for Design and Analysis of Station Keeping Systems for Floating Structures(《浮式结构定位系统的设计和分析推荐做法》)。

(2) 国际标准化组织规范 ISO 19901-7：Petroleum and Natural Gas Industries—Specific Requirements for Offshore Structures, Part 7: Station keeping Systems for Floating Offshore Structures and Mobile Offshore Units(《石油和天然气工业海上结构的特殊要求第 7 部分：浮动海上结构和移动式海上装置的定位系统》)。

(3) 挪威船级社海工规范：DNV-OS-E301: Position Mooring(《系泊定位》)。

(4) 美国船级社规范：Guide for Building and Classing Floating Production Installations(《浮式生产装置建造和入级指南》)。

(5) 法国船级社规范：BV-493-NR: Classification of Mooring Systems for Permanent and Mobile Offshore Units(《永久和移动式海上装置系泊系统的入级》)。

对系泊系统进行设计时，需要考虑多种可能发生的条件，以全面了解系统适应不同外界环境条件的能力，通常需要考虑以下分析条件。

(1) 完整条件：在任何外界环境载荷下，保证所有系泊线在整个作业时间内是完整无损的。

(2) 有损坏的条件：有一根或几根系泊线已经破坏，系统达到一个新的平衡位置，分析此时其他系泊线的受力和平台的响应情况，判断系统是否能够继续安全作业。

(3) 瞬态条件：有一根或几根系泊线破坏或者动力定位系统失效后，整个系统产生瞬态运动的过程，对整个瞬态过程进行分析，得到平台的运动响应和其他系泊线受力情况，判断整个系统的安全性。

对于不同类型的系泊系统，采用的分析方法和分析条件也有所不同，如表 5-1 所示。

表 5-1　推荐的分析方法和分析条件

系泊系统类型		系泊分析方法	系泊分析条件
永久式系泊系统	强度分析	动态分析	完整条件/有损坏的条件
	疲劳分析	动态分析	完整条件
可移动式系泊系统	强度分析	拟静态分析或动态分析	完整条件/有损坏的条件/瞬态条件
	疲劳分析	不需要	不需要

系泊系统设计是一个复杂的综合过程，包括前期准备、初步设计、计算分析与比较三部分。

前期准备资料及考虑因素如下。

(1) 基本考虑因素：平台的基本特性及主尺度、系泊系统的设计标准、设计载荷、设计寿命、运行与维修要求、安装能力等。

(2) 立管的类型、数量：立管是海底与生产钻井平台之间液体传输的管道，其存在是对系泊系统的主要限制因素之一，通常会限制平台的位移范围。另外，系泊线与立管之间是相互影响的，系泊系统分析时，将立管的载荷、刚度、惯性等都予以考虑，评估结果将会更加准确。

(3) 海底设施：系泊系统的布局必须考虑海底土壤的组成特性、坡度以及海底设施的布局情况，如海底终端系统、立管基础、海底管线等的分布情况。在系泊系统的安装、运行和维修阶段，系泊线都不能与海底其他设施有任何接触，否则相互之间会产生很大的破坏。如果系泊线与海底设施之间有交叉的部分或者存在交叉的危险，一定要提前采取措施，改变系泊系统的布局和设计。

(4) 调研系泊系统可能会有潜在的失效危险：在设计过程中应尽量避免危险的发生。

系泊系统的初步设计，即在前述已有资料的基础之上，综合评估后提出系泊系统方案，主要包括以下步骤。

(1) 确定系泊方式，如悬链线式系泊、张紧式系泊、半张紧式系泊。

(2) 确定系泊线的数量、布局，以及系泊线材料的组成及各部分的长度和材料特性。

(3) 确定平台上部导缆器及海底系锚点的准确位置。

(4) 确定海底锚的类型，根据锚承受载荷情况不同，可选择重力锚、拖曳式锚、桩锚、吸力锚、法向承力锚。

(5) 对设计的系泊系统进行大量的计算分析与比较。

系泊系统计算分析的主要过程如下。

(1) 建立系泊系统模型，基于悬链线理论对系泊系统进行静态特性分析，得到系泊线的预张力、刚度特性曲线等。

(2) 确定所需的计算工况及对应的风、波浪、海流参数和风、海流系数，进行风、波浪、海流载荷计算。

(3) 确定系泊线受力的分析方法，如拟静态分析方法和动态分析方法。

(4) 确定整个系统的分析方法，如考虑平台与系泊系统之间的非耦合、半耦合、全耦合方法，求解整个运动方程的频域、时域方法。

(5) 对平台系泊系统进行计算分析，得到平台的运动响应和系泊线受力情况，并与设计要求和相关规范进行比较，验证系泊系统的安全性和可靠性。

当然，系泊系统的设计与计算分析是一个循环的过程，可以根据需要进行系泊方案的调整，并重新计算分析，到满足要求为止。

5.2.2　常用系泊线材料及特点

常用的系泊线材料有链条、钢缆和合成纤维材料。

链条可用于系泊线的各种部位，易于操作，通常用于连接上部平台和海底锚部分。链条分为有横档链条和无横档链条两种，如图 5-9 所示。

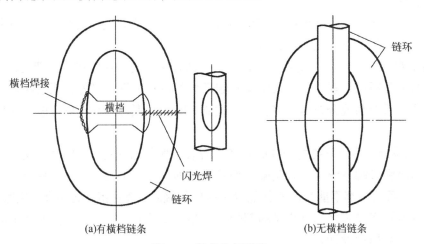

图 5-9　链条几何形状

根据钢材的屈服强度不同，链条可划分为很多等级。海洋工程领域常用的链条等级为 R3、R3S、R4、R4S、R5、R5S、R6。通常，等级每增加一级，链条的极限强度增大约 40%。

决定系泊线材料特性的重要参数主要有：单位长度质量 w、轴向刚度 EA、破断强度 F_b，它们均与系泊线直径 D、系泊线材料、等级等有直接关系。通常所说的链条直径 D 是指构成链环的钢条直径。以下是不同类型、等级的链条特性参数计算公式，以供参考。

有横档链条：

$$w = 21900D^2 (\mathrm{kg} / \mathrm{m}) \tag{5-1}$$

$$EA = 1.00 \times 10^8 D^2 (\mathrm{kN}) \tag{5-2}$$

$$F_b = c \cdot D^2 \cdot (44 - 80D)(\mathrm{kN}) \tag{5-3}$$

无横档链条：

$$w = 19900D^2 (\mathrm{kg} / \mathrm{m}) \tag{5-4}$$

$$EA = 0.85 \times 10^8 D^2 (\mathrm{kN}) \tag{5-5}$$

$$F_b = c \cdot D^2 \cdot (44 - 80D)(\mathrm{kN}) \tag{5-6}$$

式中，链条直径 D 的单位是 m。当链条直径 D 相同时，有横档链条和无横档链条的破断强度 F_b 相同，其中，c 是与链条等级相关的常数。例如，对于 R3，$c = 1.96 \times 10^4$；对于 R4，$c = 2.74 \times 10^4$；对于 R5，$c = 3.20 \times 10^4$。

与相同破坏强度的链条相比，钢缆的重量轻很多，弹性更高。海洋工程中常用的钢缆结构形式有三种：六股式、螺旋股式、多股式，钢缆的剖面结构不同，制作厂家不同，材料特性差距较大，以下仅给出常用的六股式和螺旋股式钢缆的部分参考计算公式。

中心线为钢丝绳材料的六股式钢缆(IWRC)：

$$w = 3989.7D^2 (\mathrm{kg} / \mathrm{m}) \tag{5-7}$$

$$EA = 4.04 \times 10^7 D^2 (\mathrm{kN}) \tag{5-8}$$

$$F_b = 633358D^2 (\mathrm{kN}) \tag{5-9}$$

中心线为纤维材料的六股式钢缆(FC)：

$$w = 3610.9D^2 (\mathrm{kg} / \mathrm{m}) \tag{5-10}$$

$$EA = 3.67 \times 10^7 D^2 (\mathrm{kN}) \tag{5-11}$$

$$F_b = 584175D^2 (\mathrm{kN}) \tag{5-12}$$

螺旋股式钢缆：

$$w = 4383.2D^2 (\mathrm{kg} / \mathrm{m}) \tag{5-13}$$

$$EA = 9.00 \times 10^7 D^2 (\mathrm{kN}) \tag{5-14}$$

$$F_b = 900000D^2 (\mathrm{kN}) \tag{5-15}$$

纤维材料的种类很多，常用的如聚酯(Polyester)、聚酰胺(Aramid)、高模数聚乙烯(High Modulus Polyethylene，HMPE)等材料。缆绳可以是螺旋股式、平行股式和六股式等，对于合成纤维材料特性参数的确定，剖面结构不同，制作厂家不同，材料特性差距也较大，以下仅给出常用的部分参考计算公式。

聚酯材料：

$$w = 797.8D^2 (\text{kg}/\text{m}) \tag{5-16}$$

$$F_b = 170466D^2 (\text{kN}) \tag{5-17}$$

聚丙烯材料：

$$w = 452.6D^2 (\text{kg}/\text{m}) \tag{5-18}$$

$$F_b = 105990D^2 (\text{kN}) \tag{5-19}$$

高模数聚乙烯材料：

$$w = 632.0D^2 (\text{kg}/\text{m}) \tag{5-20}$$

$$F_b = 575000D^2 \text{kN} \tag{5-21}$$

聚酰胺材料：

$$w = 575.9D^2 (\text{kg}/\text{m}) \tag{5-22}$$

$$F_b = 450000D^2 (\text{kN}) \tag{5-23}$$

合成纤维材料的最大特点是其轴向刚度是非线性的，随时间和外界条件的变化很容易发生变化，因此很难准确推导，其 EA 值的确定需要由制作厂家通过试验测试得到其刚度随外载荷变化的曲线。

根据不同类型的平台和作业需求，系泊线的组成成分可以是单一成分系泊线材料，也可以由多种成分材料的多段组合而成，常见的组合方式，如顶部链条、中间钢缆、底部链条的三种成分组成。这样，顶部和底部的链条可以防止顶部系泊线与导缆器和海底部分的长期摩擦，以及起伏碰撞而产生破坏。另外，根据不同需要，有时还会在系泊线的合适位置安装重块或浮筒。

重块通常连接在靠近海底部分的系泊线上，以代替部分链条，增加系泊线的恢复力，改善系泊系统特性。重块的形式可以是一个集中重量(一块重物)，也可以是一段分布重量。

浮筒通常悬挂在水面附近或中部系泊线上，以提升地面部分的系泊线，从而使其免受海底障碍物的影响。浮筒减小了系泊线的重量，增加了系泊线的水平刚度，减小了平台在外载荷作用下的位移，同时还降低了平台的垂向载荷。

5.2.3 系泊受力分析方法

对系泊线的受力分析主要有静力分析和动力分析两种方法。

1. 悬链线理论

静力分析是根据悬链线理论，研究在稳态条件下系泊线的受力情况和系统的平衡状态，预估系泊线的几何形状及应力分布。动力分析则研究在不定常外界环境载荷作用下系泊线的动力响应，以判断设计的系统是否安全。对系泊线的静力分析方便、快捷，多在设计初期采用。

图 5-10(a)为忽略了海流力和系泊线弹性伸长影响的单一成分悬垂系泊线受力示意图。系泊线长为 l，单位长度质量为 w，x、y 分别为 s 段在 X 和 Y 轴方向的长度，T_a、θ_a、T_b、θ_b 为系泊线两端的张力及其倾角，T_0 为 T_a 和 T_b 的水平分量。通过对系泊线进行受力特性分析，可得以下关系式：

$$T_0 = T_a \cos\theta_a = T_b \cos\theta_b \tag{5-24}$$

$$T_b = T_a + \omega y \tag{5-25}$$

$$y = (T_0 / \omega)(1/\cos\theta_b - 1/\cos\theta_a) = (T_0 / \omega)\left(\sqrt{\tan^2\theta_b + 1} - \sqrt{\tan^2\theta_a + 1}\right) \tag{5-26}$$

$$x = (T_0 / \omega)\left[\ln\left(\tan\theta_b + \sqrt{\tan^2\theta_b + 1}\right) - \ln\left(\tan\theta_a + \sqrt{\tan^2\theta_a + 1}\right)\right]$$
$$= (T_0 / \omega)[\operatorname{arcsinh}(\tan\theta_b) - \operatorname{arcsinh}(\tan\theta_a)] \tag{5-27}$$

$$l = (T_0 / \omega)(\tan\theta_b - \tan\theta_a) \tag{5-28}$$

式(5-24)~式(5-28)反映了无弹性悬链线式系泊线各有关参数之间的基本关系，当然，各式之间也不是完全独立的，需要根据具体情况和已知条件的不同，进行联合求解或转换成其他公式进行求解。

对于悬链线式系泊线，通常会有一部分系泊线与海底是相切的，此时，$\theta_a = 0$，$T_a = T_0$，T_0 等于系泊线任一悬点处受力的水平分力，如图 5-10(b)所示。用水深 h 代表 y，T 代表 T_b，θ 代表 θ_b，则式(5-24)~式(5-28)可转换为如下一组公式：

$$T = T_0 + \omega h = \sqrt{(\omega l)^2 + T_0} \tag{5-29}$$

$$h = (T_0 / \omega)\left[\sqrt{(\omega l / T_0)^2 + 1} - 1\right] = (T_0 / \omega)\left(\sqrt{\tan^2\theta + 1} - 1\right)$$
$$= (T_0 / \omega)[\cosh(\omega S / T_0) - 1] \tag{5-30}$$

$$S = (T_0 / \omega)\operatorname{arsh}(\omega l / T_0) = (T_0 / \omega)\operatorname{arsh}(\tan\theta) \tag{5-31}$$

$$\tan\theta = \omega l / T_0 \tag{5-32}$$

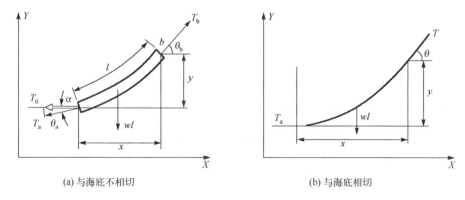

(a) 与海底不相切　　　　　　　　(b) 与海底相切

图 5-10　无弹性系泊线静力图

例题： 如图 5-11 所示的悬链线式系泊线，其上端与浮体相连，连接点恰在水面上。系泊线水中单位长度质量为 $w = 1639\mathrm{N/m}$，破坏强度为 $F_b = 9049000\mathrm{N}$，要求安全系数为

$K=4.0$，水深为 100m。试确定系泊线的最小长度，并绘制系泊线顶端受力-水平位移(系泊线上端至锚固点的水平距离)特性曲线。

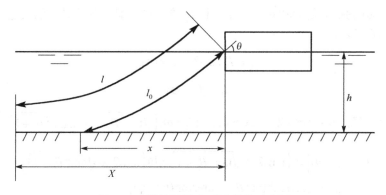

图 5-11　某悬链线式系泊系统示意图

解：由式(5-30)～式(5-32)可得

$$\text{ch}(\omega x / T_0) = \frac{\omega h}{T_0} + 1 \tag{5-33}$$

$$\text{sh}(\omega x / T_0) = \frac{\omega l_0}{T_0} \tag{5-34}$$

由式(5-33)、式(5-34)可得

$$\text{ch}^2(\omega x / T_0) - \text{sh}^2(\omega x / T_0) = \left(\frac{\omega h}{T_0} + 1\right)^2 - \left(\frac{\omega l_0}{T_0}\right)^2 = 1 \tag{5-35}$$

整理可得

$$T_0 = \frac{\omega(l_0^2 - h^2)}{2h} \tag{5-36}$$

当系泊线恰好全部被提起时，所需系泊线的长度最小，此时作用在系泊线上的最大允许拉力 $T_{\max}$ 为

$$T_{\max} = F_b / K = 9049000 / 4.0 = 2262250(\text{N})$$

根据式(5-29)可得链条的最大水平恢复力为

$$T_0 = T_{\max} - \omega h = 2262250 - 1639 \times 100 = 2098350(\text{N})$$

由式(5-35)可得链条的最小长度为

$$l = \sqrt{h^2 + \frac{2hT_0}{\omega}} = 516\text{m}$$

对于不同的系泊线悬垂长度 $l_0 \leqslant l$，可得到不同的系泊线水平跨距 X 和顶端系泊力 T，则有如下关系式：

$$X = l - l_0 + x \tag{5-37}$$

表 5-2 为不同 l_0 值时的计算结果，并将顶端系泊力-水平跨距特性曲线绘于图 5-12 中。

表 5-2 计算结果

l_0 /m	$T_0 = \dfrac{\omega(l_0^2 - h^2)}{2h}$ /N	$x = \dfrac{T_0}{\omega}\text{arsh}\left(\dfrac{\omega l_0}{T_0}\right)$ /m	$X = l - l_0 + x$ /m	$T = T_0 + \omega h$ /N
150	102438	100.6	466.6	266338
220	314688	188.3	484.3	478588
300	655600	277.3	493.3	819500
360	980122	341.2	497.2	1144022
420	1363648	403.9	499.9	1527548
480	1806178	466.0	502.0	1970078
516	2100018	503.0	503.0	2263918

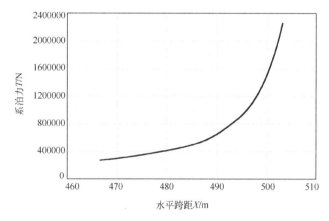

图 5-12 系泊力-水平跨距特性曲线

通常，系泊线由多种不同成分组成，因此，需要在前面所得公式的基础上，继续得到不同成分系泊线的静力特性方程。对于多成分系泊线，系泊变量参数增多，每一段系泊线需要根据前述悬链线方程式(5-29)~式(5-32)分别进行求解，考虑两段系泊线之间力的传递，并结合迭代法进行多层判断，才能确定最后的系泊线形状和受力，在此不再赘述。

2. 集中质量法

当平台受到风、波浪、海流的作用时，系泊系统的动力响应可以比静力响应严重得多，因此对系泊系统动力特性的研究十分重要。目前，研究系泊线动力特性的方法主要有两种：集中质量法和细长杆理论。时域计算是系泊线动力分析的重要方法之一，通过建立数学模型，在时域内求解系泊线的非线性动力方程组。同静力分析一样，动力分析也是从单根系泊线的分析入手。

集中质量法是将系泊线用多自由度的弹簧-质量系统来代替，如图 5-13 所示，将系泊线简化成一个由一系列的质点和无质量弹簧组成的二维系统，集中质量所在点称为节点。通常，除两端点外，节点上的集中质量取为相邻两段系泊线单元质量之和的一半。

根据牛顿第二定律，对节点进行受力分析后，在 x 和 z 轴方向分别有

$$(M_j + A_{nj}\sin^2\overline{r}_j + A_{tj}\cos^2\overline{r}_j)\ddot{x}_j + (A_{tj} - A_{nj})\sin\overline{r}_j\cos\overline{r}_j\ddot{z}_j = F_{xj}, \quad j = 2,3,\cdots,N \quad (5-38)$$

$$(M_j + A_{nj}\cos^2\overline{r}_j + A_{tj}\sin^2\overline{r}_j)\ddot{z}_j + (A_{tj} - A_{nj})\sin\overline{r}_j\cos\overline{r}_j\ddot{x}_j = F_{zj}, \quad j = 2,3,\cdots,N \quad (5-39)$$

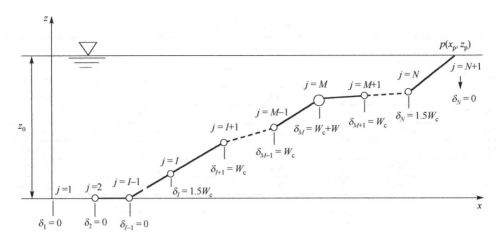

图 5-13　集中质量法示意图

式中，M_j 为 j 点的质量；$\ddot{x}_j$、$\ddot{z}_j$ 为 j 点在 x、z 轴方向加速度；A_{nj}、A_{tj} 分别为 j 点的法向和切向附加质量；$\bar{r}_j$ 是第 $(j-1)$ 与第 j 个集中质量处系泊线倾角的平均值，即 $\bar{r}_j = (r_{j-1} + r_j)/2$。

$$A_{nj} = \rho \frac{D_c^2 \pi}{4} \bar{l} C_{hn} \tag{5-40}$$

$$A_{tj} = \rho \frac{D_c^2 \pi}{4} \bar{l} C_{ht} \tag{5-41}$$

式中，ρ 为流体密度；C_{hn}、C_{ht} 为 j 点的法向、切向附加质量系数；D_c 为系泊线等效截面直径；$\bar{l}$ 为线段的原长度。

F_{xj}、F_{zj} 为作用于节点的外力分量，可以记作：

$$F_{xj} = T_j \cos r_j - T_{j-1} \cos r_{j-1} - f_{dxj} \tag{5-42}$$

$$F_{zj} = T_j \sin r_j - T_{j-1} \sin r_{j-1} - f_{dzj} - \delta_j \tag{5-43}$$

式中，T_j 为第 j 与 $j+1$ 点之间系泊线上的张力，该系泊线上的张力看作不变的；δ_j 为第 j 个集中质量的水中重量，若在该节点上还连接有悬挂重物或弹簧浮标，则还应加上它们的水中重量；f_{dxj}、f_{dzj} 为 j 点法向和切向流体阻尼力在 x、z 轴方向的分量，它们与流体相对速度的平方成正比。

对于以上运动方程的求解，通常采用有限差分法，此处不再讲解。

3. 细长杆理论

细长杆理论将系泊线视为连续的弹性介质，对细长杆变形的描述可以用其中心线的位置变化来表达，如图 5-14 所示。其中，s 为杆中心线的弧长；t 为时间；$r(s,t)$ 为杆中心线上点的位置矢量，是弧长 s 和时间 t 的函数；(x,y,z) 为惯性坐标系空间坐标；(e_t, e_n, e_b) 为空间曲线的切向、法向和副法线向量；(e_t, e_n, e_b) 和 $r(s,t)$ 有如下关系式：$e_t = r'$，$e_n = r''$，$e_b = r' \times r''$，$|r'| = 1$，撇号代表对弧长 s 求偏导。

在细长杆中任取一个微段，其上作用的载荷如图 5-15 所示，此微段的平衡方程为

$$\boldsymbol{F}' + \boldsymbol{q} = \rho \ddot{\boldsymbol{r}} \tag{5-44}$$

$$\boldsymbol{M}' + \boldsymbol{r}' \times \boldsymbol{F} + \boldsymbol{m} = \boldsymbol{0} \tag{5-45}$$

式中，$\boldsymbol{F} = \boldsymbol{F}(s,t)$ 为作用在中心线上任意一点的合力；$\boldsymbol{M} = \boldsymbol{M}(s,t)$ 为作用在中心线上任意一点的合力矩；$\boldsymbol{q} = \boldsymbol{q}(s,t)$ 为单位长度的作用力；ρ 为杆的线密度(单位长度的质量)；$\boldsymbol{m}$ 为单位长度的外力矩；上标 $'$ 表示对 s 求一次导数。

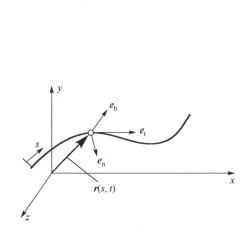

图 5-14　细长杆示意图及坐标系的建立

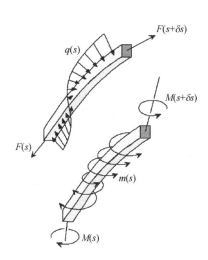

图 5-15　细长杆微段分析图

引入拉格朗日乘数 $\lambda(s,t)$ 后可得

$$\rho \ddot{\boldsymbol{r}} + C_{\mathrm{A}} \rho_{\mathrm{w}} \ddot{\boldsymbol{r}}^{n} + (EI\boldsymbol{r}'')'' - (\tilde{\lambda}\boldsymbol{r}')' = \tilde{\boldsymbol{w}} + \tilde{\boldsymbol{F}}^{\mathrm{d}} \tag{5-46}$$

$$\frac{1}{2}(\boldsymbol{r}' \cdot \boldsymbol{r}' - 1) - \frac{\lambda}{EA} = 0 \tag{5-47}$$

式中，C_{A} 为附加质量系数(单位长度的附加质量)；ρ_{w} 为海水的密度；EI 为杆的抗弯刚度；$\tilde{\boldsymbol{w}} = \boldsymbol{w} + \boldsymbol{B}$ 为杆的有效重量或干重；$\tilde{\boldsymbol{F}}^{\mathrm{d}}$ 为单位长度杆受到的有效水动力；EA 为杆的轴向刚度。

式(5-46)和式(5-47)即为弹性细长杆的微分运动方程和拉伸约束方程,并称为控制方程,通常采用有限差分法进行求解，此处不再讲解。

5.2.4　系泊系统强度特性分析

平台及其系泊系统在风、波浪、海流环境载荷作用下，总体运动方程为

$$(\boldsymbol{M} + \boldsymbol{M}_{\mathrm{A}})\frac{\mathrm{d}^2 x}{\mathrm{d}t^2} + \boldsymbol{C}\frac{\mathrm{d}x}{\mathrm{d}t} + \boldsymbol{K}x = F_{\mathrm{s}} + F_{\mathrm{ws}} + F_{\mathrm{wf}} + F_{\mathrm{sd}} + F_{\mathrm{wind}} + F_{\mathrm{current}} + F_{\mathrm{mooring}} + F_{\mathrm{riser}} \tag{5-48}$$

式中，$\boldsymbol{M}$ 为结构质量矩阵；$\boldsymbol{M}_{\mathrm{A}}$ 为水动力附加质量矩阵；$\boldsymbol{C}$ 为系统线性阻尼矩阵；$\boldsymbol{K}$ 为系统总刚度矩阵；x 为浮式结构的六自由度运动；F_{s}、F_{ws}、F_{wf}、F_{sd}、F_{wind}、F_{current}、F_{mooring}、F_{riser} 分别为作用在平台上的流体静力、平均波漂力、波频力、波浪低频慢漂力(或高频弹振力)、风力、海流力、系泊力、立管力。

对于以上运动方程的求解，根据不同需要可以在频域或时域内进行求解。

频域分析是指在频域范围内以频率响应来分析平台在波浪作用下的动态特性,其优点在于:将作为随机过程的海浪和平台之间的不确定关系转化为非随机的谱密度之间的确定关系,而频率响应函数则是建立这种确定关系的关键。频率响应函数可以通过理论计算得到,也可以通过模型试验得到。

频域分析时,平台及其系泊系统运动方程被分解,分别求得静态力、低频力、波频力响应。静态力响应通过求解包含静态环境力和系泊系统恢复力的静态方程而得。波频和低频响应通过以上的频域分析而得到,根据一定的峰值响应分布情况统计平台运动及受力的响应情况。最后将波频和低频响应组合,得到平台在所有外力作用下的运动响应及受力的最大值。

时域分析则是在时域范围内求解运动方程,可以得到每一时刻平台的运动和系泊受力情况,能够真实地反映平台在实际海况下的状态(运动、受力等)变化情况。

时域分析时,平台及其系泊系统在静态力、低频力、波频力下的运动响应方程直接在时域内求解。描述平台、系泊线、立管、推进力等都同时在一个时域内进行模拟。模拟的所有系统参数(平台运动位移、系泊线张力、锚的载荷等)的历史记录都是有效的,其结果可以用来做统计分析,得到极值。

另外,对于处在复杂环境载荷下的平台,平台与系泊系统之间总是互相影响的,存在直接的耦合关系,必须予以考虑。到目前为止,主要的分析方法有如下三种。

(1) 非耦合分析,是传统的方法,将平台与系泊线的响应分别进行分析。当分析平台响应时,需要考虑以下系泊线的影响:系泊线的刚度、来流作用力、慢漂阻尼,从而解得平台的静态位移、慢漂和波频位移,再根据平台响应,预报系泊线的受力。

(2) 仅对慢漂运动的耦合分析,对系泊线进行耦合动态模拟。然后利用风、海流、波浪漂移力系数和浮式结构水动力系数,考虑系泊线/立管的响应,对平台响应进行时域分析。假设平台的波频运动不受系泊线的影响,因为平台的惯性项的阶数比系泊线高得多。

(3) 全耦合分析,系泊线的动态响应与平台响应,包括波频运动响应都是完全耦合的。整个系统运动方程在时域范围内同时求解。

因此,现在分别总结频域和时域系泊系统强度分析的过程。另外,频域分析时,多点系泊与单点系泊系统的分析过程也有差异。

在频域内对系泊系统进行强度分析时,首先要确定在平均外力作用下平台在纵荡、横荡、艏摇方向的平均位置,然后计算波频和低频响应,并与平均位置进行叠加,得到平台总体响应。对于多点系泊系统,具体分析步骤如下。

(1) 确定环境条件:风和海流的速度和方向、有义波高、波浪周期、波浪谱、风谱等。

(2) 确定系泊线的布局,系泊线的材料特性、组成部分、预张力等。

(3) 确定作用在平台上的平均环境载荷,可通过模型试验或者计算分析得到。

(4) 确定由平均环境载荷产生的平台平均位移。

(5) 确定由低频力产生的平台低频位移,需要首先计算在平均位移基础上的系泊刚度。

(6) 确定由波频力产生的平台波频位移,并确定其最大值和有义值。

(7) 确定平台的最大位移、系泊线的悬垂长度、最大系泊力、锚载荷等。

(8) 将第(7)步的计算结果与前述的设计规范和业主的要求进行比较,若满足要求,则分析完毕；若不合理，则调整以上参数，重新设计分析，到满足要求为止。

单点系泊系统由于转塔具有风标效应，平台的低频艏摇角度较大。频域分析时，首先对平台的方向做一定的假设，然后计算平台由于平均环境载荷作用而产生的艏摇角，以此作为系统的稳定平衡位置，最后再加/减由低频力引起的艏摇有义值。具体过程如下。

(1) 确定环境条件：风和海流的速度和方向、有义波高、波浪周期、波浪谱、风谱等。

(2) 确定系泊线的布局，系泊线的材料特性、组成部分、预张力等。

(3) 计算平台在风、波浪、海流联合作用下的平均艏摇力矩，据此确定平台的平衡位置及方向，此时平台总的艏摇力矩为零。

(4) 确定平衡位置时的艏摇力矩刚度，即平均艏摇力矩随转塔方向的变化率。

(5) 应用水动力分析程序计算平台相对于平衡位置的低频艏摇响应的标准差。此时需要知道低频艏摇力矩谱、平台绕转塔的艏摇惯性和附加惯性、艏摇力矩刚度、平台和系泊系统的艏摇阻尼。当已知信息有限时，绕转塔的艏摇阻尼系数可以线性化处理，并根据式 (5-49) 得到：

$$C_{Rz} = \frac{1}{3} C_y (a^3 + b^3) / (a + b) \tag{5-49}$$

式中，C_{Rz} 为线性化艏摇阻尼系数，$N \cdot m/(rad/s)$；C_y 为线性横荡阻尼，$N/(m/s)$；a 为平台艏部与转塔的距离；b 为平台艉部与转塔的距离。

(6) 计算设计方向为稳定平衡艏摇角加/减由低频力引起的艏摇角的有义值。

(7) 保持第(6)步计算所得的平台艏摇方向，并在此位置基础上，按照上述多点系泊系统强度分析执行第(3)~(6)步继续计算系泊系统的响应。

计算分析时，将环境力分为定常力、低频力和波频力三部分，则相应的平台运动位移同样可分解为平均位移、波频运动引起的位移和低频运动引起的位移三部分。对系泊系统进行分析时，我们最关心的是平台在外界环境载荷作用下各自由度方向的可能最大位移，通常采用式(5-50)、式(5-51)进行确定：

$$S_{max} = S_{mean} + S_{lfmax} + S_{wfsig} \tag{5-50}$$

或

$$S_{max} = S_{mean} + S_{wfmax} + S_{lfsig} \tag{5-51}$$

式中，S_{max} 为平台在某自由度方向的最大位移；S_{mean} 为在某自由度方向的平均位移；S_{lfmax} 为在某自由度方向低频运动引起的最大位移；S_{lfsig} 为在某自由度方向低频运动引起的位移的有义值；S_{wfmax} 为在某自由度方向波频运动引起的最大位移；S_{wfsig} 为在某自由度方向波频运动引起的位移的有义值。

系泊线在外界环境载荷作用下的受力，尤其是所受的最大力也是系泊系统设计时最关心的问题，是决定系泊系统能否安全作业的判断标准之一。同样，也将系泊力分为平均力、波频运动引起的系泊力和低频运动引起的系泊力三部分，最大系泊力的确定公式通常如下：

$$T_{max} = T_{mean} + T_{lfmax} + T_{wfsig} \tag{5-52}$$

或

$$T_{max} = T_{mean} + T_{wfmax} + T_{lfsig} \tag{5-53}$$

式中，T_{max} 为最大系泊力；T_{mean} 为平均力；T_{lfmax} 为低频运动引起的系泊力最大值；T_{lfsig} 为低频运动引起的系泊力有义值；T_{wfmax} 为波频运动引起的系泊力最大值；T_{wfsig} 为波频运动引起的系泊力有义值。

在时域内对系泊系统进行强度分析时，具体分析求解过程如下。

(1) 确定环境条件：风和海流的速度和方向、有义波高、波浪周期、波浪谱、风谱等。

(2) 确定系泊线的布局，系泊线的材料特性、组成部分、预张力等。

(3) 确定各方向的风力系数和海流力系数，以及整个系统的水动力模型。

(4) 在时域内求解平台总体运动方程，得到平台运动、受力、系泊线受力等的时历曲线，并选择 3~5 个波浪随机数进行计算。

(5) 将多个随机数的计算结果进行统计处理，得到平台各自由度的运动最大位移、系泊线的悬垂长度、最大系泊力、系泊线与海底接触部分长度、锚载荷等。

(6) 将第(5)步的计算结果与设计规范和业主的要求进行比较，若满足要求，则分析完毕；若不合理，则调整以上参数，重新设计分析，到满足要求为止。

系泊系统设计与分析完毕后，需要将计算分析的结果与实际要求进行比较，验证设计方案的可行性。因此，API RP 2SK 规范提出了以下基本设计准则。

(1) 平台运动位移的限制：一般由业主根据实际情况确定平台各自由度位移的极限值，或者由周围已有设施的限制来确定。例如，根据平台周围有其他工作船、生活船、舷梯、立管等的具体要求来确定其位移的极限值。

(2) 系泊线受力的限制：首先确定系泊线的安全系数，即系泊线本身的极限载荷与系泊线在外载荷作用下受力最大值的比值。然后将计算所得的安全系数与规范要求的安全系数进行比较，如果前者大于后者，则系泊线是安全的，系泊系统的设计是合理的，反之则不安全，需要重新对系泊系统进行设计。规范对不同分析条件、不同分析方法的系泊线受力的极限和安全系数进行了确定，如表 5-3 所示，可以此作为系泊系统分析的一个基本标准。当然，如果业主根据实际情况对系泊线受力的最大值有更高或者其他要求，则需要根据实际要求进行比较分析，确定最终的系泊方案。

表 5-3　系泊线受力极限及安全系数

分析条件	分析方法	应力极限(破坏强度)/%	安全系数
完整条件	拟静态分析	50	2.00
完整条件	动态分析	60	1.67
有破坏条件	拟静态分析	70	1.43
有破坏条件	动态分析	80	1.25

5.2.5　系泊系统疲劳特性分析

系泊系统的疲劳通常由两个原因组成：①系泊线或其组成附件由于受到长期的周期性应力而引起的疲劳损伤；②系泊线或其组成附件由于受到长期的弯曲应力引起的疲劳损伤。对于前者，通常采用疲劳累积损伤理论进行分析，而对于后者，只能采取各种预防措施，防止系泊线由于弯曲变形引起疲劳破坏。

对于系泊线由于受到长期的周期性应力而引起的疲劳，需要根据疲劳累积损伤理论，计算系泊线在长期循环载荷作用下的总疲劳损伤，再计算其疲劳寿命。根据 API RP 2SK 规范，系泊线的疲劳寿命应该大于等于平台在某一海域服役寿命的 3 倍。如果系泊系统以前使用过，应将其以前的疲劳破坏予以考虑。因此，系泊系统疲劳分析时的安全系数最小为 3，具体选择还需根据实际情况进行确定。

系泊线的疲劳损伤 D 是由作用于其上的循环载荷累积引起的，也就是由一系列的环境工况引起的年疲劳损伤，计算公式为

$$D = \sum_{i=1}^{n} D_i \tag{5-54}$$

式中，D_i 为不同海况时各应力范围水平下的损伤度，环境工况 $i = 1, 2, \cdots, n$ 要足够多，才能保证总的疲劳损伤计算的正确性。系泊系统疲劳寿命 L 的计算公式为

$$L = 1/D(年) \tag{5-55}$$

对系泊线应力进行计算时，由于拟静态分析方法对波频力的计算不够准确，因此通常不采用该方法，而是在频域或时域内对系泊线进行动态分析，或者通过模型试验得到系泊线的应力，才能保证系泊线疲劳寿命计算的准确性。

对系泊系统运动方程的求解，频域分析是常用的一种方法。频域分析时，可以快速计算得到系泊线在不同外界环境载荷作用下的波频力和低频力标准差，然后分别计算其疲劳损伤。由波频力和低频力引起的疲劳损伤的组合共有以下三种方法。

(1) 简单的叠加：分别计算由波频力和低频力引起的疲劳损伤，系泊线总的疲劳损伤即为二者之和。计算公式如下：

$$D_i = \frac{n_{\text{wf}i}}{K} \left(\sqrt{2} R_{\text{wf}\sigma i} \right)^M \Gamma \left(1 + \frac{M}{2} \right) + \frac{n_{\text{lf}i}}{K} \left(\sqrt{2} R_{\text{lf}\sigma i} \right)^M \Gamma \left(1 + \frac{M}{2} \right) \tag{5-56}$$

式中，D_i 为 i 海况下系泊线总的疲劳破坏；$R_{\text{wf}\sigma i}$、$R_{\text{lf}\sigma i}$ 分别为波频和低频应力变化范围的标准差与系泊线极限强度的比值，其中应力变化范围的标准差为系泊线应力标准差的 2 倍；M、K 为疲劳试验得到的参数，不同材料系泊线的 M、K 取值可按表 5-4 查得，其中 L_m 为平均载荷与系泊线极限强度的比值；n_{wf}、n_{lf} 为 i 海况时，每年波频力和低频力的循环次数。每种海况下，每年的应力循环次数 n_i 可以按式(5-57)表示：

$$n_i = \nu_i T_i = \nu_i P_i \times 3.15576 \times 10^7 \tag{5-57}$$

式中，ν_i 为 i 海况下系泊线应力谱的跨零频率；T_i 为 i 海况每年的持续时间，$T_i = P_i \times 365.25 \times 24 \times 3600 \text{s}$；$P_i$ 为 i 海况每年发生的概率。

(2) 系泊线波频力和低频力响应谱的组合：

$$R_{\sigma i} = \sqrt{R_{\text{wf}\sigma i}^2 + R_{\text{lf}\sigma i}^2} \tag{5-58}$$

$$\nu_{\text{C}i} = \sqrt{\lambda_{\text{wf}i} \nu_{\text{wf}i}^2 + \lambda_{\text{lf}i} \nu_{\text{lf}i}^2} \tag{5-59}$$

式中，$\nu_{\text{wf}i}$、$\nu_{\text{lf}i}$ 为在 i 海况下系泊线波频力和低频力响应谱的跨零频率。

表 5-4 *M* 和 *K* 的取值

系泊线材料	M	K
有横档链条	3.00	1000
无横档链条	3.00	316
Baldt 或 Kenter 连接件	3.00	178
六股/多股钢缆	4.09	$10^{(3.20-2.79L_m)}$
螺旋股钢缆	5.05	$10^{(3.25-3.43L_m)}$

λ_{wfi}、λ_{lfi} 的计算公式为

$$\lambda_{\text{wfi}} = \frac{R_{\text{wfi}}^2}{R_{\text{wfi}}^2 + R_{\text{lfi}}^2} \tag{5-60}$$

$$\lambda_{\text{lfi}} = \frac{R_{\text{lfi}}^2}{R_{\text{wfi}}^2 + R_{\text{lfi}}^2} \tag{5-61}$$

(3) 对方法(2)引入校正因子 ρ_i，则 i 海况下的疲劳损伤为

$$D_i = \rho_i \frac{n_i}{K} \left(\sqrt{2} R_{\sigma i} \right)^M \Gamma \left(1 + \frac{M}{2} \right) \tag{5-62}$$

$$\rho_i = \frac{\nu_{ei}}{\nu_{Ci}} \left[(\lambda_{\text{lfi}})^{\frac{M}{2}+2} \cdot \left(1 - \sqrt{\frac{\lambda_{\text{wfi}}}{\lambda_{\text{lfi}}}} \right) + \sqrt{\pi \lambda_{\text{lfi}} \lambda_{\text{wfi}}} \cdot \frac{M \Gamma \left(\frac{1+M}{2} \right)}{\Gamma \left(\frac{2+M}{2} \right)} \right] + \frac{\nu_{\text{wfi}}}{\nu_{Ci}} \Gamma (\lambda_{\text{wfi}})^{\frac{M}{2}} \tag{5-63}$$

$$\nu_{ei} = \sqrt{\lambda_{\text{lfi}}^2 \nu_{\text{lfi}}^2 + \lambda_{\text{lfi}} \lambda_{\text{wfi}} \nu_{\text{wfi}}^2 \delta_{\text{wi}}^2} \tag{5-64}$$

式中，e 为组合应力曲线；ν_{ei} 为平均跨零频率；δ_{wi} 为带宽参数，通常取 0.1。

以上三种方法，各自的特点和适用范围不同，方法(1)适用于波频力与低频力的响应标准差 δ 的比值满足以下关系式的条件：

$$\frac{\delta_{\text{wf}}}{\delta_{\text{lf}}} \geqslant 1.5 \quad \text{或} \quad \frac{\delta_{\text{wf}}}{\delta_{\text{lf}}} \leqslant 0.05 \tag{5-65}$$

但是，当波频力和低频力的贡献都很大的时候，方法(1)计算的疲劳损伤会偏低。方法(2)则比较保守，但通常会高估系泊线的疲劳损伤。方法(3)是对方法(2)进行的改进，当波频力和低频力的贡献都很大时，该方法更适合，但是当低频力占主要因素时，也会高估系泊线的疲劳损伤。

采用频域方法计算系泊系统的疲劳寿命，主要步骤如下。

(1) 确定系泊线可能遇到的一系列环境工况，每一个环境工况要包括风、波浪、海流的相关参数：速度、方向、风谱、波浪谱、有义波高等，以及该环境工况可能发生的概率。一般需要 10~50 个环境工况，但是为了节省时间，通常选择 8~12 个有代表性的环境工况进行系泊系统疲劳分析。

(2) 对系泊系统强度进行计算分析，得到每个环境工况下系泊线的受力，包括相对于平均力的波频力和低频力。

(3) 确定不同系泊线组成成分的 M 和 K 的值。

(4) 计算每种环境工况下由系泊线波频力和低频力引起的系泊线年疲劳损伤。

(5) 对所有的环境工况，重复第(4)步。然后叠加计算总的年疲劳损伤 D，得到系泊线的疲劳寿命 L。

可见，采用频域方法计算系泊线疲劳寿命，计算效率高，但也存在一定的局限性，而相对来说，时域方法是计算系泊线疲劳寿命较准确的方法。进行时域分析时，首先计算得到系泊线在不同海况下的受力时历曲线，再分别计算系泊线应力循环的次数和应力范围的标准差，最后按前述疲劳累计损伤理论计算系泊线的疲劳寿命。该方法称为雨流计数法或沙漏法，但是比较费时费力。

5.3　张力腿系泊

张力腿平台具有特殊的张力腿定位方式,其锚固系统一般由四根或者多根张力腿组成，每根张力腿由多股钢缆固定在结构底部，具有一定的预张力。张力腿平台利用半顺应半刚性的平台产生远大于结构自重的浮力，浮力与张力腿的预张力平衡，张力腿时刻处于受拉状态，平台的垂荡、横摇、纵摇响应较小，具有良好的运动性能。

5.3.1　系泊构成形式

张力腿系泊系统由整个垂向系泊系统以及与平台和桩基的连接件构成。张力腿顶部构件由张力腿插头组成，其内部由抗腐蚀帽、张力腿顶部连接器、载荷测定单元、连接箱及连接针组成。张力腿主体单元由夹套管、连接箱及连接针组成。张力腿底部构件由延伸跟腱及张力腿底部连接器与桩基的柱托相连，如图 5-16 所示。

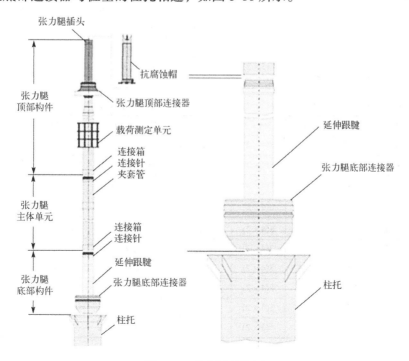

图 5-16　张力腿结构图

张力腿系泊的锚基础主要分为三类：桩基础、重力式基础、浅基础。桩基础应用最为普遍，平台的载荷通过桩基础传递给地基。张力腿可以和桩基础直接相连，也可以与桩基通过基盘相连。重力式基础主要依靠其自身重量抵抗在使用时所遇到的环境载荷。在 TLP 中，吸力锚归属于重力式基础的一种。吸力式基础抵抗长期拉力的能力较差，因为长期的拉力会导致土体强度的降低，最终导致基础的破坏。以 Snorre TLP 为例，通过大幅增加底部基础重量解决吸力锚的问题。

沉垫式基础被认为是一种重力式浅基础。一般情况下只有在平台安装时，沉垫式基础才可作为临时基础使用。在设计时需要考虑它的短期承载力、抗滑稳定和短期变形。在平台的长期使用中，沉垫一般是作为桩基的基盘与桩共同使用构成 TLP 的基础形式。表 5-5 是 23 座张力腿平台的系泊系统和类型统计表。

表 5-5　23 座张力腿平台的系泊系统和类型

平台名称	结构形式	工作水深/m	张力键参数		海底基础形式	海底桩基(或吸力锚)参数	
			数量(组×个)	直径/m		数量/个	直径×长度/(m×m)
Huntton	6柱传统式 TLP	147	16(4×4)	0.260	重力式基础	4	—
Jilliet	4柱传统式 TLP	536	12(4×3)	0.610	1个基盘+桩基	16	1.524×91.44
Snorre	4柱传统式 TLP	335	16(4×4)	0.813	重力式吸力锚(高强混凝土舱)	4(每个含3个吸力锚舱)	每个基础底端截面积为720m²
Auger	4柱传统式 TLP	873	12(4×3)	0.660	4个基盘+桩	16	1.829×130
Heidrun	4柱传统式 TLP	345	16(4×4)	1.07	重力式吸力锚(高强混凝土舱)	4(每个含19个吸力锚舱)	每个基础低端截直径为43～48m
Mars	4柱传统式 TLP	894	12(4×3)	0.711	直接与桩基连接	12	2.134×114
Ram-Powell	4柱传统式 TLP	980	12(4×3)	0.711	直接与桩基连接	12	2.134×106
Morpeth	迷你式 TLP	518	6(3×2)	0.660	直接与桩基连接	6	2.134×104
Ursa	4柱传统式 TLP	1159	16(4×4)	0.813	直接与桩基连接	16	2.438×127
Allegheny	迷你式 TLP	1021	6(3×2)	0.711	直接与桩基连接	6	2.134×—
Marlin	4柱传统式 TLP	997	12(4×3)	0.711	桩基	8	2.134×—
Typhoon	4柱传统式 TLP	639	6(3×2)	0.711	直接与桩基连接	6	2.134×—
Brutus	4柱传统式 TLP	910	12(4×3)	0.813	直接与桩基连接	12	2.083×104
Prince	4柱传统式 TLP	454	8(4×2)	0.610	直接与桩基连接	8	1.626×98
West Seno A	4柱传统式 TLP	1021	8(4×2)	0.660	直接与桩基连接	8	1.83×76.5
Matterhorn	迷你式 TLP	859	6(3×2)	0.813	直接与桩基连接	6	2.7×130
Marco Polo	4柱传统式 TLP	1311	8(4×2)	0.203～0.711	直接与桩基连接	8	1.93×119
Kizomba A	4柱传统式 TLP	1178	8(4×2)	0.813	桩基	8	2.134×—
Kizomba B	4柱传统式 TLP	1178	8(4×2)	0.813	桩基	8	—
Magnolia	4柱传统式 TLP	1425	8(4×2)	0.813	桩基	8	—
Oveng	4柱传统式 TLP	271	8(4×2)	0.610	桩基	8	1.626×53
Okume/Ebano	4柱传统式 TLP	530	8(4×2)	0.610	桩基	8	1.626×60
Neptune	迷你式 TLP	1290	6(3×2)	0.914	直接与桩基连接	6	2.438×126

注："—"表示未见相关报告。

5.3.2 水平方向刚度和垂向刚度计算

张力腿系统通过刚度和张力建立恢复力，在外界环境载荷作用下，平台在垂直方向运动微小，但是在水平方向仍会有较大的漂移。张力腿平台水平方向刚度 K_H 和垂向刚度 K_V 的计算方法如下：

$$K_H = \frac{P}{L} \tag{5-66}$$

$$K_V = \frac{EA}{L} \tag{5-67}$$

式中，P 为张力腿的预张力；L 为张力腿初始长度；EA 为轴向刚度。

假设某张力腿平台由 8 根张力腿组成，每根张力腿的预张力 $P = 6670\,\text{kN}$，初始长度 $L = 915\,\text{m}$，轴向刚度 $EA = 1.335 \times 10^7\,\text{kN}$，则其水平方向刚度和垂向刚度分别为

$$K_H = \frac{8P}{L} = \frac{8 \times 6670}{915} = 58.317\,(\text{kN/m})$$

$$K_V = \frac{8EA}{L} = \frac{8 \times 1.335 \times 10^7}{915} = 1.167 \times 10^5\,(\text{kN/m})$$

假设该平台水平方向的位移 x 与受力 F 成线性关系，即 $F = K_H \times x$，已知环境载荷为 $F = 583.17\,\text{kN}$，那么水平方向的位移 $x = F / K_H = 10\,\text{m}$。

5.3.3 张力腿系统强度分析

张力腿是 TLP 的重要组成部分，必须具有足够的强度，以保证平台的安全性。平台在位状态下，受多种外载荷作用，需建立 TLP 系统模型，准确计算张力腿受力，采用合适的分析方法进行计算，得到张力腿在不同工况下的最大内力，并依据规范对张力腿的总体强度进行评估。

对于张力腿系统的设计与分析，要能够满足操作、安装、材料、检验、强度和疲劳等各方面要求。设计流程如下。

(1) 确定平台形式及主尺度。

(2) 对张力腿筋腱进行初步设计，确定筋腱材料特性、相关参数、尺寸及预张力。

(3) 计算张力腿系统在不同环境载荷下的运动响应，得到平台的六自由度运动、张力腿最大、最小张力。

(4) 确定张力腿水平方向响应，得到筋腱的弯曲载荷、筋腱顶点的水平运动等。

(5) 确定张力腿最小许用张力。

(6) 初步校核张力腿最大应力水平、疲劳寿命、静水压溃。

(7) 校核平台和张力腿最大运动位移。

(8) 计算轴向与弯曲载荷组合条件下的张力腿疲劳寿命。

(9) 最终设计校核——校核最大应力、最小拉力、疲劳寿命、断裂部位和检测/置换方案、静水压溃和涡激振动。

(10)确定是否有必要进一步进行耦合分析校核。

(11)进行水池模型试验,与计算结果进行比较。

张力腿系统的具体设计流程如图 5-17 所示。

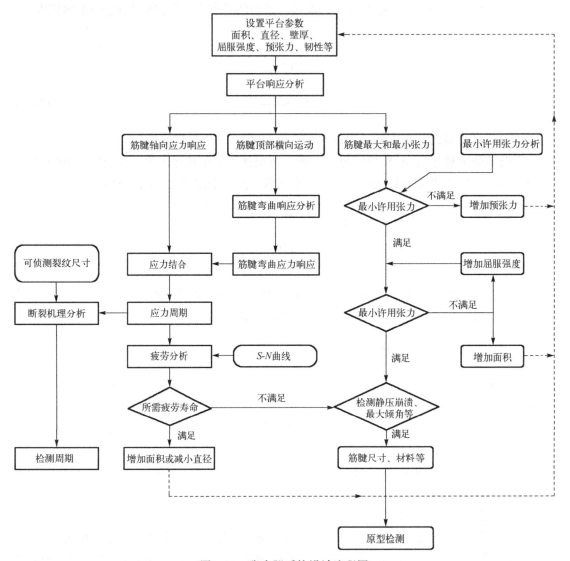

图 5-17　张力腿系统设计流程图

张力筋所受载荷包括轴向载荷、弯曲载荷、剪切载荷、扭载荷、径向载荷和环向载荷。轴向载荷主要来自预张力和环境载荷,弯曲和剪切载荷主要由以下因素决定。

(1) 平台运动的动态响应。

(2) 挠曲杆件刚度引起的弯曲。

(3) 流体的拖曳力和惯性力。

(4) 涡激振动。

(5) 安装中出现的意外载荷。

(6) 建造拼装误差。

(7) 平台平移时的重力。

环向载荷是由内部和外部的静水压力差造成的。扭转是由平台的横荡运动造成的。轴向载荷是张力筋设计的主要考虑因素,其他的载荷适当予以考虑即可,以保证足够的设计冗余。深水张力筋受静水压溃的影响较大,而大直径张力筋受弯曲影响较大。因此,张力腿结构的设计至少应考虑以下载荷工况。

(1) 最大张力。

(2) 最小张力。

(3) 杆件最大挠性角度。

(4) 服役期疲劳工况。

(5) 安装。

(6) 静水压溃。

(7) 特定构件的最大载荷。

张力筋的预张力是平台静止于水中时每根张力筋的拉力,预张力可以限制平台的最大偏移,控制筋腱的最小拉力,直接影响平台的位移和筋腱的最大张力。

平台作业时,张力腿筋腱的拉力来自于预张力和环境载荷作用力,将准静力、波浪导致的拉力、单根筋腱效应线性叠加,则最大筋腱拉力 T_{max} 估算为

$$T_{max} = T_0 + T_t + T_l + T_m + T_s + T_w + T_f + T_r + T_i + T_v \tag{5-68}$$

同样,最小筋腱拉力 T_{min} 也是环境载荷和预张力的线性叠加:

$$T_{min} = T_0 - (T_t + T_l + T_m - T_s + T_w + T_f + T_r + T_i) \tag{5-69}$$

张力腿最大弯矩 M_{max} 为

$$M_{max} = M_{mean} + M_{dyn} \tag{5-70}$$

式中,M_{mean} 为平均环境载荷引起的弯矩;M_{dyn} 为极端动态弯矩。

准静力包括:T_0——在平均水平面的设计预张力;T_t——在潮/风暴增水下的变化载荷;T_l——载荷和压载条件下的重量变化/设计余量;T_m——由风和海流力引起的倾覆弯矩导致的拉力;T_s——由定常和慢漂位移(风、波浪漂移力和海流力)引起的座底拉力。

因波浪导致的拉力包括:T_w——波浪力和波浪诱导平台运动平均偏移(包括任何耦合响应)下的拉力变化;T_f——基础误差和瞬间的偏移引起的载荷;T_r——在横摇、纵摇、垂荡的固有频率下共振引起的载荷(环状或弹簧状的,包括可能的甲板下拍击载荷)。

单根筋腱效应包括:T_i——不同单根筋腱分担的载荷部分(或由于临时锚旋转误差、艏摇、初始落座误差等原因引起的筋腱群分担的载荷);T_v——对单根筋腱的涡激响应导致的拉力。

综合考虑以上因素,根据 API RP 2T 规范,张力腿强度评估根据应力比系数 UR 进行判断,要求应力比系数应小于 1.0,即

$$UR = \frac{\sigma_a + \sigma_b}{\min(SF_y \sigma_y, SF_u \sigma_u)} < 1.0 \tag{5-71}$$

其中

$$\sigma_a = \frac{T_{max}}{A} , \quad \sigma_b = \frac{M_{max}}{2I}D_o , \quad NSS = \sigma_a + \sigma_b = \frac{T_{max}}{A} \pm \frac{M}{2I}D_o$$

式中，UR 为利用率；SF_y 为设计标准中屈服应力的安全系数；SF_u 为设计标准中极限应力的安全系数；T 为管截面分析时真实壁面张力；M 为整体弯矩；σ_a 为轴向应力；σ_b 为整体弯曲应力；NSS 为净截面应力；I 为惯性矩，$I = \frac{\pi}{64} \times (D_o^4 - D_i^4)$；$A$ 为面积，$A = \frac{\pi}{4} \times (D_o^2 - D_i^2)$；$D_i$、$D_o$ 为内、外直径。

结合张力、屈曲、外部压力的共同作用，筋腱的抗倒塌能力使用以下静水倒塌交互率进行计算：

$$IR = \alpha^2 + \beta^{2\eta} + 2\nu|\alpha|\beta < 1.0 \tag{5-72}$$

$$\alpha = \frac{(\sigma_a + \sigma_b)SF_x}{F_y} \tag{5-73}$$

$$\beta = \frac{\sigma_h SF_h}{F_{hc}} \tag{5-74}$$

其中

$$\sigma_a = \frac{T_{max}}{A} , \quad \sigma_b = \frac{M_{max}}{2I}D_o , \quad \sigma_h = \frac{P_{max}D_o}{D_o - D_i} , \quad \eta = 5 - \frac{4F_{hc}}{F_y}$$

式中，IR 为交互率；ν 为泊松比，$\nu = 0.3$；SF_x 为轴向压力安全因数；SF_h 为环向压力安全系数；F_{hc} 为环向屈曲临界应力，$F_{hc} = F_{he}$，$F_{he} \leqslant 0.55F_y$ 为线性屈曲；$F_{hc} = 0.75F_y(F_{he}/F_y)^{0.4} \leqslant F_y$，$F_{he} > 0.55F_y$ 为非线性屈曲；$F_{he} = 0.88E\left(\frac{t}{D}\right)^2$ 为线性屈曲应力，t 为壁厚，$t = \frac{D_o - D_i}{2}$。

根据 API RP 2T 规范，以上安全系数的确定与安全类别直接相关，分为 A、B、C 三类。

安全级别 A 通常规范相对较大的安全裕度，用于说明在常规操作条件下，超出设计极限的较大余量。安全级别 B 代表极限设计条件，用于确保预期的极端载荷持续时，没有关键结构部件受损。安全类别 C 应作为基础，以确定针对系统关键组件最终故障或功能丧失的附加裕度，用于评估系统在极限"生存"事件中的性能。安全系数和应力的确定范围如表 5-6、表 5-7 所示。

表 5-6 应力安全系数

安全系数	安全类别		
	A(操作条件)	B(极端条件)	C(生存条件)
SF_y	0.60	0.80	1.00
SF_u	0.50	0.67	0.90
SF_x	1.67	1.25	1.10
SF_h	1.80	1.35	1.10

表 5-7　应力范围

应力	安全类别		
	A(操作条件)	B(极端条件)	C(生存条件)
净截面应力(最小值)	$(0.6F_y, 0.5SF_u)$	$(0.8F_y, 0.67SF_u)$	$(1.0F_y, 0.95SF_u)$
净截面应力+局部弯曲应力(最小值)	$(0.9F_y, 0.7SF_u)$	$(1.2F_y, 0.9SF_u)$	$(1.2F_y, 0.9SF_u)$

5.4　动力定位系统

动力定位是指浮式平台在海洋环境下不用抛锚，而由计算机自动控制推进器来保持位置的一项技术。动力定位是一个实时的控制过程，结合优化算法分配各推力器的推力大小，通过不断纠正平台的偏移状态，使之定位于指定精度范围的一个动态过程。

5.4.1　动力定位系统的组成

动力定位系统一般由控制系统、动力系统、推力系统和位置测量系统四部分构成，如图 5-18 所示，每个组成部分都是由多个硬件和软件组成的子系统。

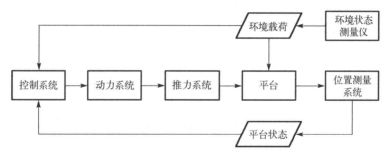

图 5-18　动力定位系统的组成

测量系统通常分为位置测量系统和传感器系统。位置测量系统要快速准确地获取所需的信息，包括平台位置、艏向以及外部干扰力，以便控制器计算出推力器指令。常用的位置测量系统包括卫星导航系统、水声位置参考系统、张紧索位置参考系统、微波系统、无线电波系统、光学系统等。传感器系统包括用于测量风速、流速、波浪等的环境测量传感器，还有用于测量位移、方位、速度和加速度等的运动传感器。

控制系统是动力定位系统的核心部分，是一种多回路反馈系统，其主要功能包括以下几点：

(1) 处理传感器信息，确定实际位置与艏向；

(2) 将实际位置与艏向同基准值相比较，产生位置的偏差信号；

(3) 计算抵抗位置偏移所需要的恢复力和力矩，使偏差的平均值减小到零；

(4) 计算风力和力矩，提供风变化的前馈信息；

(5) 将反馈的风力和力矩信息叠加到误差信号所代表的力和力矩信息上，形成总的力和力矩；

(6) 按照推力分配逻辑，将力和力矩指令分配到各个推力器上；

(7) 将推力指令转化为推力器指令。

此外，控制系统还有下列重要作用：补偿动力定位所固有的滞后，以免造成不稳定的闭环动作；消除传感器的错误信号，防止推力器做不必要的运转。

推力器系统用于产生推力来抗衡作用于平台上的环境力。此处所说的推力器，包括任何可控制的产生推力的装置。在这种意义上，螺旋桨、喷水推进器等都属于推力器。常用的推力器包括敞开式螺旋桨、导管式螺旋桨、平旋推力器、吊舱推进器、全回转推力器等。

浮式平台上推力器的布置应该遵循若干原则。推力器的布置一般都是在船舶的艏艉部或平台的边角处，如图 5-19 所示，这些位置距离结构中心较远，推力输出的力臂较大。船舶所受的环境作用力，要求用船舶纵轴和横轴方向的推力来平衡。产生反力矩推力最有效的方向，是与推力器所在点到船舶旋转中心之间的连线相垂直。如果推力不是在这个方向，就可能造成某些效率的损失。

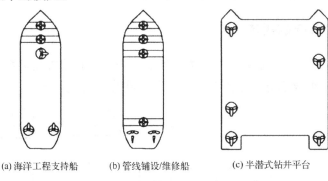

(a) 海洋工程支持船　　　　(b) 管线铺设/维修船　　　　(c) 半潜式钻井平台

图 5-19　典型的推力系统布置方式

动力定位只控制平台水平方向上的三种运动：纵荡、横荡和艏摇，因此推力系统应能在水平方向产生足够推力。为了达到定位要求，推力系统需要具备两个能力：一是总推力值足够抵消使平台产生漂移的各种水平外力和力矩，包括风、波浪、海流等环境作用力和平台执行某些特定任务时可能产生的作用力；二是推力器具有足够快的动态响应速度，以便对外力的变化能够迅速做出反应。

动力系统为整个定位系统供电并负责电源的分配和管理。电力需求的设备包括上述几乎所有的系统设备，其中主要电力消耗为推进器及其辅助系统。推进器是动力系统中电力消耗最大的设备。由于动力定位系统具有实时响应的特点，因此控制系统需求的电力在短时间内会经历较大的变化。发电系统需要快速响应控制系统的指令要求，也要防止不必要的燃油损耗。许多动力定位船舶配备的是柴油发电机组。一台柴油电机及相应的变电器合起来称为一个发电机组。

为了防止主发电机组失效造成的影响，动力定位系统采用无间断的电力配送保护设备 (Uninterruptable Power System，UPS)。UPS 可以在主机失效后提供短期稳定的电力供应，维持计算机、控制设备、警报系统和位置参考系统等继续工作。通常在主要的交流供电中断后，电池组可以供应各系统至少 30min。

5.4.2　动力定位能力分析

动力定位能力分析，首先要分析平台所受的环境力，通常选择典型的和相对比较危险的海况及装载情况确定计算分析工况,在每个工况下给出平台的定位能力图。

动力定位能力的评估不仅为设计者提供依据,还可为平台入级检验提出评价标准。因此,无论是动力定位平台的所有者、运营商、建造企业,还是第三方验船机构(如船级社等),都非常关心定位能力评估方法和标准。国际组织对动力定位能力曲线的计算都制定了规定或指导方法,计算要求相似,如国际标准化组织规范 ISO 19901-7、美国石油协会推荐做法 API RP 2SK 以及国际海事承包商协会(International Marine Contractors Association,IMCA)的《动力定位能力曲线说明》。

动力定位能力曲线是通过在极坐标上一条从 0°到 360°的封闭包络曲线表达平台在指定推力系统参数及指定环境条件下的动力定位能力。定位能力通过平台能抵抗的最大环境条件来衡量,因此定位包络曲线上任意一点的角度坐标表示环境条件相对于平台的来向,半径坐标表示该方向上平台所能保持定位的最大环境条件,通过最大风速衡量(很少部分采用流速)。动力定位能力曲线计算的目的就是计算动力定位系统所产生的推力在各个方向上能够抵抗的最大环境载荷,这个最大环境条件也称为定位的限制环境。

动力定位能力曲线计算中考虑的是水平方向环境载荷与推力器产生推力的静态平衡,需要满足下列等式:

$$\sum_1^N \boldsymbol{F}_{\mathrm{T}} = \boldsymbol{F}_{\mathrm{wd}} + \boldsymbol{F}_{\mathrm{ct}} + \boldsymbol{F}_{\mathrm{wv}} + \boldsymbol{F}_{\mathrm{opt}} \tag{5-75}$$

$$\sum_1^N \boldsymbol{M}_{\mathrm{T}} = \boldsymbol{M}_{\mathrm{wd}} + \boldsymbol{M}_{\mathrm{wv}} + \boldsymbol{M}_{\mathrm{ct}} + \boldsymbol{M}_{\mathrm{opt}} \tag{5-76}$$

式中,N 为推力器数目;$\boldsymbol{F}_{\mathrm{T}}$ 和 $\boldsymbol{M}_{\mathrm{T}}$ 分别为各个推力器在水平面上产生的力和力矩;$\boldsymbol{F}_{\mathrm{wd}}$、$\boldsymbol{F}_{\mathrm{wv}}$ 和 $\boldsymbol{F}_{\mathrm{ct}}$ 分别为环境产生的风、波浪和海流的作用力,具有两个分量;$\boldsymbol{M}_{\mathrm{wd}}$、$\boldsymbol{M}_{\mathrm{wv}}$ 和 $\boldsymbol{M}_{\mathrm{ct}}$ 分别为环境产生的风、波浪和海流的力矩,只有一个分量;$\boldsymbol{F}_{\mathrm{opt}}$ 和 $\boldsymbol{M}_{\mathrm{opt}}$ 为动力定位平台作业时所受的力和力矩,只考虑水平面方向的分量。即

$$\boldsymbol{F}_{\mathrm{T}} = F_{\mathrm{TX}}\boldsymbol{i} + F_{\mathrm{TY}}\boldsymbol{j} \tag{5-77}$$

$$\boldsymbol{M}_{\mathrm{T}} = M_{\mathrm{TZ}}\boldsymbol{k} \tag{5-78}$$

式中,$\boldsymbol{i}$、$\boldsymbol{j}$、$\boldsymbol{k}$ 分别为与 X、Y 和 Z 轴方向相同的单位向量。

环境条件包括风、波浪、海流条件,在设置三种环境条件时,把流速作为一恒定值,而将风速和波浪条件(波高和平均周期)以同概率增加。风速和波浪条件的变化关系取决于作业区域海况,可根据该区域的长期统计资料获得。考虑到风浪流条件的复杂性,一般都假定三种环境载荷从同一方向作用。需要指出的是,环境载荷计算中只考虑平均部分,不考虑动力影响,如波浪漂移引起的力和力矩只计及平均部分,即使风环境给出的是风谱,也只计及平均风力。因此必须有足够的推力冗余以保证在实际中能抵抗动力作用,冗余大小的确定取决于环境条件计算所得的动力大小。一般情况下可选取 20%作为推力冗余裕度,即计算中的最大推力为推力器实际最大推力的 80%。

根据动力定位能力图的计算要求,首先要设计海况环境条件,计算环境载荷。确定初始风向角,风速从零开始循环计算,每次循环风速增加一小量(如 1kn 或 1m/s)。因为波浪

与风的作用具有直接关系，波浪级别的增加根据风-浪关系选取。海流力根据海域表面流速独立计算。将三种环境载荷叠加得到总环境载荷，直到总的环境载荷达到推力模型所能产生的最大推力平衡，此时的风速便是船体保持定位所能抵抗的最大风速。按一定间隔改变风向角，例如，风向角每次增加 15°，重复上述过程，直到找到 0°～360° 所有风向角的最大风速。对于海洋平台而言，一般都具有对称性，实际计算时根据具体情况合理利用，以减少计算量和计算时间。最后，根据各个角度上计算得到的最大风速绘制出一条限制风速包络曲线，即是动力定位能力曲线。

动力定位能力图表示平台在指定海况和作业状态下的最大定位能力，也就是平台凭借自身动力系统能克服的最大环境力。从上面的流程中可知，每一个工况计算应该由以下参数来决定：①流速；②风速、有义波高及平均周期之间的关系；③风谱和波浪谱的类型；④需要考虑的推力冗余度。IMCA 规定，动力定位能力图必须通过计算分析得到。这些理论图是通过平台自身的具体结构形式和外界环境的具体情况分析得到的，适合于动力定位系统的作业海域。为了统一和标准化，IMCA 建议动力定位能力图满足以下要求。

(1) 定位能力图应该包括如下几种流速：0kn、1kn 和 2kn 或其他针对该平台的作业环境具有代表性的流速。

(2) 要针对系统"完好无损状态"、"部分推进器失效状态"和"可能发生的最坏状态"三种情况分别给出定位能力图。

(3) 定位能力图应该直观易用，通常采用的是极坐标图的形式。

为了统一动力定位能力的表现形式，IMCA 推荐了一些标准化的做法，以便于在平台之间进行动力定位能力的比较。动力定位能力图使用相似的条件和等效的失效模式描述。应该注意下面的几点：

①定位能力图采用极坐标的形式，风速为 0～50m/s；

②风、波浪和海流假设在同一方向上；

③流速假设为 1kn，并不随水深变化；

④绕平台一周内(360°)应该至少每 15° 确定一个极限风速，这些点之间的曲线可以采用线性近似。

在相同的天气条件下至少要给出两个定位能力图：第一个图是整个动力定位系统在完好无损的情况下，全部推进器能提供需要的最大推力；第二个图是在与第一个图采用相同的比例下，给出最严重的失效情况或它们的组合。图 5-20 为某平台在完好(图 5-20(a))和失效(图 5-20(b))状态下的定位能力图，图 5-20(c)为综合两种状态的结果。

图 5-21(a)为某半潜式平台动力定位系统的布置，图 5-21(b)为该平台完好状态下正常作业的动力定位能力图。其中 A 点表示平台迎浪(180° 艏向)时，推力器最大抵抗环境风速为 37.8m/s；B 点表示平台横浪状态时，动力定位系统最大抵抗风速为 33.0m/s。因为该平台纵向对称，定位能力图也呈左右对称。对于海洋平台而言，因为其结构形式空间较均衡，在动力定位系统设置全方位推进器的情况下，其迎浪和横浪状态下的定位能力差别也不是十分明显。

需要重点指出的是，动力定位能力曲线是一种静态的分析方法，考虑平台推力系统理论上可能产生的推力与外环境载荷静态的平衡，其计算较为粗略，但简便快捷，可在设计阶段初步拟订方案时使用。

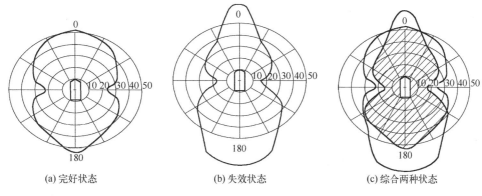

(a) 完好状态　　　　　　　(b) 失效状态　　　　　　(c) 综合两种状态

图 5-20　动力定位能力图

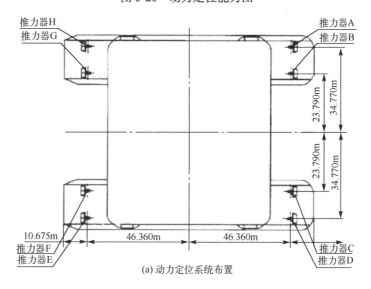

(a) 动力定位系统布置

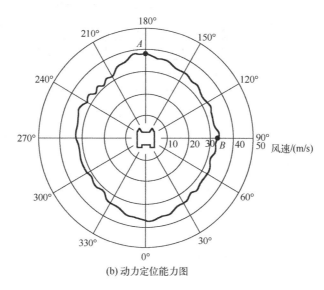

(b) 动力定位能力图

图 5-21　某半潜式平台的动力定位系统布置和定位能力图

5.4.3　平台定位动态模拟

动力定位系统在实际作业过程中，环境载荷、系统推力和平台的运动状态是时刻变化的，需要考虑更多的因素和限制条件。在时域内对平台动力定位系统进行实时运动模拟，是更有效的方法，在动力定位系统设计中十分重要。

建立完整而合理的平台运动数学模型是进行平台响应分析的先决条件。平台在复杂的环境载荷和动力定位系统的联合作用下，时刻处于位置的偏离与纠正的反复循环中。将平台看作一个具有一定质量和质量分布的刚体，利用动力学理论推导平台在随体坐标系中的运动方程。

以一半潜式平台为例，为描述其低频运动，如图 5-22 所示，采用两套坐标系：①空间固定坐标系 $OXYZ$，也称参考坐标系，固定在海平面上，OZ 轴垂直向上，符合右手定则；②平台固定坐标系 $oxyz$，也称动坐标系，它与平台固结，原点在重心位置处并随重心一起运动，但始终平行于固定系。运动方程在平台固定坐标系 $oxyz$ 上求解，对应的 6 个位移分量分别是 $\{x, y, z, \alpha, \beta, \gamma\}$，在参考坐标系 $OXYZ$ 上的运动可通过式(5-79)进行坐标转换：

$$\begin{cases} X = x\sin(\gamma) + y\cos(\gamma) + X_0 \\ Y = y\sin(\gamma) - x\cos(\gamma) + Y_0 \\ Z = z + Z_0 \end{cases} \tag{5-79}$$

式中，X_0、Y_0、Z_0 为两坐标系原点之间坐标差值。

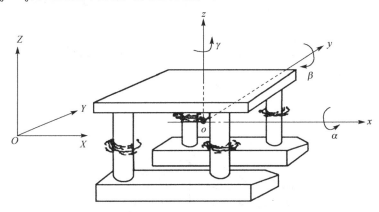

图 5-22　时域分析采用的坐标系

为了简化运动方程，在研究平台运动时，把平台坐标系的原点设在重心处，如此可得到某时刻的运动方程如下：

$$\begin{cases} m(\dot{u} + qw - rv) = F_x \\ m(\dot{v} + ru - pw) = F_y \\ m(\dot{w} + pv - qu) = F_z \\ I_{xx}\dot{p} + qr(I_{zz} - I_{yy}) - \dot{r}I_{zx} = M_x \\ I_{yy}\dot{q} + rp(I_{zz} - I_{yy}) = M_y \\ I_{zz}\dot{r} + pq(I_{yy} - I_{xx}) - \dot{p}I_{zx} = M_z \end{cases} \tag{5-80}$$

式中，u、v、w 为线位移速度；p、q、r 为角位移速度；m 为平台质量，包含流体附加质量；I_{xx}、I_{yy}、I_{zz}、I_{zx} 为质量惯性矩，也包含附加质量部分；F_x、F_y、F_z 分别为 x、y、z 轴方向的外力；M_x、M_y、M_z 分别为 x、y、z 轴方向的外力矩。这里，附加质量处于低频运动下的情况，忽略运动频率对其的影响，只由物体的水下形状决定。

动力定位系统中主要考虑水平面内的三个自由度上的运动，即纵荡、横荡和艏摇，故运动方程可简化成：

$$m(\dot{u} + qw - rv) = F_x$$
$$m(\dot{v} + ru - pw) = F_y \tag{5-81}$$
$$I_{xx}\dot{r} + pq(I_{yy} - I_{xx}) - \dot{p}I_{zx} = M_z$$

平台在海上的运动是由风、海流、一阶波浪力、二阶波浪力以及推力器推力等共同作用引起的。二阶波浪力幅值很大，推力系统不可能平衡抵消，同时由于高频运动仅表现为周期性的振荡而不会导致平均位置的变化，所以在动力定位中为了避免不必要的能量浪费以及推力器的磨损，仅对低频运动加以控制而忽略高频成分。因此在运动模拟中也仅考虑低频运动。

外力矢量 $[F_x\ F_y\ F_z\ M_x\ M_y\ M_z]^{\mathrm{T}}$ 包括环境载荷和推力器推力，如 x 方向：

$$F_x = F_{xw} + F_{xwv} + F_{xc} + F_{xT} + F_{xH} \tag{5-82}$$

式中，F_{xw} 为风载荷；F_{xwv} 为波浪载荷；F_{xc} 为海流载荷；F_{xT} 为推力；F_{xH} 为流体静恢复力。风浪流载荷按照前述方法计算，推力的产生则要经过控制系统模型和推力系统模型。

控制系统的工作任务是根据测量得到的环境信息和位置运动信息计算出定位需要的推力，并合理分配推力指令给各个推力器。动力定位用的控制方法目前已有很多形式，常用的有经典的 PID 控制(比例-积分-微分控制)、LQG 控制(线性随机最优控制)等。在实际定位控制中，控制系统一个主要的功能是对测量信息中的高频成分进行过滤，除去噪声，获得低频部分。由于我们考察的重点在于推力系统，不关心噪声和控制器的滤波功能，在运动模拟模型中通常选择较为简单的 PID 控制器。

控制方式有两种：前反馈和后反馈。环境载荷中风可以做到前反馈，因此在控制系统模型中也要加入风前馈。整个控制系统的形式是一个位置信息的后反馈系统加上风前馈系统。PID 控制器根据位置信息和风载荷，按式(5-83)确定所需推力：

$$F_{xT} = -\boldsymbol{F}_{xe} + c_{xt}\Delta x + b_{xt}\Delta \dot{x} + \frac{i_{xt}}{T_{\mathrm{int}}}\int \Delta x \mathrm{d}t + F_{xwff}$$
$$F_{yT} = -\boldsymbol{F}_{ye} + c_{yt}\Delta x + b_{yt}\Delta \dot{x} + \frac{i_{yt}}{T_{\mathrm{int}}}\int \Delta y \mathrm{d}t + F_{ywff} \tag{5-83}$$
$$M_{zT} = -\boldsymbol{M}_{ze} + c_{\gamma t}\Delta x + b_{\gamma t}\Delta \dot{x} + \frac{i_{\gamma t}}{T_{\mathrm{int}}}\int \Delta \gamma \mathrm{d}t + F_{\gamma wff}$$

式中，$(\boldsymbol{F}_{xe}$、$\boldsymbol{F}_{ye}$、$\boldsymbol{M}_{ze})$ 为平均环境力(力矩)作为已知外力的补偿，如作业引起的力；$(c_{xt}, c_{yt}, c_{\gamma t})$、$(b_{xt}, b_{yt}, b_{\gamma t})$、$(i_{xt}, i_{yt}, i_{\gamma t})$ 分别为比例增益、微分增益和积分增益，由平台特性和控制系统决定；$(\Delta x$、Δy、$\Delta \gamma)$ 分别为平台当前位置与定位要求位置的偏差；$(F_{xwff}$、F_{ywff}、$F_{\gamma wff})$ 为风前馈力(力矩)；T_{int} 为积分时间。

控制器计算出的定位所需推力由不同的推力执行机构配合完成,这就要求控制系统还要有另外一个功能:分配推力给各个推力器,由专门的推力分配逻辑来执行。求解推力分配问题是一个非线性最优化问题,可通过建立问题的目标函数和约束条件的优化方法进行解决,具体求解可参考相关资料。

5.4.4　规范与动力定位系统分级

动力定位系统的主要目的是在一定的外界环境作用下,保持定位目标的位置和艏向在一个很小的变动范围内。为了满足定位能力,系统的各个组成部分应该有一定的可靠性,并且要满足一定的冗余性能要求。

从安全性角度来看可靠性和冗余性,动力定位系统可分为四个子系统,每个子系统可以进一步细分:

(1) 电力系统,包括发电系统、配电系统、激励级等;

(2) 推进系统,包括主螺旋桨、导管推进器、方位推进器等;

(3) 位置控制系统,包括计算机和输入/输出系统、人机界面、不间断电源等;

(4) 传感器系统,包括陀螺仪、位置参考系统、风传感器等。

从底部开始,给定每个基本系统的可靠性,结合每个级别的冗余性考虑,通过统计方法可以算出整个系统的可靠性和可用性。目前比较通用的方法是失效模式和影响分析(Failure Mode and Effect Analysis,FMEA),这是一种定性分析技术,比较系统地分析可能的失效模式,以及对系统、任务和人员的影响。该分析可进一步发展为临界分析,根据可能性及相应的后果来界定故障的级别。

针对一些 IMCA 推荐的作业条件,动力定位平台应在最坏的天气条件下维持足够的安全定位能力,如果不是严重环境情况下的作业,那么这个要求可以不必要。最坏的定位条件因平台而异,一般也是通过 FMEA 进行判别的。对大多数平台来说,最严重的情况是主机舱的失效或半数的主控失效,随之是半数的推进器失效。在此情况下,剩余的推进器应该能使平台保持艏艉向并且能具备横向推力。

对每个平台都应该甄别最严重的定位工况,作为衡量在某种天气下能否作业的标准。需要注意的是,每个平台最严重的定位情况并不是固定的,它会随着平台的方位变化而变化。

动力定位的失效模式和影响分析是动力定位设计的最重要技术文件,其要求源自 IMO(International Maritime Organization,国际海事组织)MSC Circular 645-1994:Guidelines for Vessels with Dynamic Positioning Systems(《动力定位船舶指南》)。这些里程碑式的指南成为船级社或其他工业组织(如 IMCA)出台动力定位规范、规程和其他指导性文件的基础。

根据国际海事组织上述规范,动力定位系统分为三个等级,分别称为一级系统、二级系统和三级系统。

一级系统,指该系统设备没有冗余度,任何单个设备的失效都可能导致平台失去位置。

二级系统,指系统具有冗余度,单个设备的失效不会导致系统失效。主要活动设备的失效(如发电机、推进器、控制板、远程控制阀等的失效)也不会导致平台失位,但系统可能因为线缆、管路、手动控制阀等静态设备的失效而失灵。

三级系统，指单个设备的失效不会导致系统失位，而且系统能抵抗在任一个舱室起火或浸水的严重情况。

对动力定位分级及相关符号简要总结见表5-8，不同船级社的具体情况可能稍有不同。

表 5-8 动力定位系统分级和入级符号

描述	IMO	船级社入级符号		
		ABS	LRS	DNV
在指定的最大设计环境下，能进行手动位置控制和自动艏向控制	—	DPS-0	DP(CM)	DNV-T
在指定的最大设计环境下，能进行自动和手动位置控制和自动艏向控制	一级系统	DPS-1	DP(AM)	DNV-AUT DNV-AUTS
在指定的最大设计环境下，能进行自动和手动位置控制和自动艏向控制。系统具有冗余度，具有 2 个独立的计算机控制系统，单个设备的失效(不包括舱室)不会导致平台失位	二级系统	DPS-2	DP(AA)	DNV-AUTR
在指定的最大设计环境下，能进行自动和手动位置控制和自动艏向控制。系统具有冗余度，具有至少 2 个独立的计算机控制系统和 1 个分离的备份系统，单个设备的失效及任一个舱室的失控不会导致平台失位	三级系统	DPS-3	DP(AAA)	DNV-AUTRO

根据 IMO 的相关要求，所有动力定位系统要根据规程进行跟踪调查和测试。这些调查测试既包括单次的，也包括周期性的，测试针对具有某安全级别的单个设备失效后整个动力定位系统中所有其他设备。

练 习 题

1．单点系泊系统的特点和类型有哪些?

2．简述悬链线式与张紧式系泊的区别和适应范围。

3．某半潜式生产平台工作于中国南海，作业水深为 1000m，请据此简要提出系泊系统的设计思路，计算分析及校核的方法。

4．简述张力腿系泊的工作特点和设计要求。

5．简述动力定位能力分析的目的和方法。

6．哪些环境载荷对动力定位系统推力分配比较重要?

7．如果采用锚泊-动力定位的复合系统，如何制定两个系统的设计指标?

8．半潜式平台动力定位推力器布置有何考虑?

9．简述系泊系统与海洋平台结构疲劳分析方法之间的差别。

10．系泊线疲劳破坏的类型及处理办法有哪些?

11．系泊线疲劳寿命的计算方法有哪些? 简述各自的适用范围。

12．对单个系泊系统进行设计分析时，通常需要考虑哪些分析条件?

13．在不同系泊分析条件下的安全系数是如何定义的?

14．多点系泊系统与单点系泊系统在频域内进行强度分析时有何不同?

第6章 海洋立管设计与分析

浮式平台与固定式平台的立管系统有重大差别，浅水立管用管卡固定在导管架上，水动力、冰或地震载荷等作用分析与导管架一起考虑，一般为静态立管；而浮式平台系统中的立管全由自身结构承受水动力与重力作用，两者在强度设计与变形控制问题上的理论方法和设计准则均不相同。浮式平台的立管设计与分析主要包括以下几方面：管料选取、尺寸和形状的确定、静态设计和动态设计、应力与应变分析、涡激振动(Vortex-Induced Vibration，VIV)分析、疲劳分析、碰撞分析、安装分析等。立管系统设计应满足当地政府政策法规及其规范要求，在满足安装、功能和运行要求的前提下，选择最简单、成本最低的类型。

本章首先介绍海洋工程中广泛应用的典型生产立管的形式，进而叙述立管设计基础资料、设计阶段与分析内容等设计基础原理，并详细阐述了美国石油协会(American Petroleum Institute，API)及挪威船级社(DNV)关于立管规范设计的校核方法，最后针对钻井立管设计阐述其规范要求、环境条件以及分析方法。

6.1 典型生产立管

目前深水油气田开发中广泛采用并经过油田现场验证的立管包括钻井立管与生产立管，其中生产立管形式主要包括钢悬链立管、柔性立管、顶部张紧式立管及混合式立管。本节详细叙述以上生产立管各形式的优缺点，为立管设计选型奠定基础。

6.1.1 钢悬链立管

钢悬链立管(SCR)是生产立管设计的首选。与其他立管形式相比，其具有以下优点：①外形简单、易于建造安装，钢质管材有较高的性价比；②通过柔性接头等方式直接连接并悬挂在平台外侧，节省占用空间，且无须提供额外的张紧力；③耐高温高压，适于深水环境。

钢悬链立管顶端与浮式平台相连，底端连接海底井口，在重力和浮力作用下呈现悬链线状。顶部通过应力节或柔性接头以某一悬挂角自由悬挂连接在浮式生产平台上，中间以悬链线形式自由过渡到海床，另一端则通过管道终端(Pipeline End Termination，PLET)/管汇终端(Pipeline End Manifold，PLEM)直接与水下生产系统相连接，并不需要海底应力接头或柔性接头，从而使水下施工量和难度都得到了明显的降低。

钢悬链立管自顶端自由悬挂到底部触地点，触地区立管埋置在沟槽中，在其后，立管静置在海床表面上，可以看作静止的管线。因此钢悬链立管一般可以分为三部分，如图6-1所示。

(1) 悬垂段：此处立管呈悬链线形式自由悬挂。

(2) 埋置段：此处立管位于触地区沟槽中。

(3) 拖地段：此处立管静置在海床上。

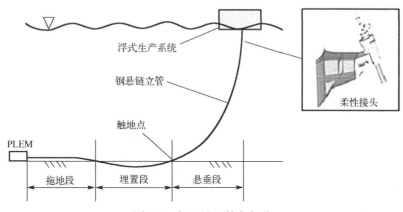

图 6-1　钢悬链立管各部分

浮式平台在环境载荷作用下产生的较大运动响应(包括一阶波频响应和二阶低频响应)会诱导立管运动，浮式平台的运动会带动立管做升沉运动，立管与海床反复接触与分离，从而形成触地区域，平台波频运动是造成立管疲劳的重要原因。钢悬链立管的运动是大位移非线性动力学问题，触地区域对平台运动比较敏感，疲劳损伤严重，这是简单钢悬链立管存在的主要问题，因此一般只适用于 SPAR、TLP 等运动性能较好的平台。

钢悬链立管的疲劳损伤可能发生在立管上的每一个部位，因此需要立管的生产材料和焊接工艺进行严格的控制。钢悬链立管受到的疲劳交变载荷来自于浪流载荷以及涡激振动载荷。SCR 的疲劳敏感区域包括海底触地区域和立管上部与浮体结构相连接的部分。在 SCR 的设计中，立管疲劳测试是必要的，同时需要考虑相关的工程经验和选择有效的 S-N 曲线。

在钢悬链立管和海床界面的设计中，触地点的偏移问题和挖沟的实施方案一直没有很好地解决。尽管开展了大尺度的模型实验研究，但至今还没有在实际工程中验证该结果的准确性。另外，为了避免由于热膨胀导致立管纵向伸缩产生的载荷对立管的影响，通常采用锚来保证立管和管线的长期稳性。

从 1994 年壳牌公司在墨西哥湾 872m 水深安装了世界上第一条钢悬链立管开始，为了适应不同水深的需要，钢悬链立管的概念被不断地发展和延伸。经过多年的发展，已经出现了四种基本形式的钢悬链立管——简单悬链线立管、浮力波或缓波立管(Buoyant Wave/Lazy Wave Riser)、陡波立管(Steep Wave Riser)和 L 形立管(Bottom Weighted Riser/L Riser)，如图 6-2 所示。

简单悬链线立管与浮式结构通过柔性接头连接，自由悬挂在平台外侧，悬浮部分的弯曲长度接近 90°，水平地与海底接触，在与海底接触之前有一部分是悬浮的，这段长度会随着浮体位置的变化而变化，实际的长度由浮体的漂移位置来决定。

浮力波或缓波立管与简单悬链线立管很相似，缓弓形部分由浮力支撑。其线形与海底接触之前为"弓"形，与海底接触时是水平的。

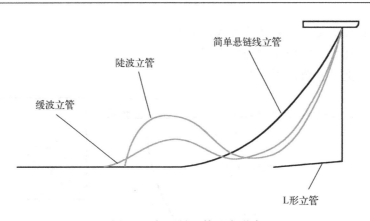

图 6-2　钢悬链立管基本形式

陡波立管需要浮力来支撑"弓"形部分,与其他类型的钢悬链线立管不同的是,其与海底接触时不再是水平,而是垂直于海底表面;而且与海底的接触点是固定的,不像其他的立管形式可以移动。

L 形立管由通过刚臂和弯曲点连接的垂直和水平的两段组成,也需要浮力装置,水平段的材料是钛,一端弯曲与竖直向立管相连,另一端连接其他管线。水平段立管保持平衡需要小部分浮力,刚臂柱的系缆可以保证竖直段立管的稳定性。

简单地从悬链线形式的角度来看,由于简单悬链线立管可供适用浮体运动的悬链线长度有限制,故该立管形式主要适用于浮体平移运动较小的张力腿平台及 SPAR 平台,而对浮体平移运动较大的 FPSO 并不适用。缓波立管与陡波立管等悬链线立管对船体平移运动具有更大的顺应性,而且更容易适应浮体结构大的慢漂运动,因此对于张力腿平台、SPAR 平台及 FPSO 均可以适用;而且由浮力材来实现的缓波和陡波减小了立管的顶部张力,能适用更深的水深。L 形立管较波形立管及简单悬链线立管而言,可以适应更大的船体运动,承受更大的流体载荷,特别适用于连接在浅水中大直径出油的 FPSO。

6.1.2　柔性立管

柔性立管是海洋立道中的一种重要类型。与其他管道产品相比,柔性立管的管材主要是多层复合管状结构物,具有弯曲刚度小、结构布置形式灵活、顺应性强、与平台耦合弱、安装与回收成本低等优点。柔性立管在挪威北海、巴西海域及美国墨西哥湾等恶劣海况的深海油气田中被广泛运用。

柔性管根据制造工艺可分为黏结柔性管(Bonded Flexible Pipe)和非黏结柔性管(Unbonded Flexible Pipe)。黏结柔性管的制造因硫化工艺而使长度受到限制,不适于用作动态立管。非黏结柔性管可制造成几百米甚至几千米,且便于依用户要求而增减结构层的数目,是目前柔性立管的主流结构形式。

1. 非黏结柔性管的组成

非黏结柔性管是一种多层复合管状结构物,由多种金属与聚酯材料层叠加制成。一个典型的 6 层柔性管截面包括内锁骨架层(Interlocked Carcass)、内压护套层(Internal Pressure

Sheath) 、内锁压力铠装层 (Interlocked Pressure Armor) 、内外抗磨层 (Inner & Outer Anti-wear Tape)、内外拉伸铠装层 (Inner & outer Tensile Armor)、外护套层 (Outer Sheath)。各层名称、材料与功能如图 6-3 所示。

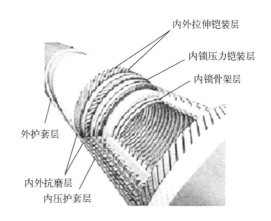

图 6-3　典型非黏结柔性管截面名称、材料与功能

内锁骨架层是由一条截面为 S 形的连续长钢条经塑性成形制成的内部自锁柔性结构。其自锁结构如图 6-4 所示,该层是柔性立管的主要支撑结构,承受内外部的径向载荷,防止立管因径向变形而发生塌陷等结构失效。

图 6-4　非黏结柔性管内锁骨架层自锁结构

内压护套层是由聚合材料经拉伸工艺制造的,位于内锁骨架层和内锁压力铠装层之间,起到隔离防渗的作用。

内锁压力铠装层是由两条 C 形或 Z 形钢带沿着与管轴近 90°方向缠绕而成的互锁结构层。该层可增强柔性立管的内外压承载能力,且能够承受周向载荷。但是该层对轴向载荷和弯曲载荷的承载能力较弱,其形式如图 6-5 所示。

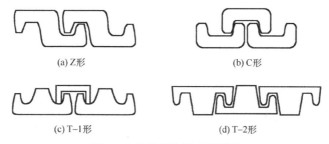

图 6-5　内锁压力层自锁形式

内外抗磨层采用非金属材料胶带缠绕而成。置于两金属结构层之间,主要用于降低磨损和擦伤,提高立管的疲劳寿命。

内外拉伸铠装层是由一定数量的长条形高强度碳钢钢缆螺旋缠绕组成的,用于提供轴向强度,承受因柔性立管自重、外部动载荷和安装期间的拉力载荷等引起的轴向力。由于螺旋缠绕结构具有明显的不对称性,因此,主要承载功能层一般采用双向缠绕的双层结构,以减小柔性立管的不对称性并增加抗扭能力。

外护套层是立管与外部环境的交界层,主要功能为抗腐防漏。

2. 辅助设备

除了柔性管材本身以外,组成柔性立管系统的还有许多重要的辅助设备。

1) 端部接头(End Fitting)

柔性立管与固定末端的连接或柔性管段之间的连接会成为一个具有潜在劣势的区域，需要进行特别的设计。端部接头是柔性立管的重要构件，如图 6-6 所示，其安装方法主要是机械方法，用楔形装置插入终端部件中，并用环氧接合剂填满缝隙。对于每一个柔性管的接合器都需要进行独立的设计校核。端部接头以 AISI4130 低合金钢为主，其装配过程需要部分手工完成。

2) 浮力模块(Buoyancy Modules)

浮力模块用以调整柔性管浮力以改变布置形式，如图 6-7 所示。

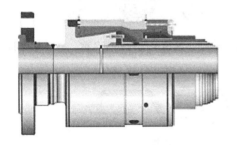

图 6-6　端部接头　　　　　　　　　　　图 6-7　浮力模块

3) 弯曲加强杆(Bend Stiffener)

弯曲加强杆是动态立管十分必要的辅助构件，一般为采用聚酯材料制作的锥形构件，用以将弯矩从端部构件上转移，如图 6-8 所示。

4) 弯曲限制器(Bend Restrictor)。

弯曲限制器如图 6-9 所示，它一般用在连接处或者弯曲段，采用聚酯材料制作，用以防止弯曲角度过大。

图 6-8　弯曲加强杆　　　　　　　　　　图 6-9　弯曲限制器

3. 非黏结柔性管构型与特点

柔性管应用十分广泛，既可用于深水环境中的动态立管，也可用于连接海洋平台上部浮体之间的跨接软管，还可用于海底管道及海底静态输油管，等等。柔性立管系统的布置形式有多种，其布置构型需要根据产品要求、当地海洋环境条件和土壤条件进行分析考虑，具体需要考虑如下因素：整体的形状和性能，结构连续性、完整性及刚性，柔性管的横剖面属性，柔性管支撑方式，柔性管材料，柔性管成本。图 6-10 中列出了目前柔性立管系统的几种主要布置形式。

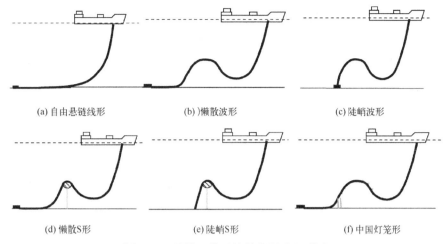

(a) 自由悬链线形   (b) 懒散波形   (c) 陡峭波形

(d) 懒散S形   (e) 陡峭S形   (f) 中国灯笼形

图 6-10　柔性立管系统的常见布置形式

自由悬链线形是柔性立管最基本的布置形式，其优点是对海底基础设施要求少、安装简便廉价，但该种布置形式的船体运动可能会对触地点产生影响。当船体运动剧烈时，立管系统的触地点可能受到屈曲压力，产生破坏。随着水深的增加，立管长度和重量的增加也会使得柔性立管的顶部张力需求增大。

懒散波形和陡峭波形这两种形式采用波浪形式的立管布置，重力和浮力共同作用于立管上，从而解耦了立管触地点与海洋平台的运动关系。懒散波形相对于陡峭波形需要的海底基础设施更少，但若在立管作业期间管内流体密度发生改变，懒散波形的布置形状易发生改变，而陡峭波形具有较好的海底基础和弯曲加强器，则不容易发生变形。浮力模块由合成塑料支撑，具有较低的流体分离特性。浮力模块夹紧在柔性管上，以避免脱离使得柔性管布置形式发生改变。浮力模块在一定时间后会发生浮力损失，所设计的波形布置结构要能顺应浮力损失。

懒散 S 形和陡峭 S 形的系统布置须在海底安装一个固定的支撑体或者浮力装置，该支撑固定在海底结构物上，通过钢缆定位浮力块。这一方法可以有效解决触地点的接触问题，使触地点运动引起很小的顶部张力变化。

中国灯笼形因形似中国灯笼而得名，与陡峭波形类似，中国灯笼形系统通过锚控制触地点，立管的张力传递给锚，而不是触地点。此外，这种布置形式的立管系到位于浮体下面的井口，使得井口受到其他船舶干扰的可能性减小。该布置方法可适应流体密度的大范围变化和浮式结构物的运动，而不发生布置结构形状的大幅度改变，也不会引起管结构的高应力，但其安装过程复杂、成本高，一般只在集中布置形式无法使用时才进行考虑。

6.1.3　顶部张紧式立管

顶部张紧式立管(Top Tension Risers，TTR)连接水下生产系统与动力浮式生产设施，一般用于干式采油树生产设施。与其他类型的立管相比，顶部张紧式立管在顶部有张力的作用，通过张力支撑立管重力，防止底部压缩，限制 VIV 损坏和邻近立管间的碰撞。顶部张紧式立管作为深海油气田开发的立管类型之一，其优势是其他类型的立管难以媲美的，因此仍然具备很好的适用性，在海洋油气田的开发中得到了广泛的应用。

用于 SPAR 平台和张力腿平台的顶部张紧式立管如图 6-11 所示。顶部张紧式立管可进行完井操作，不需使用单独的钻井架进行油井检修工作，可完成生产、回注、钻井和外输等功能。此外，对于一些为了保证油田生产正常所必需的装置而言，如立管的检测系统、气举、加热保温系统、溶解剂注入管线等，在顶部张紧式立管系统上都较易实现安装。

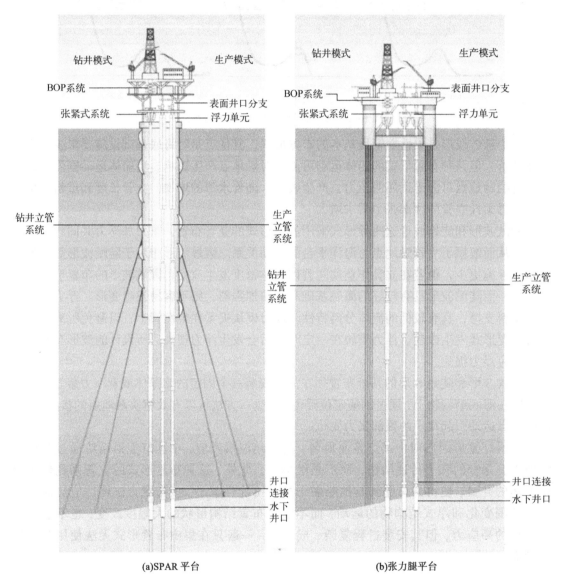

图 6-11　用于 SPAR 平台和张力腿平台的顶部张紧式立管结构示意图

顶部张紧式立管主要优点是：可以使用水上采油树与 BOP 系统，疲劳性能好，可以实现生产、钻井的一体化，方便检修。

当然，顶部张紧式立管在具备上述优点的同时，同样具有以下几个缺点：对平台运动要求较高，要求平台具有良好的运动性能，尤其是垂荡；造价比较昂贵；需要很多配套的连接装置；需要很多监测系统；在超深水的应用中存在诸多技术挑战。

随着立管应用走向深水，顶部张紧式立管及其相关设备在设计、安装、整体分析等方面都迎来巨大挑战。顶部张紧式立管设计问题包括高温高压引起的壁厚增大，顶部张力、平台有效载荷的损失，张紧器行程等众多方面；安装问题包括吊装能力、安装 VIV 和底部与井口的连接等；水深的增加还带来了立管与平台的耦合效应，不可忽视。

1) 顶部张力

随着水深的增加，海底压力增大，为防止立管压溃或爆裂，需将立管主体壁厚加大。另外，深水中常出现高温高压情况，也需要增大立管壁厚。为防止立管轴向受压(负张力)的发生，还要保持 1.2～1.6 的顶部张紧系数。因此，超深水意味着立管主体重量增大，需要更大的顶部张力，这对顶部张紧装置有更高的要求。

2) 张紧器行程

目前顶部张紧式立管的顶部张紧装置主要采用的是液压式张紧器，张紧器的行程随着平台的偏移及垂荡而改变。水越深，平台的漂移可能越大，张紧器的行程越大，这意味着张紧器的制造更加困难。对液压式张紧器来说，其屈曲可能是限制因素之一。

3) 平台有效载荷

顶部张紧式立管的高顶部张力会损失平台的有效载荷。为缓解该情况发生，需要在立管外添加浮力材，或使用高强度材料，这会增加顶部张紧式立管造价。

4) 立管干涉

顶部张紧式立管之间的干涉问题主要是由海流流速高、尾涡效应、VIV 引起的拖曳力放大等因素造成的。顶部张紧系数越大，越有利于 VIV 的防治。干涉分析目的是防止相邻的管线发生碰撞，需要合理设计顶部张紧式立管的顶部张力、井台的布置以及井口分布等。随着水深增大，立管更细长柔软，为防止干涉发生，对上述几个参数的设计要求更为严格。

5) 张紧器的滞滑现象

张紧器的滞滑现象主要由摩擦力引起，这一现象对立管与平台非常重要，因为摩擦载荷会直接传递给立管，并影响平台的运动响应预报。目前对张紧器摩擦力的控制主要基于陆上试验，急需进行张紧器摩擦机制的全尺度测量。

6) 吊载能力

顶部张紧式立管重量的增加需要具有更大吊载能力的吊装设备，或采用浮力材进行补偿。

7) 安装期间立管 VIV

顶部张紧式立管在进行安装时为自由悬挂状态，相对于在位的张紧状态，立管的固有频率较低，这对涡激振动的抑制是不利的。随着水深的增加，立管的固有频率和 VIV 临界流速都是降低的，这为深水立管的安装带来更大困难。

8) 底部漂移

顶部张紧式立管安装时，平台的运动及海流会引起立管底部不断运动。水深的增加和平台运动都会导致底部运动更加剧烈，将立管与井口相连的难度增大。

9) 平台运动

立管运动与平台运动是互相耦合的。平台的运动会影响立管的响应，而立管的数量、立管的动态运动和张紧器的摩擦力，都会影响平台的运动，水深的增加使它们之间的耦合效应更明显。因此，对于超深水的情况，需要更准确地捕捉并预报立管与浮式平台之间的耦合效应。

6.1.4　混合式立管

混合式立管也称塔式立管或自由站立式立管，因其特殊的结构布置，始终保持对浮体运动和刚性立管之间具有良好的解耦作用，在墨西哥湾、西非海域及巴西海域等水深超过1500m 和 2300m 的深水与超深水油气田开发项目中得到了大量应用。

混合式立管是以钢质立管为主体，通过柔性跨接软管将浮式平台与立管上方鹅脖装置连接在一起的立管系统。鹅脖装置处于立管顶部，用于由垂直立管向跨接软管传输油气。根据鹅脖装置和浮力筒相对位置的不同，混合式立管分为两类：分离式混合式立管和整体式混合式立管，图 6-12 为两种形式的混合式立管总体结构示意图。分离式混合式立管是指垂直立管与浮力筒分离的立管系统形式，该方案通过系泊链或其他柔性连接装置连接浮力筒，跨接软管与鹅脖装置相连。由于立管并不穿过浮力筒，鹅脖装置处于浮力筒下方。整体式混合式立管是指垂直立管穿过浮力筒的立管系统形式，该系统的跨接软管与立管顶部的鹅脖装置相连，此时鹅脖装置处于浮力筒上方。

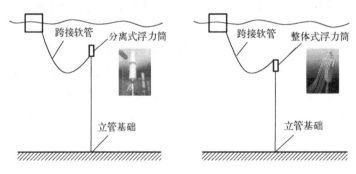

图 6-12　混合式立管总体结构示意图

1. 混合式立管的优缺点

混合式立管作为深海油气田开发的立管类型之一，主要具有以下优点：

(1) 在海上浮体没有到达目标油气田之前，可以预先对其进行安装；

(2) 立管顶部浮力筒位于海平面以下，立管系统受海上风浪的影响较小；

(3) 通过跨接软管与海上浮体相连，浮体运动对立管主体的影响较小；

(4) 立管的自身重量全部由顶部浮力筒提供的张力来承担，减小了对生产平台的浮力要求；

(5) 在风浪条件下，可以实现快速解脱；

(6) 自由站立式立管的疲劳寿命较高；

(7) 对于油气田的外扩适应能力较强。

当然，混合式立管在具备上述优点的同时，同样具有以下缺点：

(1) 设计经验缺乏；

(2) 造价比较昂贵；

(3) 需要很多配套的连接装置；

(4) 需要很多监测系统。

2. 混合式立管设计建造概述

1) 疲劳损伤

混合式立管在运行期间的疲劳损伤很小，疲劳主要发生在浮拖过程中。拖运期间的疲劳损伤往往发生在混合式立管下部；而运行期间疲劳损伤则容易发生在锥形连接处，即立管与浮筒之间的连接处。

2) 立管与海底基座的连接

通常混合式立管的现场布设方案比 SCR 更简单。混合式立管和海底连接器设计相对于 SCR 包含更多的部分，包括混合式立管基础及其伸缩接头、与管线系统的双向接头以及无潜连接等。这些组件虽然影响立管的制造和安装，但其相关生产技术已经成熟，工程中容易实现。

3) 立管与海上浮体的连接

混合式立管对浮式结构的悬挂载荷比较小，这对于张力腿平台或半潜式平台而言，是一个显著的优点。因为混合式立管是垂直的自支撑结构，传递给浮式生产结构的顶端张力被降低几千吨，同时，这将影响系泊系统和浮体承载能力的设计。当恶劣的海况出现时，混合式立管的跨接软管可以连接在半潜式平台的中央井内。

4) 生产材料的采购

混合式立管的采购包括大量的部件，大部分的部件与工业标准一致，不需要进行非标准的质量控制。由于需要兼顾浮力和保温性能，因此复合泡沫塑料的采购在以前是一个关键环节，但是，在最近的设计中，复合泡沫塑料不再兼顾保温的性能，并且在一些设计中采用顶部浮力筒的设计形式，因此对复合泡沫塑料的要求有所降低。对于钢悬链立管部件的采购，其材料必须进行严格的质量控制，以保证能够承受高疲劳载荷。

5) 生产制造

混合式立管的制造通常在岸上工厂中完成，岸上施工的良好环境给质量控制提供了好的条件。混合式立管不需要特殊的制造技术，可以利用油田区域内合适的制造厂进行生产，使利润最大化。当然，制造厂需要满足一些特殊的要求，即必须有受保护海域的直接入口和合适的距离，以及好的物流条件。生产时，钢质立管部件和安装设备的连接需要重点考虑，以保证管线的完整性。任何两个系统的接触点必须进行尺寸兼容性、静力和动力载荷、材料的检测。焊接的质量必须达到最高的标准，以此来控制疲劳损伤。

6) 安装

混合式立管和钢悬链立管的安装都被认为是关键性的操作，同时也是项目中存在的风险部分。就混合式立管的详细安装工程而言，由于较多地采用了拖航模式，因此安装过程短降低了安装过程的风险，并且安装过程不需要大量的专业船只，仅需要高标准的拖船就可以进行操作。混合式立管的完整安装过程中也必须考虑立管海底锚与立管和海底管线双向接头的安装。由于混合式立管的安装先于海上浮体，因此可以在较短的时间内投入生产。就钢悬链立管而言，完整的安装通常被认为是铺管操作的延伸，其组合生产、安装比较复杂,风险概率比较高。

7) 生产运行性能

系统可靠性直接关系到检测、维护和修复工作。钢悬链立管对于动力疲劳载荷比较敏感,而混合式立管有较多的部件存在潜在的风险。在没有现场统计的条件下,对系统可靠性的确定是困难的。由于混合式立管采用了集束概念,并且是垂直站立,其检测操作比 SCR 更有效。就油气田扩张而言,混合式立管提供了整合多余立管的可能性,这将比 SCR 需要的基础发展更有竞争优势。此外,对于一些为了保证油气田生产正常所必需的装置而言,如立管的检测系统、气举、加热保温系统、溶解剂注入管线等,在混合式立管系统上较易实现安装,但是对于采用了钢悬链立管的油气田,这些设备的安装将使油气田的布局变得复杂。

8) 费用

和钢悬链立管相比,水深 1000m 以上的混合式立管系统往往是比较昂贵的方案,SCR 系统一般可以降低 20% 的价格。在对已有的一些工程案例进行比较后发现,混合式立管的一半费用是用于采购,而 SCR 的主要费用是安装。随着海洋油气田开发水深的不断增加,SCR 受到的压力和需要的顶端拉力也在不断增加,其费用也相应地随之增加,主要还是在安装上。顶部拉力的增加将对 TLP 或半潜式平台的悬挂设备起到相反的作用。对于混合式立管,可以通过调整立管的数量来满足要求。例如,一个 16in(1in=2.54cm) 的立管在 1500m 的水深将需要 6000kN 的张力,这显然限制了安装条件并增加了安装费用。如果使用两根 12in 的立管来代替一根 16in 的立管,则顶部需要的张力降到 3750kN,只要使用合适的船只就可以进行安装。当然,这将增加采购的费用,但是由于降低了潜在的安装费用,仍将总费用降低。对于 SCR,由于水深的增加需要更大的顶部拉力,由此带来了相关安装费用的增加而形成了该转折点。对于典型的 SCR,该转折点发生在 1800m 水深处。对于混合式立管,也有同样的转折,原因是复合泡沫塑料的设计需求随水深的增加而发生改变,转折点预计发生在 2500m 水深处。

6.2 立管的设计基础

6.2.1 设计基础资料

设计基础文件(Design Basic Document, DBD)提供了立管管理、立管系统设计的方法和步骤,重点控制设计的改变。设计基础文件的目的是提供基本原理、一系列一致的数据、用于指定工程开发的合理要求和设计。设计基础文件是立管设计的基础,它将在整个工程过程中随着设计数据的增加而不断地被检查和更新。当设计数据发生变化时,应向客户递交变动请求,并获得批准。

典型的立管设计基础资料应该至少包括如下内容。

(1) 系统描述和功能需求:描述立管系统的构型和关键部件,详细说明工程设计的总体要求。这部分也指当立管的设计数据变化时设计机构不同小组间的管理方法。

(2) 设计和分析要求:指经认真考虑过的负荷条件和评定立管响应的标准。

(3) 设计数据：提供立管系统的相关数据，包括但并不仅限于如下内容。

① 油田布置和位置数据；

② 系统设计寿命和油井生产数据；

③ 管道和立管数据；

④ 水面结构数据和运动(仅用于立管设计)；

⑤ 海洋、地质数据和土壤数据；

⑥ 压力和温度数据；

⑦ 负荷情况(压力、流体含量、环境标准)；

⑧ 立管工艺参数(管径、管道压力、输送介质密度和温度，以及保温层厚度等)；

⑨ 立管防腐设计参数(管内和管外防腐措施、管内腐蚀裕量、管外防腐涂层和牺牲阳极块参数)。

(4) 除设计数据外，也应包括生产系统各部件间关键设计接口设备的鉴定。

6.2.2　设计阶段与内容

1. 设计阶段

海洋立管的设计通常按以下的步骤进行。

(1) 概念设计：该阶段的主要目的是确定技术可行性，确定下一设计阶段所需的信息，进行资本和进度估计，常称为"方案选择"。

(2) 基本设计：该阶段的主要任务是进行材料选择和壁厚确定、确定立管的尺寸、执行设计规范校核、准备授权应用。基本方案需要在这个阶段定稿，也称为"确定阶段"。

(3) 详细设计：该阶段的所有设计工作需要足够详细，以便进行采购和制造。而且，工程过程、说明书、测试、勘测和制图等工作需要全面开展，这个阶段也称为"执行阶段"。

表 6-1 显示了设计中不同阶段的关键点。

表 6-1　典型立管设计不同阶段的关键点

阶段	描述	关键点
概念设计	确定可行的立管工程概念和构造,同时要考虑海洋环境和客户的要求	1. 找出具有可行性的立管构造； 2. 主要布局和干扰分析； 3. 海底工程和船体设计的干扰
基本设计	用于确定横截面和辅助设施的基本属性,并且为确定立管总体概念的基础提供分析指导	1. 横截面设计和辅助设施设计； 2. 强度和疲劳设计； 3. 动态分析； 4. 触地点分析，特别是对钢悬链立管； 5. 安装工程； 6. 管线和辅助设施的采购
详细设计	为满足系统的强度和疲劳的要求进行分析	1. 强度分析； 2. 涡激振动和波浪疲劳分析； 3. 合格检测、S-N 曲线； 4. 安装分析

2. 设计内容

立管设计的主要目的是以设计基本数据(如设计压力和温度、油田数据和产品处理数据)为基础确定最优化的立管设计参数。在设计中,下列参数最重要。

(1) 基于流动保障性分析的立管尺寸(内径)。

(2) 基于管道存在性、成本和焊接的管道材料等级(如 API 5L 管、CRA 管、表面镀层管、衬管)。

(3) 基于设计标准的管壁厚度确定(如压力负荷计算、强度校核)。

(4) 管道路径选择、立管顶部和海底布置(如管道排列图、立管悬挂系统)。

(5) 立管长度。

(6) 管道覆层的类型和厚度(如抗侵蚀覆层、重力覆层、绝热覆层)。

(7) 管道阴极保护系统(如牺牲阳极类型、数量、与管道连接装置)。

一般来说,立管是一个交互式的过程,这些参数要与平台系统和其他管线的设计统一考虑确定。

立管整体设计分析准则如下。

(1) 轴向拉伸准则:立管在位运行过程中,其轴向受拉不超过其最大允许拉伸力。对于柔性立管中的黏结柔性管,其局部结构失效分析较为复杂,通常通过实验测定其所允许的最大拉伸力。而对于非黏结柔性管,其拉伸失效主要由销装层材料强度决定。

(2) 弯曲变形准则:对于某些立管,其长度有限,最大张力不会很大,弯曲变形将会是其主要的失效形式。综合考虑立管局部结构受力、变形及管道屈曲等因素,立管在整体设计分析过程中需要考虑在一定安全系数的情况下,其最大弯曲半径必须满足一定设计要求。

(3) 干涉碰撞准则:立管系统所处空间相对狭小,故立管之间、立管与系泊锚链及立管与海床等碰撞干涉的风险较大,通常需要校核立管在动态应用过程中与其他物体的间距不能小于其规定的许可值。

(4) 疲劳寿命准则:立管线性设计需要考虑载荷长期作用对管道的损伤,需要通过对立管系统的整体疲劳寿命进行估计,以校核立管系统是否满足系统寿命要求。

3. 管材选择原则

海洋立管最常用的材料是从碳钢(如美国石油协会 API-5L 规格,等级为 X52-X70 或更高)到特种合金钢的管材,其成本、抗侵蚀能力、重量要求、可焊接性等因素决定了材料的选择。

钢材的等级越高,单位体积(重量)的价格越高。然而,随着高等级钢材生产成本的降低,海洋工业的总体趋势是使用高等级的钢材。

材料选择是海洋立管设计的关键要素。此外,材料选择还与制造、安装、运行成本有关系。

管道材料级别的选择具有下述成本。

1) 管道预制

钢材的成本随着级别的增高而增高。然而,级别增高将允许降低管道壁厚,因此使用高钢级管道与低钢级管道相比，制造成本将总体降低。

2) 安装

高级别钢焊接困难，因此高钢级敷设速度比低钢级低。然而，如果管道在非常深的水中，且船在最大敷设张力状态下敷设，则用高级别钢更合适，因为管道重量降低将导致敷设张力降低。总的来说，从安装的角度考虑，低钢级安装成本较低。

3) 运行

由于管道所运输的产品不同，因此管道可能会遭受内部腐蚀、内部冲蚀、H_2S 导致的腐蚀。这一部分设计将通过材料的选择和运行程序的改进(即通过使用化学缓蚀剂)来避免腐蚀缺陷的产生。

基于过去二十多年管道设计的经验和管线管制造与焊接的技术，材料级别的优化被严格地进行着。材料级别优化要求在制造和安装成本最小化的前提下，保证运行需求。由于材料级别选择对管道运行寿命具有重大影响，因此运营者通常会参与材料级别的最后选择。

6.2.3 在位分析与疲劳分析

1. 在位分析

在位分析指模拟立管的工作状态来进行的力学分析，在位分析贯穿了立管的整个设计阶段，它可以包括一些连续的负荷情况。

(1) 安装阶段。

(2) 压力测试阶段(充水和水压测试)。

(3) 运行阶段(产品输送、设计压力和温度)。

(4) 关闭、冷却循环阶段。

(5) 侧向屈曲阶段。

(6) 承受动态环境载荷阶段。

(7) 承受冲击载荷阶段(如捕鱼设备、坠落物体等)。

(8) 浮式装置的运动对立管动力性能的影响等。

在位分析可以分为静力分析和动力分析两大部分，各自分析的内容如下。

(1) 静力分析：对于立管系统，静力分析可以确定立管的整体结构构型，如顶端悬挂角度、立管总长度、触地点等设计参数，这些工作可以通过使用通用有限元软件或者专用立管分析软件来完成。

(2) 动力分析：动力分析通常研究立管系统的非线性动力响应，对于立管系统，由于浮式装置的运动、动力环境条件(风、波浪、海流)的作用，动力影响始终存在。立管系统的响应可由非线性动力分析来确定，在立管的有限元分析中，应该特别注意材料非线性、几何非线性和边界非线性等因素的存在和影响。

2. 疲劳分析

立管作为连接海上浮体与海底油井的通道，承受着较大的变载荷作用，容易发生疲劳破坏导致漏油。结构破坏将导致严重的生产事故、财产损失及环境破坏。为减少或避免此类事故的发生，有必要对立管疲劳破坏产生的原因、疲劳计算的方法、预防疲劳破坏产生的措施等进行深入的研究。

值得注意的是，钢悬链立管下端与井口相连部分至悬垂段部分之间与海床相互接触的区域叫作触地段，该段因立管顶端在外部激励的作用下，与海床土体循环接触，承受较大的交变应力变化，尤其是触地段与悬挂段的交点——触地点更是成为立管疲劳损伤分析的重点区域。

1) 立管疲劳破坏的成因

(1) 浮体运动：对立管产生疲劳损伤的平台运动可分为一阶运动和二阶运动。一阶运动是波浪直接作用在平台上引起的平台运动；二阶运动是由风为主要载荷产生的平台慢漂运动。与一阶运动相比，二阶运动具有频率低、周期长的特性。因此，又称一阶运动为高频运动，二阶运动为低频运动。

(2) 涡激振动(VIV)：涡激振动是在一定速度的来流中，由物体背后交替泻涡导致的脉动压力而引起的结构振动。

(3) 涡激运动(VIM)：深吃水平台(如 SPAR 平台)在强流作用下引起漩涡脱落，从而产生大幅的水平运动。涡激运动是涡激振动的一个特例，它的响应幅值很大、周期较长。

2) 疲劳分析方法

疲劳破坏在微观层次上是一个极其复杂的过程，很难用严格的理论方法进行描述，目前针对工程结构的疲劳分析方法主要可分为两大类：基于 S-N 曲线和 Miner 线性疲劳累积损伤理论的疲劳累积损伤方法，简称 S-N 曲线法；基于 Paris 疲劳裂纹扩展准则的断裂力学方法，简称断裂力学法。S-N 曲线法考虑了不同材料的疲劳特性、构件尺寸、表面状况等因素，采用应力循环范围来描述疲劳破坏的总寿命并结合 Miner 线性疲劳累积损伤理论估算结构疲劳寿命，可以较好地处理平均应力、应力变幅、多轴应力和应力集中的影响。断裂力学法研究裂纹在结构中的扩展机理，探索裂纹对结构强度的影响，并利用 Paris 疲劳裂纹扩展公式来计算疲劳载荷作用下裂纹的扩展速率。

S-N 曲线法与断裂力学法互为补充，各有优缺点。从严格意义上来说，S-N 曲线法仅适用于预报疲劳裂纹的起始寿命，但在工程中常将疲劳破坏的扩展过程简化为一个状态，同时疲劳裂纹起始阶段的寿命占总寿命中的很大一部分，从而把 S-N 曲线法应用于结构的全寿命评估。断裂力学法明确考虑疲劳裂纹的扩展过程，可以更好地反映尺度效应并精确地估算剩余寿命，但必须假定初始裂纹存在并准确预估裂纹的扩展速率，最后才能计算出临界裂纹的出现时刻。最科学的方法是将 S-N 曲线法与断裂力学法结合起来，用 S-N 曲线法预报裂纹的起始寿命，用断裂力学法预报裂纹的扩展寿命，然后得到最终的全寿命。但这样做涉及的不确定性很多，同时由于断裂力学法本身还有许多理论需要发展和完善，最终导致结果有很大的离散度，因而现阶段实用的海洋工程结构物疲劳强度分析仍主要采用 S-N 曲线法。

3) 减轻疲劳的设计

减轻立管疲劳响应，可从立管疲劳破坏的成因入手，采用各种方法降低涡激振动和平台的涡激运动、降低平台的运动幅值等。减轻疲劳的主要方法如下。

(1) 增加壁厚。

(2) 加装涡激振动抑制装置，如螺旋列板或整流器。

(3) 移动浮体位置。

(4) 改变整体构型。

(5) 改变立管概念。

(6) 采用复合管。

(7) 改变安装方法。

(8) 改进立管生产工艺。

(9) 严格焊接要求。

6.3　规　范　设　计

为了解决深水立管技术需要新型的工业立管设计标准，美国石油协会 API RP 2RD 以及挪威船级社 DNV-OS-F201 这两个标准是海洋立管最常用的设计标准，其他的设计规范有：关于柔性立管的 API 17B 和 API 17J，关于管线钢管的 API 5C，关于套管和油管的 API 5CT，美国船级社的 SUBSEA RISER SYSTEMS 等。在立管设计过程中主要参考其设计准则和载荷分析，同时立管材料的选取、检测标准及维护等也是至关重要的。

6.3.1　载荷抗力系数法与工作应力法

API RP 2RD 与 DNV-OS-F201 的最大区别在于分析方法的不同，其中 DNV-OS-F201 基于可靠性分析的载荷抗力系数法(Load Resistance Factor Design，LRFD)，而 API RP 2RD 基于工作应力设计法(Working Stress Design，WSD)，相对来说，API RP 2RD 的分析方法更加保守，也更加简便。

1) 载荷抗力系数法

载荷抗力系数法的基本原理是确保在任何极限状况下，设计载荷不超过设计抗力，用公式表示为

$$g(S_p, \gamma_F, S_F, \gamma_E, S_E, \gamma_A, S_A, R_K, \gamma_{SC}, \gamma_m, \gamma_c, t) \leqslant 1 \qquad (6\text{-}1)$$

式中，$g(\cdot)$ 是广义负载效应，$g(\cdot) < 1$ 表示设计安全，$g(\cdot) > 1$ 表示设计失败。S_p 为压力载荷；S_F 为功能性载荷的负载效应；S_E 为环境载荷的负载效应；S_A 为偶然载荷的负载效应；γ_F 为功能性载荷的负载效应系数；γ_E 为环境载荷的负载效应系数；γ_A 为偶然载荷的负载效应系数；R_K 为广义阻力；γ_{SC} 为考虑安全等级的抗力系数；γ_m 为考虑材料和抗力不确定性的抗力系数；γ_c 为考虑特殊状况的抗力系数；t 为时间。

在运用 LRFD 分析时，需要计算其受到的载荷作用，可以用式(6-2)表示：

$$g(t) = g(M_d(t), T_{ed}(t), \Delta p, R_k, \Lambda) \qquad (6\text{-}2)$$

式中，$g(t)$ 为合力作用；$M_d(t)$、$T_{ed}(t)$ 为立管所受的弯矩和有效张力大小；Δp 为局部压力差；R_k、Λ 分别为横截面的参数和安全系数。

2) 工作应力设计法

工作应力设计法是一种结构安全裕度通过一个安全系数来表达的设计方法。它和基于

可靠性分析的载荷抗力系数法相比，考虑了每个使用条件下的不确定因素影响。其公式可表达为

$$g(S, R_k, \eta, t) \leqslant 1 \tag{6-3}$$

式中，S 为总负载效应；R_k 为抗力；η 为利用率；t 为时间。

WSD 主要强调了由压力载荷、功能性载荷、环境载荷和偶然载荷所引起的总负载效应。

实际运用过程中，WSD 的设计形式要比 LRFD 简单，因为它没有像 LRFD 那样分成长期和短期的共同载荷作用，它类似于 LRFD 的运行极限状态(Serviceability Limit State，SLS)、事故极限状态(Accidental Limit State，ALS)设计准则。一般的 WSD 设计准则可以由式(6-4)表示：

$$g(t) = g(M(t), T_e(t), \Delta p, R_k, \eta) \tag{6-4}$$

式中，η 表示利用率，其他和 LRFD 中所表示的含义相同，从式(6-4)中可以发现合力作用可以直接从全局分析中的弯矩 M 及有效拉力 T_e 中得到，弯矩可以由式(6-5)获得：

$$M(t) = \sqrt{M_x^2(t) + M_y^2(t)} \tag{6-5}$$

6.3.2　API RP 2RD 规范设计

API RP 2RD 规范涉及立管结构分析、设计制造、构件选择标准、通用立管系统的设计等。该规范采用了传统的许用应力设计法，结构的安全性通过一个安全系数来考虑。

1. 设计考虑因素

浮式生产系统设计立管系统是一个多学科交叉的任务，因为立管是浮式生产系统的一部分，所以它的设计受到环境及与浮体、海床设备之间耦合作用的影响。下面对部分应该考虑的设计因素进行介绍。

1) 安全、风险、可靠性

立管系统的设计者在进行设计时既需要考虑成本效益，也需要考虑环境保护和设备的安全性。设计者还要仔细评估与经营管理相关的风险，努力减小立管由内部和外部压力造成失控的可能性。此外，立管系统经常在海底和海表面船体之间输送密封加压的碳氢化合物，因此风险评估在立管设计中极其重要。

可靠性与可能导致立管系统瘫痪的因素(包括部件的损坏、操作错误、外部影响和结构载荷等)有关。因此，可靠性评估是风险评估中不可或缺的一部分，立管可靠性评估的有效性在一定程度上依赖于现场经验的积累。随着越来越多现场数据的积累，这些评估的准确性也得以提高。

2) 功能性需求

与浮式生产系统相关联的立管，其功能性需求随着应用的不同而有着重大的变化，由其主要职责决定。例如，单个海底油井和多个海底油井相比，前者所对应的立管通常就有更少的功能要求。此外，立管的功能要求也与系统的复杂性相对应。

3) 结构

在该规范中，结构设计基于许用应力法，强调所有立管的计算部位应力应小于许用应

力。设计者应该掌握立管内部和外部的载荷分布，并判断哪些力应该综合考虑以满足特定的设计标准，还应该使用多种立管分析方法，以获得足够的立管响应信息，进而比较立管应力和许用变形量。

4) 材料

在立管设计中选择适用材料时，需要考虑的因素包括以下内容：

(1) 屈服与极限应力；

(2) 材料韧性和断裂特性；

(3) 杨氏模量；

(4) 剪切模量；

(5) 泊松比、S-N 疲劳曲线；

(6) 基于流体特性和流速的内部腐蚀或磨损要求；

(7) H_2S/CO_2 产生的水的盐度和酸度；

(8) 内部腐蚀效应；

(9) 外部腐蚀效应；

(10) 生物淤积；

(11) 工作温度；

(12) 焊接、可焊性和热影响区(Heat Affected Zone，HAZ)属性；

(13) 机械加工；

(14) 制造过程；

(15) 电化学腐蚀。

5) 运营

设计者应该考虑各种因素以设计出能够安全和高效地安装、运营、维护的立管。立管的安全运营要求包括以下两点：

(1) 设计者需要考虑立管运营时的所有现实状况；

(2) 运营人员应该知道立管的安全运营限制，而且这些信息应以易于理解的方式传达给运营人员。

2. 设计准则

为保证立管安装和服役期间的安全性，其设计应满足一定的标准。下面讨论立管的许用应力和许用变形量，以及静水压溃、疲劳等的失效评估准则。

1) 许用应力

许用应力是指工程结构设计中允许构件承受的最大应力值,规范中对需要考虑的应力、复合应力、许用应力等均做了说明，其中为保证立管结构上的安全性, von Mises 等效应力应满足如下不等式：

$$
\begin{aligned}
(\sigma_p)_e &< C_f\sigma_a \\
(\sigma_p + \sigma_b)_e &< 1.5C_f\sigma_a \\
(\sigma_p + \sigma_b + C_p)_e &< 1.5C_f\sigma_a
\end{aligned}
\tag{6-6}
$$

式中，C_f 为设计参考系数；$\sigma_a = C_a\sigma_y$ 为基本许用复合应力，C_a 为许用应力系数$\left(C_a = \dfrac{2}{3}\right)$，$\sigma_y$ 为材料最小屈服应力。

2) 许用变形量

为防止立管产生过大的弯曲应力，需要限制立管的挠度，而对于柔性立管，其弯曲半径应小于制造商的建议值。即使当立管应力和弯曲半径在许用范围内，大曲率也会使管道的应力过大，立管变形量需要进行控制以防止多个立管相互干扰或者和生产系统的其他部分相互影响。

立管系统可能包括张紧器、柔性接头、伸缩接头、连接跨接软管等部件。这些部件的冲程和旋转设计值可通过立管在极端海况下分析得到的最大值乘以一个合适的安全系数求得。

3) 静水压溃

(1) 压溃压力。管件应足以承受安装或工作期间的外部压力，在分析时应该将共存负载(如张力和弯曲)的影响考虑在内，其他管道属性(如椭圆度、偏心率、各向异性和残余应力等)也应该在分析时加以考虑。

净许用外部设计压力 P_a 应该小于等于预期压溃压力 P_c 乘以设计系数 D_f，即

$$P_a \leqslant P_c D_f \tag{6-7}$$

式中，对于无缝管或者电阻焊(Electric Resistance Welding，ERW)管道，取 $D_f = 0.75$，而对于内冷扩张管，则取 $D_f = 0.6$。

(2) 压溃传播。当立管设计满足外部压溃标准时，在低压条件下仍有可能由于一些意外情况引起立管的压溃，如撞击和张紧器失效而引起的过度弯曲等。一旦形成，这样的压溃可能会沿着立管形成屈曲传播，直到外压降低到传播压力以下或者一些压力属性发生改变而阻止屈曲。在这种情况下，设计压力 P_d 应该小于预期传播压力 P_p 乘以设计系数 D_p，即

$$P_d < D_p P_p \tag{6-8}$$

式中，$D_p = 0.72$。

4) 疲劳寿命

设计寿命定义为一个组件将要服役的时间长度，是通过累积疲劳损伤率计算得到的预估寿命。在能检查得到或者安全和污染风险都比较低的位置，预估疲劳寿命应至少为设计寿命(SF=3)的三倍；在不能检查到或者安全和污染风险都较高的位置，预估疲劳寿命应至少为设计寿命(SF=10)的十倍。运输、安装和在位工作所造成的累积疲劳损伤都应该考虑在内，应满足以下不等式：

$$\sum_i \mathrm{SF}_i D_i < 1.0 \tag{6-9}$$

式中，D_i 是载荷每一阶段的疲劳损伤率；SF_i 是相关的安全系数。

5) 检查和替换

使用时应该对立管内部和外部的运行状态进行监测以显示是否超过了设计工况。这种监测包括在风暴和偶然载荷条件下，立管部件的变形、压力和温度等。立管在外部目视检查时的一些重要内容包括外部损伤、管道变形、外部腐蚀、过度的海生物生长、水

下浮标位置的变化等。对于缺陷,应记录其类型、大小和位置,同时也应该评估缺陷对结构的影响。

立管的最大检查时间间隔基于预测损坏时间除以安全系数。例如,推荐的安全疲劳检测系数是 10。安全系数应该考虑预测不确定性、风险和易于检查。设计师也应该考虑维修或更换时所需的时间以确定最大的检查间隔。检查应包括疲劳、磨损、老化、腐蚀等方面。表 6-2 给出了不同构件对应的不同检查方法及检查时间间隔。

表 6-2　检查时间间隔

构件种类	检查类型	时间间隔
水上构件	目检	1 年
水下构件	目检	3～5 年
所有构件	无损检测	根据需要
柔性立管	目检	1 年或者连接后
阴极保护	目检或者可能的调查	3～5 年
已知或可能受损区域	适当的方法	暴露后
提出水面的构件	按厂商规定	断开连接后

6)温度限制

经营者应该指定立管系统在服役和安装期间输送液体的最大和最小温度。温度标准用来决定立管材料的特性:

(1) 温度减额系数;

(2) 韧性和其他冶金特性;

(3) 热塑性塑料、树脂和复合材料的机械特性。

在分析中应用到如下温度标准:

(1) 金属管道应力和扩张分析;

(2) 疲劳/破裂分析;

(3) 腐蚀和阴极保护分析;

(4) 对非金属材料的化学老化分析。

总之,设计者应该保证并论证立管在规定的温度、相应的化学组成和传输流体压力下适合营运。

7) 磨损

磨损可能发生在立管内部、外部或者立管的两个组件之间(如柔性立管的两层之间)。对于将会遭受磨损的立管的任何一部分,在设计者应该说明预期的材料损耗在设计许用值内或者已经采取足够的措施来保护立管避免过度磨损。

在材料损耗可以预测的情况下,应力分析中应包括材料损耗以获得保守值。

对于钢悬链立管,设计应该考虑管道在海床触地点的运动引起的磨损。如果管道上的防腐层和重力层要经受磨损,则在设计时应具有合适的厚度和抗磨损特性。钢悬链立管分析应该考虑岩土工程描述、地形学和任何可能在立管触地点附近找到的局部碎片。

8) 干涉

立管干涉定义为立管外壁和一个立管通常不会接触到的物体发生接触。接触可能发生在立管和任何离它足够近的物体之间，这可能是船体、锚链线或者其他立管。后者可能具有不同的尺寸、属性、海洋生长物范围、顶部张力、张力分配或者其他边界条件，也可能是由波浪效应引起的不同流场内的立管。

可以采取两种设计方法来限制立管干涉效应：一种方法要求立管和另一个物体的间隙在任何服役情况或环境状况下都应大于规定值；另一种方法允许立管和其他物体的接触，但是要求对接触效应进行分析和设计，这两种方法可以结合在一起进行分析。

6.3.3　DNV OS F201 规范设计

在 2001 年，DNV OS F201 成为第二个海洋立管设计规范，该标准主要基于挪威船级社、挪威科技工业研究所及 SEAFLEX 公司承担完成的联合工业项目(Joint Industrial Projects，JIP)。DNV OS F201 和挪威船级社的海底管道标准 DNV-OS F101 类似，都采用了载荷抗力系数法作为设计公式。

1. 设计载荷

在立管系统设计中，主要考虑到三方面的载荷，如表 6-3 所示，即压力载荷、工作载荷和环境载荷。

表 6-3　载荷分类

分类	详细说明
压力载荷	1. 立管的外部水动力； 2. 立管内部的流体压力：静态压力、动态压力
工作载荷	1. 立管的重量和所受的浮力，以及海洋附着物的重量等； 2. 内部流体的重量； 3. 顶部张紧式立管的张力； 4. 安装引起的残余应力； 5. 钻井过程引起的力
环境载荷	1. 波浪载荷； 2. 由于液体密度不同引起的内部作用； 3. 洋流； 4. 地震； 5. 由于风、波浪及海流等引起的浮体运动

1) 压力载荷

压力载荷主要是由于立管内部和外部的流体作用引起的，在设计中，设计者首先要确定其设计表面内压和意外表面内压，同时要知道其密度和温度值。设计者也有必要明确在相应密度和温度下的工作压力和最小表面应力。局部设计压力 P_{ld} 和偶然压力 P_{li} 由式(6-10)给出：

$$P_{ld} = P_d + \rho \cdot g \cdot h$$
$$P_{li} = P_{inc} + \rho \cdot g \cdot h \tag{6-10}$$

式中，ρ 为内部流体的密度；P_d 为立管设计压力；P_{inc} 为立管偶然压力；g 为重力加速度；

h 为实际位置和内部压力参考点的高度差。

2) 工作载荷

工作载荷定义为立管物理存在和没有环境载荷与偶然载荷时立管系统的运转和工作所引起的载荷,当确定工作载荷的特征值时,要考虑如下内容:

(1) 在工作载荷定义明确的情况下,应该使用载荷的期望值,如立管的重量、浮力和运用的张力。

(2) 在工作载荷变化的情况下,应考虑压力载荷、环境载荷和工作载荷的结合,并对量化临界进行敏感性分析,如腐蚀和海洋附着物生长引起的重量变化等。

(3) 在变形引起工作载荷的情况下,应该使用极值,如预期的船体位移等。

3) 环境载荷

环境载荷是海洋环境直接或间接施加的载荷,主要的环境因素包括波浪、海流和浮体移动。

(1) 波浪:风引起的波浪是作用在立管上的主要动态环境载荷,在设计分析时,需要选择适合的波浪理论来模拟立管所受载荷大小。

(2) 海流:根据相应的统计数据选择设计流速、剖面和方向。相应的流速应包括潮汐流、风致流、密度诱导流、全球环流等海流的作用。

(3) 浮体运动:浮体的偏移和运动会导致静态和动态的载荷作用在立管上,在实际分析时,需要以下主要数据。

① 静态偏移量:取风、波浪、海流载荷引起的平均偏移量。

② 波频运动:一阶波浪引起的运动。

③ 低频运动:风和二阶波漂力引起的运动。

④ 升沉:由锚链线和浮体位移联合作用引起的运动。

2. 设计流程

1) 立管设计流程

立管设计流程如图 6-13 所示,设计步骤可总结如下。

(1) 确定所有相关的设计状况和极限状态。

(2) 考虑所有相关载荷。

(3) 进行初步立管设计和确定静态压力,进行设计检查(压溃、环向屈曲和屈曲传播)。

(4) 评估载荷状态。

(5) 针对综合设计标准,确定广义负载效应。

(6) 用合适的分析模型和方法进行立管分析。

(7) 依据环境统计资料进行极限广义负载效应评估。

(8) 检查是否超越相关极限状态。

2) 极限综合负载效应评估

对于运行极限状态、自存极限状态和事故极限状态,其特征载荷状况应该反映出在特定设计时间段内最可能的极限综合负载效应。对于永久的操作工况,使用 100 年的回归周期;对于短期的操作工况,负载效应的回归周期值取决于临时阶段持续的时间。

规范中极限综合负载效应评估部分就广义载荷效应、载荷工况、基于环境统计资料的设计和基于响应统计资料的设计等方面进行了简单说明。

3) 总体分析

在进行总体分析时,立管模型应该包括完整的立管系统(考虑刚度的准确模拟、质量、阻尼、沿着立管的水动力载荷效应,以及顶部与底部的边界条件),同时立管应该离散为足够数量的单元以表征环境载荷和结构响应,并解决所有关键区域的负载效应。

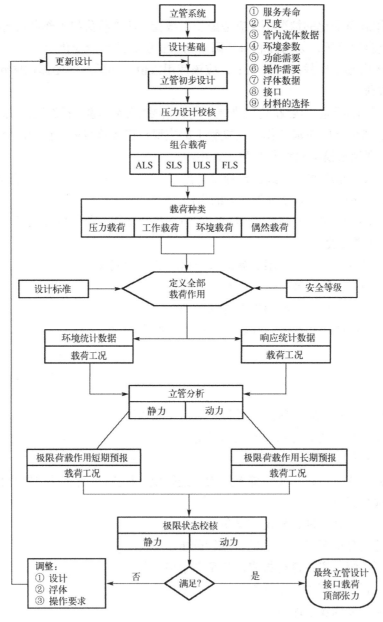

图 6-13　立管设计流程

常用的动态有限元分析方法如表 6-4 所示,动态分析时常见的分析方法与应用如表 6-5 所示。

表 6-4　动态有限元分析方法(总体分析)

方法	非线性		
	环境载荷	特殊载荷	结构载荷
非线性时域	莫里森载荷；实际表面高度的综合作用	段塞流；其他细长结构的碰撞/交互作用	几何刚度、非线性材料、海床接触等
线性时域		无	在静态平衡位置线性化
频域方法	在静态平衡位置线性化	无	在静态平衡位置线性化

表 6-5　常见的分析方法与应用

方法	常见应用
非线性时域	系统的非线性极限响应分析，尤其是三维激励下顺应式构型； 对有着很强非线性响应特性的系统(或系统的一部分)、特殊的疲劳极限状态进行分析； 简化方法的验证(如非线性时域、频域)
线性时域	对有着较小(或中等)结构非线性特性和较大非线性水动力载荷的系统进行极限分析(如顶部张紧式立管)
频域方法	筛分分析； 对有着较小(或中等)非线性特性的系统进行疲劳极限状态分析

4) 疲劳分析

立管系统的疲劳分析应该包括所有相关的循环载荷作用。

(1) 一阶波浪力作用(直接的波浪载荷和浮体的运动)。

(2) 二阶浮体运动。

(3) 热量和压力引起的应力循环。

(4) 涡激振动的影响。

(5) 碰撞作用。

前两个因素导致的疲劳响应可以通过和极限响应计算相同的方法进行分析。对于短期疲劳损伤计算，通常使用表 6-6 中所示的方法。

表 6-6　疲劳分析方法

分析方法		疲劳损伤评估		
波频响应	低频响应	波频损伤	低频损伤	波频损伤和低频损伤结合
总体频域分析	频域分析	窄带近似	窄带近似	总和
总体频域分析	时域分析	窄带近似	雨流计数法	总和
总体时域分析	时域分析	雨流计数法	雨流计数法	总和
对波频和低频激励的时域分析		对波频和低频响应的雨流计数法		

3. 设计准则

如表 6-7 所示，立管设计中需要考虑以下四种极限状态。

(1) 运行极限状态(Serviceability Limit State，SLS)，指立管必须能够维持服役或工作的状态。

(2) 自存极限状态(Ultimate Limit State，ULS)，指立管在不工作条件下保持完好或者没有破损的状态。

(3) 事故极限状态(Accidental Limit State，ALS)，指在偶然载荷下的自存极限状态。

(4) 疲劳极限状态(Fatigue Limit State，FLS)，指在循环载荷累加疲劳下的自存极限状态。

表 6-7　立管系统的常见极限状态

极限状态分类	极限状态	失效定义
运行极限状态	间隙	立管间、立管和锚链间、立管和船体间等没有接触
	过大的角度响应	超过规定运行极限的大角度偏移
	过大的顶部位移	对顶部张紧式立管，立管和浮体间超过规定运行极限的大顶部位移
	力学性能	连接器的力学性能
自存极限状态	破裂	管壁由于过大内压破裂
	圆周屈曲	总体塑性变形和管道横截面因为过大外压而屈曲
	屈曲传播	由圆周屈曲引起的屈曲传播
	总体塑性变形和局部屈曲	由弯矩、轴向力和过大内部压力引起的管道横截面总体塑性变形及管壁局部屈曲
	总体塑性变形、局部屈曲和圆周屈曲	管道横截面的总体塑性变形与圆周屈曲和/或管壁局部屈曲
	失稳断裂和总体局部屈曲	破裂组件的裂纹扩展或者横截面破裂
	液体密封	立管系统(包括管道和组件)的泄漏
	总体屈曲	由轴向压缩引起的整体柱体屈曲
事故极限状态	与运行极限状态和自存极限状态一样	直接由偶然载荷引起的失效，或者是意外事故后的普通载荷引起的失效
疲劳极限状态	疲劳失效	过大的迈纳损伤累积或者主要由环境循环载荷引起的疲劳裂纹扩展

1) 运行极限状态

在许多情况下，由业主规定运行极限状态下的要求，但设计者也必须对立管的适用性进行评估并确定立管系统相关的运行极限状态标准。立管总体的运行极限状态与其变形、位移、旋转或者立管的椭圆度等都有密切的关系。

2) 自存极限状态

在自存极限状态下，立管的极限状态可分为表 6-7 所示的几种情况，下面就破裂、圆周屈曲、屈曲传播进行介绍。

为了防止破裂现象的出现，立管的设计应该满足如下公式：

$$(P_{li} - P_e) \leqslant \frac{p_b(t_1)}{\gamma_m \cdot \gamma_{SC}} \tag{6-11}$$

式中，P_{li} 为局部偶然压力；P_e 为外部压力；γ_m 为考虑材料和抗力不确定性的抗力系数；γ_{SC} 为考虑安全等级的抗力系数；破裂抗力 p_b 为

$$p_b(t) = \frac{2}{\sqrt{3}} \frac{2 \cdot t}{D - t} \cdot \min\left(f_y; \frac{f_u}{1.15}\right) \tag{6-12}$$

式中，D 为名义外部直径；t 为壁厚；f_y、f_u 为特征材料强度。

将承受过大外部压力的立管管件在设计时应满足如下公式：

$$(p_e - p_{min}) \leqslant \frac{p_c(t_1)}{\gamma_m \cdot \gamma_{SC}} \tag{6-13}$$

这里的 $p_{\min}$ 是最小内部压力。对外部压力(圆周屈曲)的抗力值 $p_c(t)$ 可表示为

$$p_c(t) - p_{el}(t) \cdot (p_c^2(t) - p_p^2(t)) = p_c(t) \cdot p_{el}(t) \cdot p_p(t) \cdot f_0 \cdot \frac{D}{t} \tag{6-14}$$

其中，管道的弹性压溃压力值可通过式(6-15)给出：

$$P_{el}(t) = \frac{2E\left(\dfrac{t}{D}\right)^3}{1 - \nu^2} \tag{6-15}$$

式中，E 为弹性模量；ν 为泊松比。

塑性压溃压力值可通过式(6-16)给出：

$$P_p(t) = 2\frac{t}{D} f_y \alpha_{fab} \tag{6-16}$$

式中，α_{fab} 为管道建造缩减因子。

管道的初始椭圆度可由式(6-17)给出：

$$f_0 = \frac{D_{\max} - D_{\min}}{D} \tag{6-17}$$

为了保证立管不会发生屈曲传播，必须满足：

$$(p_e - p_{\min}) \leqslant \frac{P_{pr}}{\gamma_m \gamma_{SC} \gamma_c} \tag{6-18}$$

式中，在不允许发生屈曲传播时，γ_c 取 1.0，屈曲允许在小范围内传播时，γ_c 取 0.9。抵抗屈曲传播的抗力值 P_{pr} 为

$$P_{pr} = 35 \times f_y \alpha_{fab} \left(\frac{t_2}{D}\right)^{2.5} \tag{6-19}$$

3) 事故极限状态

事故极限状态是由于偶然载荷或状况引起的极限状态，可以理解为立管在遭受不正常的工作条件、错误的操作或技术失效情况下的状态。相关的失效准则和偶然载荷可以按照发生的频率和幅值，根据风险分析和相关累积的经验进行确定。偶然载荷一般有以下几种：

(1) 火灾和爆炸；

(2) 碰撞(如立管干涉、掉落的物体和锚引起的碰撞、浮体间的碰撞等)；

(3) 钩子/突出物载荷(如拖曳的锚)；

(4) 支撑系统的失效(如浮力筒、锚链线、动力定位系统的失效等)；

(5) 内部压力过大(如压力安全系统的失效、压力波动、油管的失效等)；

(6) 环境状况(如地震、飓风、冰川等)。

在设计结构抵抗偶然载荷时，可以通过作用在结构上的载荷大小直接计算或者间接设计可以抵抗载荷的结构。至于针对偶然载荷的设计，必须保证整体失效概率遵从表 6-8 中的目标值，其概率可表达为第 i 次意外损伤发生的概率 P_{Di} 乘以该情况下结构失效的概率

$P_{f|Di}$ 累积之和，要求满足式(6-20)：

$$\sum P_{Di} \cdot P_{f|Di} \leqslant P_{f,T} \tag{6-20}$$

式中，$P_{f,T}$ 是目标失效概率。

表 6-8 可接受的失效概率与安全等级

极限状态	概率基础	安全等级		
		低	普通	高
运行极限状态	每年每根立管	10^{-1}	$10^{-2} \sim 10^{-1}$	$10^{-3} \sim 10^{-2}$
自存极限状态	每年每根立管	10^{-3}	10^{-4}	10^{-5}
事故极限状态	每年每根立管			
疲劳极限状态	每年每根立管			

4) 疲劳极限状态

在立管的设计过程中，必须考虑到其工作期间的疲劳强度。疲劳评估的方法可分为基于 S-N 曲线的方法和基于疲劳裂纹扩展计算的方法。一般前者是在设计中对疲劳寿命进行评估时使用，而后者则被用来评估疲劳裂纹扩展寿命和建立无损检测检查标准。

(1) 用 S-N 曲线进行疲劳评估。

当用到基于 S-N 曲线的计算方法时，一般需要考虑以下几点：

① 名义应力范围的短期分布评估；

② 选择合适的 S-N 曲线；

③ 厚度修正系数；

④ 应力集中系数(Stress Concentration Factor，SCF)的确定，具体可以参考 DNV-RP-C203；

⑤ 所有短期条件下累积疲劳损伤的确定。

疲劳标准应满足：

$$D_{\text{fat}} \cdot \text{DFF} \leqslant 1.0 \tag{6-21}$$

式中，D_{fat} 为累积疲劳损伤(Palmgren-Miner 准则)；DFF 为设计疲劳系数，其值如表 6-9 所示。

表 6-9 设计疲劳系数

安全等级	低	中等	高
系数	3.0	6.0	10.0

(2) 通过裂纹扩展计算进行疲劳评估。

当用到损伤容限设计方法时，就意味着立管组件应该进行设计和检查以使得最大初始缺陷的尺寸不会在工作期间扩展到临界尺寸，裂纹扩展计算通常包括以下主要步骤：

① 名义应力范围长期分布的确定；

② 选择合适的裂纹扩散规律和裂纹扩散参数，裂纹扩散参数应该为平均值加上 2 倍的标准差；

③ 评估最初的裂纹尺寸与几何形状和任何可能的裂纹开裂时间；

④ 预期裂纹扩散平面内循环应力的确定，对于非焊接部件，平均应力应该是确定的；

⑤ 最终或临界裂纹尺寸的确定；

⑥ 对疲劳裂纹传播与长期应力范围分布的综合考虑以确定疲劳裂纹扩散寿命。

疲劳裂纹扩散寿命设计和检查时应满足如下条件：

$$\frac{N_{\text{tot}}}{N_{\text{cg}}} \cdot \text{DFF} \leqslant 1.0 \tag{6-22}$$

式中，N_{tot} 为服役期间或者到检查时所施加的应力循环总数；N_{cg} 为缺陷从一开始到临界缺陷尺寸所需要的应力循环数；DFF 为设计疲劳系数，具体可见表 6-9。

6.3.4　API RP 17B 和 API RP 17J 规范设计

根据制作工艺，柔性立管可分为黏结型柔性管和非黏结柔性管。黏结柔性管是一种多层的复壁结构，管体各层之间紧密结合在一起，不会有相对滑移，一般由内胶层、中胶层、外胶层以及增强层组成。这种管道制作过程需要硫化，使各层黏结在一起，并有较高的黏结强度，其对应的标准规范有 API SPEC 17K 和 ISO 13628-10。

在非黏结柔性管设计中最重要的环节就是截面设计，以使得管道具备一定的力学性能要求，即在满足拉伸刚度和弯曲刚度的同时还要有扭转刚度。非黏结柔性管的设计流程主要包括三个阶段：概念设计、基本设计和详细设计(图 6-14 为设计的大致流程)。这三个阶段需要考虑五个重要因素：设计内容、功能需求、设计依据、设计准则、分析校核。

1. 设计内容

非黏结柔性管的设计过程包括概念设计、基本设计、详细设计及加工设计。设计内容是概念设计和基本设计阶段要完成的任务，详细设计是对设计的分析校核部分，加工设计是设计完成后对产品出设计图纸部分。这里只对概念设计和基本设计进行说明。

1) 概念设计

管道概念设计是设计阶段的开端，概念设计阶段主要的目标是要根据用户提出功能需求及

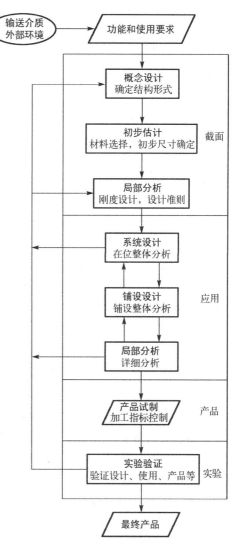

图 6-14　非黏结柔性立管设计流程

应用的海洋环境对管道做一个构型的选择。概念设计主要包括管道结构构型选择及各结构层材料选择。

构型选择是对设计管道在结构层数上进行选择设计,其设计依据主要源于功能需求及应用环境,具体包括应用形式、水深、内部输送介质、内压要求等方面。

材料选择的主要任务是初步确定各结构层使用材料的范围。非黏结柔性管主要采用聚合物材料及金属材料两大类。

2) 基本设计

基本设计阶段是确定管道结构层设计参数的尺寸和每层的材料,属于管道设计的定量化阶段。同时根据实际工况预先设定管道的刚度指标,主要是拉伸刚度和弯曲刚度指标。

非黏结柔性管各层之间没有黏结剂的黏合作用,允许层间发生相对滑移,同时,各增强层的螺旋扁带之间也是非黏结的,允许相对滑移,可以更好地满足现场应用的特殊要求。与黏结柔性管相比,非黏结柔性管的性能更加优越,具有弯曲刚度小、同等外载荷下弯曲半径更小曲率更大等诸多优点。非黏结柔性管的相关设计规范有 API SPEC RP 17B-2014: Recommended practice for Flexible pipe(《柔性管推荐实施做法》)和 API SPEC RP 17J-2014: Specification for unbonded Flexible Pipe(《非黏结柔性管规范》),这里仅对非黏结柔性管的相关规范进行介绍。

2. 功能需求

功能需求是管道设计的初始条件,通常海洋工程中的功能需求主要有一般要求、内部环境要求、外部环境要求和系统要求四方面内容。

管道一般要求是用户对管道提出的最基本要求,主要指管道的内径、管道的长度(包括接头)和管道服役期间的使用寿命。

管道内部环境要求是指管道在位运行期间,内部要求的压力等级、温度和内部输送介质的一些特性。其中内部介质特性有:内部介质的一般描述,包括输送类型(流体、气体、流气混合)、运动类型和流向等;流体的特征参数包括流速、密度、黏度等;流体的成分数据包括化学组分、本征流体、详细杂质和是否含气体等;服役条件包括内部气体或者流体的腐蚀性、渗透性和相容性等。

管道外部环境要求是指海水环境要求及其他相关要求。海水环境要求包括水深、海水温度、海床环境、潮汐、波浪、海流等。除此之外,还有一些其他的环境要求,主要有空气温度、阳光暴晒程度、有无冰载荷等影响管道正常运行的外部干扰。

管道系统要求是指针对管道本身提出的一系列要求。主要分为一般要求、动态立管和静态海底管道各自的系统要求,具体要求如表 6-10 所示。

表 6-10 管道系统要求

类别		系统要求内容
一般要求		应用形式(动态/静态)、防腐、保温、泄气、防火、附加管线、截面形式、连接形式、检测、安装、热化学清洗
系统要求	动态立管	线型、连接形式、附着搭接、浮体数据、干涉需求、载荷工况
	静态海底管道	路由、两端连接支撑、防冲击、海底稳定性、屈曲、交叉、附着搭接、载荷工况

管道设计的前期设计者必须清楚功能需求中的每一项要求。功能需求中的各项要求是管道设计的初始条件,一根非黏结柔性管从设计到最终的产品实物都是严格按照各项功能需求来完成的。

3. 设计依据

在设计柔性立管时,首先要知道管道从设计完成到在位运行要经历哪些载荷工况,才能在这些载荷工况中找到管道可能会发生的失效模式。在确定管道的主要失效模式后,找出导致各自失效类型发生的主要载荷,最后根据这些载荷指标设计管道。基于失效模式的设计是从管体结构本身出发,找出管道在各载荷工况下最薄弱环节对其进行设计。这种设计方法在设计初始阶段就开始考虑结构的失效问题,根据具体失效内容进行设计,对结构设计具有预见性和前瞻性。

1) 载荷工况

非黏结柔性管从制作完成到在位运行期间要经历出厂验收测试工况、储存工况、安装工况和在位工况。确定管道在各类工况下所承受载荷形式是确定失效模式的关键。

2) 失效模式

管道由于外力等其他因素而使管道失去原有功能,称为管道发生失效,而把导致管道发生失效的主要因素称为失效模式。非黏结柔性管的主要失效模式包括以下几种。

(1) 爆裂失效:管道在位运行过程中因管道内部注水、输油或输气管道内部压力过大导致管道爆裂失效。

(2) 拉伸失效:管道安装铺设与在位运行过程中,自重及内部流体的重量因其顶部或其他部位拉力过大导致管道拉伸失效。

(3) 压溃失效:管道安装铺设与在位运行过程中,随着水深增加,静水压力增大,导致管道压溃失效。

(4) 弯曲失效:管道在卷盘储存、运输与铺设过程及在位运行中管道曲率过大导致管道弯曲失效。

(5) 扭转失效:管道运输牵引与在位运行过程中,管道本身发生扭转导致管道扭转失效。

(6) 挤压失效:管道储存及铺设过程中,张紧器、托管架及卷盘处的挤压导致管道挤压失效。

(7) 疲劳失效:主要发生于立管与浮体连接处,在在位运行过程中,波浪、浮体运动等环境因素引起管道周期性的往复作用导致管道疲劳失效。

3) 设计载荷

要保证管道在各类失效下能继续安全工作,就必须在设计过程中针对每种失效下的载荷进行设计。如果管道的设计载荷大于相应失效模式下管道所承受的载荷,就可以保证管道在工况中的安全,管道也不会出现此类失效模式。因此,找出各类导致失效模式的载荷是设计中最关键的步骤,管道设计时确保设计载荷大于导致各类失效的主要载荷是柔性管道基于失效模式方法设计的核心内容。表 6-11 所示为导致各类失效的主要载荷信息。

表 6-11 各工况下的主要载荷信息

失效模式	存在工况	主要决定载荷
爆裂失效	出厂验收测试工况 在位运行工况	内压载荷
拉伸失效	安装铺设工况 在位运行工况	拉伸载荷
压溃失效	存储工况 安装铺设工况 在位运行工况	挤压载荷 外压载荷
弯曲失效	存储工况 安装铺设工况 在位运行工况	弯曲载荷
挤压失效	存储工况 安装铺设工况	挤压载荷
疲劳失效	在位运行工况	周期性载荷
扭转失效	安装铺设工况 在位运行工况	扭转载荷

4. 设计准则

管道的设计需要遵从一定的设计准则,对于非黏结柔性管的设计依据,各结构层的特点分别有不同的设计准则。

(1) 内压护套层和外护套层:设计应考虑管道弯曲、轴向伸长和压缩、扭转、外部和环向压力、安装载荷等,设计准则为聚合物材料的最大允许应变,这两层设计准则为应变控制。

(2) 内锁骨架层:设计应考虑在最大内压、最大外压、最大椭圆变形下的破坏,以及骨架的疲劳(动态)。设计准则为钢材料的最大应力(即屈服强度),骨架层的设计准则为应力控制。

(3) 内锁压力铠装层和内外拉伸铠装层:内锁压力铠装层设计应考虑抵抗环向力;考虑控制金属线间隙,防止互锁的失效。内外拉伸铠装层设计应考虑抵抗轴向力;考虑任何扭转特性的需要,控制金属线间隙和环向力(尤其对不含抗压层的结构)。内锁压力铠装层与内外拉伸铠装层设计准则均为钢的最大应力,即屈服强度。

5. 分析校核

明确了骨架层的尺寸大小、材料选择等内容后,下一步就是对骨架层的刚度进行分析,分析方法包括理论分析、实验分析和数值分析方法。对于非黏结柔性管的理论分析手段是利用管道各功能层抗力的解析式和造成失效模式的主要载荷对管道进行强度校核。由于骨架层主要承受外压载荷,其失效以钢材的径向屈服应力失效为准,所以由平面圆环的屈曲载荷值公式 $q_{cr} = \dfrac{3EI}{R^3}$ 对骨架层的径向屈服应力进行校核,若不符合,则要重新设计骨架层。

采用实验方法进行骨架层的压溃性能研究比较有实际作用。通常理论方法是把骨架层等效为圆环或者薄壁圆筒,从而忽略了很多实际情况,而实验方法却能够比较真实地反映骨架层的压溃性能。

　　目前采用有限元方法分析骨架层的压溃性能非常普遍广泛，对于有限元数值模拟，采用的建模方式不同(如单元选取、约束设置、载荷施加和接触设置等)不同，模型的计算速度和精度就会有所差异。

6.4　钻井立管设计

　　在各种海洋立管中，钻井立管是比较特殊的一种。一般来说，钻井立管系统主要包括张紧器系统、伸缩节、顶部柔性接头、立管单根、底部柔性接头等部件，图 6-15 展示了钻井立管系统的基本结构。

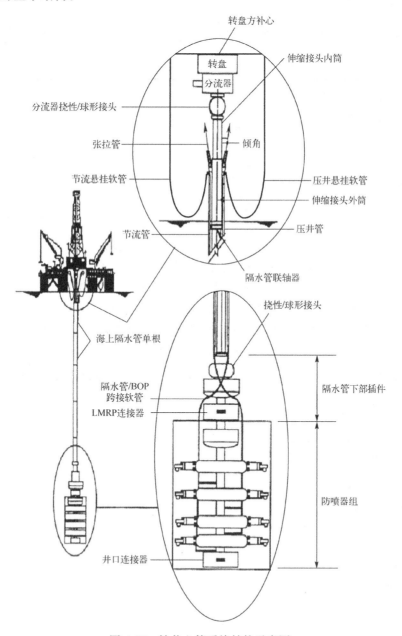

图 6-15　钻井立管系统结构示意图

钻井立管作业时，会受到以下几种载荷的作用：波浪载荷、风载荷、潮汐作用、立管自重、浮力、张紧器张力等。这些作用力作用在钻井立管上，使得立管在海水中受力情况非常复杂。

6.4.1　立管设计规范

对于深水钻井立管，通常主要应用 API RP 2RD 及 API RP 16Q 规范对钻井立管进行设计及校核。

1. 可操作性限定

如表 6-12 所示为钻井立管操作性限定的典型标准，主要来自 API RP 16Q 规范。

表 6-12　钻井立管操作的典型定标准

设计参数	定义	钻井条件	非钻井条件
下部挠性接头连接角	平均值	1°	无
	最大值	4°	90%容量(9°)
上部挠性接头连接角	平均值	2°	无
	最大值	4°	90%容量(9°)
von Mises 应力	最大值	67% σ_y	80% σ_y
套管弯矩	最大值	80% σ_y	80% σ_y

一般来说，DNV F2 曲线常用于焊接节点，DNV B 曲线用于立管接头(耦合)。在疲劳分析中采用了两个应力集中系数：一个为 1.2，用于管道环形焊缝；另一个为 2.0，它要根据立管的类型进行选取，然后用于立管接头。近年来，往往采用疲劳试验来确定实际的 S-N 曲线数据，并用工程风险分析来得到检测到的缺陷接受标准。

对钻井立管来说，因为钻井接头可以进行检测，所以其疲劳寿命的安全系数取 3.0。疲劳计算要考虑所有相关的载荷效应，包括波浪、VIV 和安装导致的疲劳。某些接近下挠性接头的部件，疲劳寿命会更短一些。在这种情况下，疲劳寿命将决定检测间隔时间。

2. 组件承载能力

为验算强度，多种组件的承载力需定义，组件名称如下：
(1) 井口接头；
(2) LMRP 接头；
(3) 下部挠性接头；
(4) 立管连接器和主管道；
(5) 周边管线；
(6) 伸缩接头；
(7) 张紧器/环；
(8) 主动升沉绞车；
(9) 硬悬挂接头；

(10) 软悬挂接头；

(11) 常平架-卡盘；

(12) 立管转运工具。

6.4.2　钻井立管分析的环境条件

方位角是指波流的行进方向，常常以从正北方向开始的顺时针旋转为正。潮汐变化对深海立管载荷的影响微不足道，在设计过程中可以忽略不计。环境条件包括以下内容：

(1) 十年一遇的有义波高和相关参数的全方位飓风标准；

(2) 十年和一年间隔期的全方位冬季风暴标准；

(3) 针对波浪总体的浓缩波浪散布图(服役期、冬季风暴和飓风)；

(4) 环流/漩涡标准剖面图；

(5) 十年一遇和一年一遇的海流剖面图和相关风、波浪参数；

(6) 底流的超越概率和标准化的底流轮廓图；

(7) 环流/漩涡和底流的组合标准剖面图(最大值)；

(8) 十年一遇的环流/漩涡、一年一遇的底流或者一年一遇的环流/漩涡、一年一遇的底流组合剖面图；

(9) 百年一遇的潜流超越概率和轮廓图。

6.4.3　钻井立管分析方法

钻井立管力学性能分析分为静力分析和时域动力分析。静力分析的目的是确定系统的初始平衡位置，以作为时域动力分析的初始值。静力分析中所考虑的载荷为定常载荷，主要包括静水压力、浮力、重力、流载荷，以及土壤的反作用力等。

动力分析的目的是考虑波浪对系统的作用力，以检验系统在指定工况下的强度是否满足规范要求，分析的目的主要是保证系统的安全性。动力分析可以考虑整个系统的耦合作用，包括半潜式平台及立管对整个系统动力响应的影响。

立管的力学方程有很多种数值解法，最常用的有集中质量法、有限单元法和有限差分法。集中质量法是处理海洋立管、管线及锚泊线等细长体非线性结构大变形问题最常用的方法。

深水钻井立管的设计影响因素主要有水深、波浪、海流、钻井液密度、浮力块长度、浮力块直径等。在其他因素一定时，改变以上各因素，会对立管的受力产生不同程度的影响。因此，在进行深水钻井立管设计时，需要考虑以上各因素对立管强度的影响，以确定最佳立管配置。

钻井立管设计与分析的结构和一些关键词如图 6-16 所示。

从结构分析的角度来看，钻井立管是一个承受海流作用的垂直缆索。钻井立管缆索的上部边界条件是受到波浪及风载荷作用的钻井平台运动。对于深海钻井立管而言，设计的一个关键技术挑战就是表面环流和底流引起的 VIV 疲劳损坏。

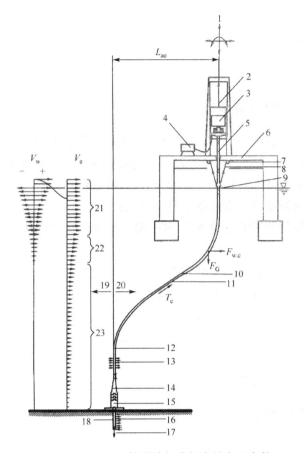

图 6-16　C/W0 立管设计与分析中的主要参数

1—由一阶波形产生的波浪运动；2—绞车的张紧和冲程；3—水面设备；4—水面压力；5—滑动接头；6—钻井板；

7—张紧器滑轮；8—张紧器的张紧和冲程；9—张力接头；10—外径；11—立管接头；12—弯曲加强杆；13—外部压力；

14—应力接头；15—水下设备；16—土壤约束；17—工具；18—导管弯曲加强杆；19—上游；20—下游；21—激励区；

22—剪力区；23—阻尼区；$F_{w,c}$—波浪和海流作用力；F_G—重力

1. 送入和回收分析

送入和回收分析的目的是确定容许的海流环境。在送入操作过程中，立管可以由一个距 RKB 有 75ft(1ft=30.48cm)高的挂钩支撑或者悬挂在卡盘上。因为在接头和分流器外壳之间存在潜在的接触，所以设计的关键部件是挂钩支撑。出于布局考虑，BOP 常安装在立管上。如果立管和下部组件(Lower Marine Riser Package，LMRP)分离，那么 BOP 可以不安装在立管上。

挂钩可看作一个只受垂直和水平位移限制的销栓支撑。在海流载荷作用下，立管可以绕挂钩旋转。限制标准是立管接头与分流器外壳之间的接触。

静力分析用来评估海流拖曳力的影响，这里不考虑波浪造成立管的横向运动。

2. 可行性分析

可行性分析的目的是针对各种不同泥浆重力和立管顶部张力来确定操作性条件。

限定标准的可操作性条件同时采用静态和动态波浪计算分析。静态分析包括分析在当前海流作用下，钻井立管上部和下部的偏移量，以此来确定向上和向下的偏移量是否达到了极限值。通常需要考虑两种海流的组合：基流+底流和涡流+底流。典型的三种泥浆重力都将参照它们各自的顶部张力进行建模。

动态分析过程除了加入了波浪载荷外，其他与静态分析一致。动态分析常采用时域分析，即采用最大波高 H_{max} 的规则波并且至少持续 5 个周期。通过动态分析确定出下挠性接头(Lower Flex Joint，LFJ)和上挠性接头(Upper Flex Joint，UFJ)角度的最大值，并与规范限定值进行比较。

3. 薄弱点分析

薄弱点分析是钻井立管设计过程的一部分。薄弱点分析的目的是设计和确定在极限偏移条件下系统的破坏点。立管系统需要通过设计来保证薄弱点位于 BOP 之上。

分析的基本假定是所有设备的加载路径都按照制造商的规范设计。立管系统潜在的薄弱区通常如下：

(1) 钻井立管的过载；

(2) 连接器或法兰的过载；

(3) 张紧器超出其张紧能力；

(4) 超出顶部和底部挠性接头的限制；

(5) 井口的过载。

4. 漂移分析

漂移分析是钻井立管系统设计过程的一部分。漂移分析的目的是确定在极端环境条件或漂移/驱动条件下何时启动断开程序。该分析适用于钻井和非钻井的运行模式。在各个模式中，漂移分析将确定船舶在各种风、波浪及海流作用下的最大下游位置。

漂移分析的第一个任务就是确定断开点位置的评估标准。这些标准可以根据设备在加载路径下的额定负载能力来确定：

(1) 导管的套管(80%屈服强度)；

(2) 张紧器和伸缩接头顶出行程；

(3) 顶部和底部挠性接头限制；

(4) 井口连接器的过载；

(5) LMRP 连接器的过载；

(6) 立管接头的应力(67%屈服应力)。

5. VIV 分析

钻井立管 VIV 分析的目的如下：

(1) 预测 VIV 的疲劳损伤；

(2) 确定疲劳关键部件；

(3) 确定所需张力和容许海流速度。

6. 悬挂分析

两个悬挂构造假定如下：硬悬挂，挤压伸缩接头并在船体上锁紧，从而使立管顶部随着船舶上下移动；软悬挂，立管由立管张紧器支撑，这些张紧器的空气压力容器都保持打开状态，并配有一个顶部安装补偿器，它们提供了一个与船舶相连的垂直弹簧连接。

利用随机波进行时域分析至少需要 3h 的模拟时间。硬悬挂的实例为一年一遇的冬季风暴和十年一遇的飓风；软悬挂的实例为十年一遇的冬季风暴和十年一遇的飓风。动态时域分析的目的是测试各个模型的可行性。

在硬悬挂模型中，立管从 BOP 中分离出来，只有 LMRP 连接在立管上。在硬悬挂方法中，只有位移是固定的，转动由常平架-卡盘的刚度决定，下放保护装置位于主甲板上。

对于软悬挂方法来说，立管重力由张紧器和绞车来承担。绞车的刚度为零，而张紧器的刚度可基于张紧器所承受的立管重力以及波浪作用下的立管的冲程估算得到。

硬悬挂和软悬挂分析的评价标准如下：

(1) 针对软悬挂，要对张紧器和滑动接头的冲程进行限制；

(2) 最小顶部张力要保持正值，以避免卡盘隆起；

(3) 最大顶部张力为下部结构和悬挂工具的额定值；

(4) 立管应力极限为 $0.67F_y$；

(5) 常平架的角度要适当以避免滑出；

(6) 龙骨和常平架之间的最大角度要满足避免与船碰撞。

7. 双重作业干扰分析

在使用辅助钻井平台进行部署活动时，有必要对不同的情况下现场以及与主设备相连的钻井立管进行双重作业干扰分析。该分析的目的是确定海流和偏移的限制量，以确保不会导致任何钻井立管、辅助钻井平台上的悬挂设备或绞车之间发生碰撞。主管道与辅助钻井平台和钻井平台之间的距离是一个重要的设计参数。值得注意的是，主管道与月池、船体或支撑发生的碰撞需要在完成叠加模型之前对各项进行独立的评估。

根据双重作业分析所提供的资料，可以得到静态偏移以及由海流载荷产生的附加静态偏移。最后，在系统中加上海流载荷，并对钻井立管、双重作业设备与船舶之间的最小距离进行评估。

8. 反冲分析

导管反冲分析的目的是确定反冲系统设置和船舶的位置要求，以保证断开时实现以下目标：

(1) LMRP 连接器不会发生故障；

(2) LMRP 立管和 BOP 保持通畅；

(3) 立管能以可控的方式升起。

如果船舶有自动反冲系统，那么反冲分析就不需要特定的程序。

练 习 题

1. 已知水深为 2500m,钢悬链立管的参数如下:

顶端张力:6000kN

单位长度水下重量:2kN

长度:3600m

假设立管自由悬挂于静水面位置,采用悬链线理论计算,填写下表关于钢悬链立管内总体性能的计算表格,并给出计算过程。

结果	空管条件
水平张力 H/kN	
悬链线悬垂段长度 S_t/m	
海底管线长度 f/m	
水平投影长 $X = X_t + f$/m	
顶端与垂直方向夹角/(°)	
最大曲率位置	
最大曲率	

2. 简述海洋生产立管形式及管材主要类型。

3. 钢质立管产生疲劳损伤的因素有哪些?

4. 载荷抗力系数法相比于工作应力法的优越性表现在哪些方面?

5. 评估钻井立管安全,通常需要开展哪些方面的分析与校核?

部分习题答案

第 1 章

1. 总结 SEMI、SPAR、TLP、FPSO 的结构特点，并分析其优缺点。

答：它们的优缺点如下。

SEMI 的优点：①平台不需要大型吊装船来海上安装，可以进行岸边安装和连接调试；②可以采用传统的建造方式，具有更多的建造选择；③平台的重量比浮筒式结构要小。半潜式平台与自升式钻井平台相比，优点是工作水深大、移动灵活。SEMI 的缺点：投资大，维持费用高，需有一套复杂的水下器具，有效使用率低于自升式钻井平台。

SPAR 的优点：①可支持水上干式采油树，井口立管可由自成一体的浮筒或顶部液压张力设备支撑；②平台的重心通常较低，升沉运动响应和半潜式或浮(船)式平台比较仍然很小；③对上部结构的敏感性相对较小；④机动性较大，通过调节系泊系统可在一定范围内移动进行钻井操作，重新定位较容易；⑤对特别深的水域，造价上比 TLP 有明显优势。SPAR 的缺点：①井口立管和其支撑的疲劳较严重；②浮体的涡激运动较大；③由于主体浮筒结构较长，需要平躺制造，安装和运输使用的许多设备会与主体结构发生接触，造成很多困难。

TLP 的优点：平台运动小，几乎没有竖向移动和转动，整个结构很平稳，钻井、完井、修井等作业可以使用干式采油树，能同时具有顶张力立管和钢悬链立管。TLP 的缺点：① 对上部结构的重量非常敏感；②没有储油能力，需用管线外输；③整个系统刚度较大，对高频波动力比较敏感；由于张力腿长度与水深成线性关系，且 TLP 的费用较高，因此目前使用的水深一般限制在 2000m 之内。

FPSO 的优点：①操作灵活，容易移动，不需要永久性结构，这些优点可以降低 FPSO 系统的总成本；②大量的加工石油和天然气可以储存在 FPSO 中，与传统工艺相比，FPSO 提供了更好的安全性；③FPSO 解决方案的时间要求小，因为不需要铺设长距离的昂贵管道，在深海和偏远地区非常有效，FPSO 广泛适用于小型油田。FPSO 的缺点：①除了油田作业所需的设备与人员外，需要额外的船用设备和人员，使操作费用相对较高；②FPSO 通常不具备钻井能力，需要额外的移动式钻井装置协助它进行钻井和修井作业；③需要采用费用较高的水下采油树和柔性立管。

各类型浮式平台的特点参见表 1-5。

2. 简述浮式平台选型的原则。

答：浮式平台选择应遵循的基本原则是有利于钻修井操作、建设与钻井成本最小化、尽量减少海上施工、尽量缩短建设工期、整个系统的灵活性高。

张力腿平台较适合油气藏集中的大型油气田开发,适用水深是制约其广泛应用的瓶颈;SPAR 平台处理能力有限。这两类平台均适用于环境较恶劣的海域,对建造安装场地要求较高。SEMI 和 FPSO 可应用于油气藏较分散的各类油田,理论上不受水深的限制,但 FPSO 对作业环境要求相对较高。

浮式平台的选择是一个十分复杂、不断迭代的过程,选择时首先根据油气藏特性决定浮式平台的类型(干式或湿式或两者结合),然后根据油气藏的规模和环境条件进一步确定平台的类型及数量,选择过程中还要综合考虑所选承包商立管的设计、制造、安装能力以及其他影响因素。

3. 浮式平台一般需要满足哪些功能要求?

答:浮式平台一般需要满足的功能要求是①具有足够的甲板面积、承载能力,以及油和水的储存能力;②在环境载荷作用下具有可接受的运动响应;③足够的稳性;④能够抵御极端环境条件的结构强度;⑤具有抵御疲劳损伤的结构自振周期;⑥有时需要适应平台多功能的组合;⑦可运输和安装。

4. 浮式平台设计分析的主要内容包括哪些方面?

答:浮式平台是一个复杂的结构和设备系统,总体方案设计要依据油气田基本参数(以此设计立管、海管)、海洋环境参数和工程地质条件,考虑多种工况,在这个过程中要涉及总体尺寸的确定、立管系统设计、压载系统设计、系泊系统设计,以及结构重量、主辅设备的重量估算等。设计过程中涉及总体性能分析、结构强度分析、定位分析等内容。

5. 查阅文献,总结平台上部组块与下部浮体的合拢方式。

答:现有的比较常规的做法主要有两种。

第一种是分段吊装法。根据吊机能力,将上部组块分成若干分段分别建造;待下部浮体建造完成到预定的程度后,再用吊机将上部组块分段,按照一定的合拢顺序吊至下部浮体的上方;再放置到临时支撑结构上,将上部组块分段合成一个整体后,再将上部组块与下部浮体相焊接,完成总装。

第二种是整体浮托法。将上部组块和下部浮体分别建造;待完成到预定的程度后,将上部组块滑移至驳船的甲板上,并和下部浮体一起被拖拉至一定水深的海域,然后,再将下部浮体压载至一定深度,将驳船定位到下部浮体立柱的中间,用浮托法完成总装。

6. 分析造船厂具备建造浮式平台能力所需的场地与设备条件。

答:平台的主船体分段建造一般按平面板架、立体装配、分段装配的工艺流程进行建造,根据平台的结构情况,甲板区域结构比较复杂,建造精度要求很高,确保该区域分段建造及合拢精度是工艺设计者所要重点解决的问题。从文献和国内造船厂实际,调研并总结应建造浮式平台能力所需场地与设备条件。

7. 结合我国自主研发建造的全球首座 10 万吨级深水半潜式生产储油平台——"深海一号"能源站，理解浮式平台建造安装过程。

答：半潜式平台是一种典型的大型深水海洋平台，其结构有明显的上下船体，通过中间立柱连接支撑，建造过程工艺非常复杂，建造浮式平台的关键技术包括：结构总体建造技术、上部结构合拢技术、结构焊接技术，其中结构总体建造技术是平台建造技术的基础。平台总体建造方案分为分段建造、分段舾装、总段建造、总段舾装、船坞合拢、坞内舾装、系泊舾装、调试及试航等阶段。

平台的合拢模式是最关键的工艺之一。国内外半潜式平台建造对比，深水半潜式平台主要建造方法有多种：整体吊装法（如国内来福士船厂为挪威建造的 D90 半潜式平台采用泰山吊合拢）、水上整体提升法（如挪威建造的 Aker H6e 半潜式平台，即水上提升合拢）、坞内整体提升法（如中国远洋海运集团建造 GM4000，即以提升塔架的方式完成合拢）、节拍式连续搭载法（如上海外高桥造船有限公司为中国海油集团建造的"海洋石油 981"半潜式平台）、顶升滑移合拢法。

第 2 章

1. 简述浮式平台设计的总体要求。

答：为了选择平台具体形式和指导设计方向，应首先确定以下因素。油气田类型，平台入级的要求，平台设计寿命，产量预计，立管和脐带管，平台位置，平台的总体布置，安装作业的要求，初始重量的确定。

2. 简述浮式平台总体性能与定位系统要求。

答：总体性能要求包括平台的总体运动和响应、气隙、船体干舷等。定位系统要求包括平台偏移满足指定位移的能力；平台连接好立管和预留管线后能迁至初始设计位置；满足结构强度要求。

3. 查阅相关规范资料，总结半潜式平台与张力腿平台立柱结构的功能异同。

答：半潜式平台由立柱提供的恢复力矩以保持稳性，也提供一部分排水量，是支撑上部载荷的主要部件。张力腿平台的浮力主要由立柱提供，因而其直径较大，为了获得较好的水动力性能，立柱往往采用圆形截面，或者采用圆角半径较大的矩形截面。

4. 简述半潜式平台、张力腿平台与 SPAR 平台的总尺度规划流程。

答：参考图 2-1～图 2-3。

5. 屈曲有哪些分类？特点各是什么？

答：屈曲分为总体屈曲和局部屈曲。总体屈曲涉及多个结构构件，代表结构的完全崩溃，通常是一个灾难性事故；局部屈曲涉及一个单独的构件，如框架之间的板，这个类型的屈曲可能不会削弱结构整体安全性。

6. 梁与柱的屈曲模式有哪些?

答:梁与柱的屈曲模式有柱的弯曲屈曲、柱的扭转屈曲、柱的弯曲-扭转屈曲、梁的侧向-扭转屈曲和局部屈曲。

7. 圆柱壳可能的屈曲模式有哪些? 都是由什么因素造成的?

答:圆柱壳结构单元经常承受压缩应力和外部压力的组合作用,屈曲临界状态主要考虑纵向压缩应力、圆柱的弯曲应力、外部压力,以及这些载荷因素。典型圆柱壳结构可能的屈曲模式如下:

(1)局部板格的屈曲,纵向加筋仍保持竖直,环向加筋保持圆形;

(2)外板和纵向加筋屈曲,环向加筋保持圆形;

(3)外板和环向加筋屈曲,纵向加筋仍保持竖直;

(4)总体屈曲,屈曲发生在一个或多个环向加筋以及附在上面的板和纵向加筋;

(5)局部加强筋屈曲,外板不发生变形;

(6)圆柱壳整体的柱状屈曲。

第3章

1. 对某四立柱环形浮箱半潜式平台的总体性能进行频域分析,计算平台的运动响应传递函数,预报平台的运动响应并进行气隙分析。计算分析平台的运动性能是否良好,并评估气隙在极端设计海况下是否满足要求。

答:由于平台关于中纵剖面对称,故本次计算浪向取 0°~180°,步长为 15s,共 13个浪向。波浪周期为 3~36s,步长为 1s,并在 10~14s、18~21s 的周期区间以 0.5s 和 0.25s的步长加密,考虑到黏性的影响,在作业工况和生存工况的计算中,在垂荡方向加入 3%的临界阻尼作为黏性阻尼。为了预报平台整体运动性能和气隙,SCR 悬挂点运动参数及甲板上关键点的运动参数,特设监测点。

此题需要采用水动力软件进行模拟,首先计算平台的运动 RAO,在此基础上对平台的运动性能及气隙进行频域分析。

2. 不考虑锚泊链、缆及立管的作用,忽略风、海流作用下平台的倾斜,采用频域分析方法计算桁架式 SPAR 平台的运动性能,分析其总体性能特点。

答:由于在势流水动力分析中未考虑黏性项,因此需要建立杆元模型和板元模型。建模所需参数如题表 3-1 和题表 3-2 所示。

平台水线面以下的湿表面共被划分为 3040 个四边形单元,如题图 3-1 和 3-2 所示不考虑锚泊链、缆及立管的作用,忽略风、海流作用下平台的倾斜。由于平台关于中纵剖面对称,计算浪向取 0°~180°,步长为 15s,共 13 个浪向;波浪周期为 3~36s,步长为 1s,并在 10~14s、18~21s 的周期区间以 0.5s 和 0.25s 的步长加密。

题表 3-1　杆元建模参数

起点坐标			终点坐标			直径	附加质量系数	拖曳力系数
X_1	Y_1	Z_1	X_2	Y_2	Z_2			
0.0	0.0	16.76	0.0	0.0	−23	−65.53	0	1
12.8	12.8	−65.53	12.8	12.8	−23	−158.5	0	1
−12.8	−12.8	−65.53	−12.8	−12.8	−23	−158.5	0	1
−12.8	−12.8	−65.53	−12.8	−12.8	−23	−158.5	0	1
12.8	−12.8	−65.53	12.8	−12.8	0	−158.5	0	1

题表 3-2　板元建模参数

中心点坐标			板元模型矢量分量			直径	附加质量系数	拖曳力系数
X_1	Y_1	Z_1	E_X	E_Y	E_Z			
0.0	0.0	−65.53	0	0	1	37.19	0	1
0.0	0.0	−88.77	0	0	1	41.96	0	1
0.0	0.0	−112.01	0	0	1	41.96	0	1
0.0	0.0	−135.26	0	0	1	41.96	0	1
0.0	0.0	−161.54	0	0	1	41.96	0	1
0.0	0.0	−161.54	0	1	0	19.11	0	1
0.0	0.0	−161.54	1	0	0	22.48	0	1

　　　　　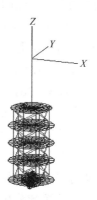

题图 3-1　SPAR 平台湿表面面元模型示意图　　　题图 3-2　SPAR 平台杆/板模型示意图

第4章

1. 结构强度设计中要考虑哪些载荷？各种平台的组合工况如何确定？

答：深水浮式生产平台安装就位以后，在长期固定的海域操作，它们承受的外载荷类似，总体可分为环境载荷、静水压力、立管及系泊载荷、自重载荷、操作载荷、活载荷、惯性载荷、波浪砰击载荷及事故载荷。

平台计算载荷的确定一般采用设计波法，根据一年一遇、十年一遇和百年一遇的波浪条件搜索设计波，然后按一年一遇、十年一遇和百年一遇的设计波与其他载荷(如风力、流力、自重载荷、活载荷、立管和系泊载荷等)组合，形成组合载荷工况，并根据设计基础的要求列出载荷工况表。由于深水浮式平台的总体结构形状不同，各种载荷的作用位置不同，尤其是在波浪载荷的作用下，对于不同的平台结构，其内力和变形的响应差别很大。因此选择组合载荷工况应考虑平台的结构特点。

2. 以半潜式平台为例，简述平台总体强度分析流程。

答：平台总强度评估流程如图 4-9 所示。

3. 选取某平台结构案例，分析采用随机性方法、确定性方法对设计波的影响。

答：根据波浪描述方式的不同，设计波有随机性、确定性两种确定方法。确定性方法是以船级社规范和环境参数为基础直接计算设计规则波波高，相对而言应用广泛。其优点是，计算中应用简单，便于采用高阶波理论，在计算波浪载荷时容易考虑非线性影响。确定性方法的缺点是，它与实际波浪状态不同，没有考虑波浪的不规则性与波能分布的方向性，波浪载荷容易受到波浪周期的影响，有时会给出过于苛刻的设计条件。确定性方法是通过对结构响应的长短期统计预报得到设计规则波波高，它考虑了波浪的随机性和不规则性，相对而言更加科学、合理。

4. 局部强度分析的目的是什么?简述局部强度与总体强度分析差异及其联系。

答：平台结构存在多种类型的局部典型节点，受到较大载荷，重要局部结构是制约平台安全作业的关键因素。

按照 ABS 和 CCS 规范要求，设计分析过程中一般采用有限元方法分析浮式平台在遭受静载荷和环境载荷条件下立柱撑杆连接处的局部强度，局部结构边界条件来自于总体强度分析。

5. 影响深水浮式结构疲劳强度的因素有哪些?

答：影响深水浮式平台结构疲劳强度的因素很多，包括结构的材料、局部结构形式、焊接形式及焊接质量、波浪载荷作用时间，以及波浪载荷大小等都会对平台结构的疲劳寿命产生影响。

6. 名义应力法和热点应力法的区别是什么?

答：针对复杂的焊接结构，名义应力无法准确表征焊缝处的应力情况，名义应力无法准确定义，此时一般采用热点应力来进行疲劳分析。与名义应力不同，热点应力是结构在热点处的表面应力，也是热点处最大的几何应力或者结构应力。结构疲劳裂纹可能启裂的点(即热点)可能位于焊趾、角焊缝或者部分熔透焊缝的焊根或者板/型材的自由边。热点应力计入了结构节点中的所有不连续和存在的附件所引起的应力升高，但是不包括由于切口(如焊趾)引起的非线性应力峰成分。热点应力可通过细化有限元分析得到。

7. 已知平台结构关键点在波浪作用时的热点应力传递函数如图 4-16 所示，试求在 H_s= 3.25m、T_z = 8.0s 海况下，关键点的应力响应谱(假设波浪采用 P-M 谱)；并结合 ABS 规范中钢质非管状单元在海水中阴极保护的两段式 S-N 曲线参数，计算关键点的疲劳寿命。

答：详细计算流程见 4.4.3 节内容，采用浮式平台谱疲劳分析，步骤如下。

(1)建立波浪环境模型，其中 $H_s = 3.25\text{m}$、$T_z = 8.0\text{s}$ 海况，波浪采用 P-M 谱。

(2)建立循环应力计算模型就是确定结构的疲劳热点位置，按照有关规范的规定计算热点位置的应力，获得热点位置的应力范围的传递函数。

(3)建立疲劳损伤模型。对于焊接钢结构，疲劳破坏主要取决于应力范围和每个应力范围作用的循环次数。由于作用在钢结构上的每一个应力范围的大小是不同的，计算总的结构疲劳损伤，必须建立疲劳损伤模型，考虑作用于结构上应力范围的累积效应。

第 5 章

1．单点系泊系统的特点和类型有哪些？

答：单点系泊系统主要应用于 FPSO，其容许 FPSO 在风标效应下绕单点自由转动，从而有效地减小风、波浪、海流的作用力，这样系泊线的尺度也相应地减小。其灵活性强、环境适应性强、相对投资较低、安全、可靠。

根据工作特点的不同，通常分为内转塔式系泊系统和外转塔式系泊系统两大类。

2．简述悬链线式与张紧式系泊的区别和适应范围。

答：悬链线式系泊是指系泊线处于弯曲的悬链线状态，适用于中浅海域水深的浮式平台系泊系统，恢复力主要由系泊线自身的重量而产生，系泊锚点的影响半径较大。

张紧式系泊系统总是处于张紧状态，适用于深水或超深水海域的浮式结构系泊系统，恢复力主要由其自身的弹性而产生，系泊锚点的影响半径较小。

3．某半潜式生产平台工作于中国南海，作业水深为 1000m，请据此简要提出系泊系统的设计思路，计算分析及校核的方法。

答：系泊系统设计思路主要步骤是①确定系泊方式，深水条件一般采用张紧式系泊；②确定系泊线的数量、布局、系泊线材料的组成，以及各部分的长度和材料特性，深水条件一般可采用聚酯缆材料；③确定平台上部导缆器及海底系锚点的准确位置；④确定海底锚的类型。

系泊系统计算分析及校核方法：①建立系泊系统模型，静态特性分析得到系泊线的预张力、刚度特性曲线等；②确定所需的计算工况及对应的风、波浪、海流参数和风、海流系数，进行风、波浪、海流载荷计算；③确定系泊线受力的分析方法，如拟静态方法和动态分析方法；④确定整个系统的分析方法，如考虑平台与系泊系统之间的非耦合、半耦合、全耦合方法，求解整个运动方程的频域、时域方法；⑤对平台系泊系统进行计算分析，得到平台的运动响应和系泊线受力情况，根据设计要求和相关规范校核其安全性和可靠性。

4．简述张力腿系泊的工作特点和设计要求。

答：张力腿系泊系统一般由四根或者多根张力腿组成，每根张力腿由多股钢缆固定在结构底部，具有一定的预张力。张力腿平台浮力与张力腿的预张力平衡，张力腿时刻处于受拉状态，平台的垂荡、横摇、纵摇响应较小，具有良好的运动性能。

张力腿系统的总体设计与分析通常参考规范 API RP 2T 和 API RP 2A LRFD。对于张力腿系统的设计与分析，要能够满足操作、安装、材料、检验、强度和疲劳等各方面要求。

5. 简述动力定位能力分析的目的和方法。

答：动力定位能力的评估不仅可为设计者提供依据，还可为平台入级检验提出评价标准。国际标准化组织对动力定位能力曲线的计算都制定了规定或指导方法，计算要求相似，如国际标准化组织规范 ISO 19901-7、美国石油协会推荐做法 API RP 2SK 以及国际海事承包商协会的《动力定位能力曲线说明》。

6. 哪些环境载荷对动力定位系统推力分配比较重要？

答：重要载荷包括风载荷、波浪载荷、海流载荷。在动力定位中为了避免不必要的能量浪费以及推力器的磨损，仅对波浪载荷中低频加以控制而忽略高频成分。

7. 如果采用锚泊-动力定位的复合系统，如何制定两个系统的设计指标？

答：锚泊辅助动力定位的方法兼具锚泊定位和动力定位两种定位方法的优点。相较于传统的锚泊定位，在同等级海况下，由于推进器的作用，锚链受力将得到改善和优化，可以防止锚链断裂失效，且提高定位精度，此外通过设计还能减少锚链的数量和自重，提高经济性；相较于单独的动力定位系统，锚链的存在将减小推进器功率的消耗，并且使得系统更加稳定，此外，在动力定位系统出现故障时，系泊系统仍能实现定位，保持平台位置，提高整个系统的安全性和冗余度。

8. 半潜式平台动力定位推力器布置有何考虑？

答：半潜式平台的推力系统一般选用全回转推力器，全回转推力器安装在平台两个下浮体底部的两端，每端两台推力器为一组并排布置。这种布置方式可以增大推力对平台水平旋转中心的力臂，可获得较大的定位回复力矩，同时便于下浮体舱室的设计建造和管线布置。

9. 简述系泊系统与海洋平台结构疲劳分析方法之间的差别。

答：系泊线或其组成部件引起的疲劳损伤的周期性应力主要由系泊张力造成，张力变化主要由不同外界环境载荷作用下的低频力和波频力作用下浮式平台运动响应导致；而海洋平台结构疲劳主要由波频力导致。

10. 系泊线疲劳破坏的类型及处理办法有哪些？

答：系泊系统的疲劳通常是由两个原因造成的。①系泊线或其组成部件由于受到长期的周期性应力而引起的疲劳损伤；②系泊线或其组成部件由于长期的弯曲应力引起的疲劳损伤。对于前者，通常采用疲劳累积损伤理论进行分析；而对于后者，只能采取各种预防措施，防止系泊线由于弯曲变形引起疲劳破坏。

11. 系泊线疲劳寿命的计算方法有哪些？简述各自的适用范围。

答：由波频力和低频力引起的疲劳损伤的组合共有三种方法。①简单的叠加；②系泊线波频力和低频力响应谱的组合；③对方法②引入校正因子。

方法①适用于波频力与低频力的响应标准差 δ 的比值满足式(5-65)的条件。当波频力和低频力的贡献都很大时，方法①计算的疲劳损伤会偏低。方法②则比较保守，通常会高估系泊线的疲劳损伤。方法③是对方法②进行的改进，当波频力和低频力的贡献都很大时，该方法更适合，但是当低频力占主要因素时，也会高估系泊线的疲劳损伤。

12. 对单个系泊系统进行设计分析时，通常需要考虑哪些分析条件？

答：完整系统条件与有破坏系泊条件，破坏系泊条件主要出于系泊系统冗余度考虑。

13. 在不同系泊分析条件下的安全系数是如何定义的？

答：系泊线的安全系数，即系泊线本身的极限载荷与系泊线在外载荷作用下受力最大值的比值。规范对不同分析条件、不同分析方法的系泊线受力的极限和安全系数进行了确定。

14. 多点系泊系统与单点系泊系统在频域内进行强度分析时有何不同？

答：在频域内对系泊系统进行强度分析时，首先要确定在平均外力作用下平台在纵荡、横荡、艏摇方向的平均位置，然后计算波频和低频响应，并与平均位置进行叠加，得到平台总体响应。单点系泊系统由于转塔具有风标效应，平台的低频艏摇角度较大。频域分析时，首先对平台的方向做一定的假设，然后计算平台由于平均环境载荷作用而产生的艏摇角，以此作为系统的稳定平衡位置，最后再加/减由低频力引起的艏摇有义值。

第 6 章

1. 已知水深为 2500m，钢悬链立管的参数如下：

顶端张力：6000kN

单位长度水下重量：2kN

长度：3600m

假设立管自由悬挂于静水面位置，采用悬链线理论计算，填写下表关于钢悬链立管内总体性能的计算表格，并给出计算过程。

答：钢悬链立管内总体性能的计算信息如下。

结果	空管条件
水平张力 H/kN	1000
悬链线悬垂段长度 S_t/m	2958.04

续表

结果	空管条件
海底管线长度 f/m	641.96
水平投影长 $X = X_t + f$/m	1880.9
顶端与垂直方向夹角/(°)	9.59
最大曲率位置	触地点
最大曲率	0.002

计算过程：

$$H = T - wy = 1000\text{kN}$$

$$S_t = \frac{V}{w} = \frac{\sqrt{T^2 - H^2}}{w} = 2958.04\text{m}$$

$$X_t = \frac{H}{w}\text{arccos}\,h\left(\frac{T}{H}\right) = 1238.94\text{m}$$

$$f = s - s_t = 641.96\text{m}$$

$$X = X_t + f = 1880.90\text{m}$$

$$\theta = \arcsin\frac{H}{T} = 9.59$$

$$\frac{1}{R} = \frac{w}{H} = 0.002$$

2. 简述海洋生产立管形式及管材主要类型。

答：生产立管形式主要包括钢悬链立管、柔性立管、顶部张紧式立管和混合式立管。用于生产立管的管材主要为钢质管、非黏结柔性管等。

3. 钢质立管产生疲劳损伤的因素有哪些？

答：钢质立管产生疲劳损伤的因素有浮体运动、涡激振动和涡激运动。

4. 载荷抗力系数法相比于工作应力法的优越性表现在哪些方面？

答：载荷抗力系数法的基本原理是确保在任何极限状况下设计载荷不超过设计抗力，工作应力设计法是一种结构安全裕度通过一个安全系数来表达的设计方法。应力设计法和基于可靠性分析的载荷抗力系数法相比，考虑了每个使用条件下的不确定因素影响。实际运用过程中，LRFD 分为长期和短期的共同载荷作用，一般 WSD 比 LRFD 设计更保守。

5. 评估钻井立管安全，通常需要开展哪些方面的分析与校核？

答：送入和回收分析、钻井操作可行性分析、薄弱点分析、漂移分析、VIV 分析、悬挂分析，双重作业干扰分析，反冲分析

参 考 文 献

白艳彬, 刘俊, 薛鸿祥, 等, 2010. 深水半潜式钻井平台总体强度分析[J].中国海洋平台, 25(2): 22-27.

崔磊, 2013. 深水半潜式平台疲劳分析及关键节点的疲劳试验研究[D]. 杭州: 浙江大学.

董艳秋, 2005. 深海采油平台波浪载荷及响应[M]. 天津: 天津大学出版社.

董永强, 2008. 深海钢悬链线立管的分析与设计[D]. 哈尔滨: 哈尔滨工程大学.

樊磊, 2014. 半潜式起重平台系泊系统方案设计与优化研究[D]. 哈尔滨: 哈尔滨工程大学.

方学智, 2014. 船舶设计原理[M]. 2 版. 北京: 清华大学出版社.

冯国庆, 任慧龙, 李辉, 等, 2009. 基于直接计算的半潜式平台结构总强度评估[J]. 哈尔滨工程大学学报, 30(3): 255-261.

《海洋石油工程设计指南》编委会, 2011. 海洋石油工程设计指南: 海洋石油工程深水油气田开发技术[M]. 北京: 石油工业出版社.

胡志强, 2008. 多学科设计优化技术在深水半潜式钻井平台概念设计中的应用研究[D]. 上海: 上海交通大学.

康庄, 马刚, 孙丽萍, 2019. 深海立管设计与力学分析基础[M]. 北京: 高等教育出版社.

康庄, 孙丽萍, 2018. 深海工程中立管系统的设计分析[M]. 哈尔滨: 哈尔滨工程大学出版社.

刘帆, 李德江, 冯国庆, 等, 2019. 组合载荷下半潜式平台极限强度评估方法研究[J]. 华中科技大学学报(自然科学版), 47(11): 103-108.

刘雨, 2011. 深水半潜式钻井平台动力定位系统研究[D]. 哈尔滨: 哈尔滨工程大学.

罗勇, 2015. 浮式结构定位系统设计与分析[M]. 哈尔滨: 哈尔滨工程大学出版社.

马刚, 2014. 深水柔性构件非线性动力响应研究[D]. 哈尔滨: 哈尔滨工程大学.

马山, 赵彬彬, 廖康平, 2019. 海洋浮体水动力学与运动性能[M]. 哈尔滨: 哈尔滨工程大学出版社.

缪国平, 1995. 挠性部件力学导论[M]. 上海: 上海交通大学出版社.

阮伟东, 2017. 深水立管非线性静力/动力响应数值研究及铺管安全评估[D]. 杭州: 浙江大学.

宋安科, 2008. 深水半潜式钻井平台系泊系统方案设计与分析[D]. 哈尔滨: 哈尔滨工程大学.

孙丽萍, 艾尚茂, 2017. 海洋工程概论[M]. 哈尔滨: 哈尔滨工程大学出版社.

王飞, 2013. 圆筒型深水钻井储油平台浮态制造的关键问题研究[D]. 镇江: 江苏大学.

王建伟, 2020. 计及筋腱耦合效应的张力腿平台时域运动响应研究[D]. 哈尔滨: 哈尔滨工程大学.

王世圣, 谢文会, 2021. 深水平台工程技术[M]. 上海: 上海科学技术出版社.

王子寒, 2012. 新型 Spar 平台方案设计和分析[D]. 哈尔滨: 哈尔滨工程大学.

夏广印, 2015. 半潜平台总体强度快速设计方法研究[D]. 哈尔滨: 哈尔滨工程大学.

谢彬, 王世圣, 冯玮, 等, 2008. 3000m 水深半潜式钻井平台关键技术综述[J]. 高科技与产业化(12): 34-36.

徐刚, 2015. 钢悬链立管的涡激振动与疲劳分析[D]. 哈尔滨: 哈尔滨工程大学.

许国春, 2011. Spar 平台在风、浪、流中的运动预测与分析[D]. 哈尔滨: 哈尔滨工程大学.

闫功伟, 2013. 新型深吃水多柱延伸式张力腿平台的概念设计与耦合运动响应分析[D]. 哈尔滨: 哈尔滨工业大学.

姚彦龙, 2013. 三角形张力腿平台运动性能研究[D]. 哈尔滨: 哈尔滨工程大学.

于长江, 2019. 深海半潜式钻井平台运动性能及定位能力研究[D]. 哈尔滨: 哈尔滨工程大学.

张朝阳, 刘俊, 白艳彬, 等, 2012. 基于谱分析法的深水半潜式平台疲劳强度分析[J]. 海洋工程, 30(1): 53-59.

张瑞瑞, 2021. 内孤立波中浮式生产储卸油系统水动力特性研究[D]. 上海: 上海交通大学.

张伟, 2016. 半潜式钻井支持平台锚泊辅助动力定位研究[D]. 哈尔滨: 哈尔滨工程大学.

赵君龙, 2012. 深水张力腿平台系泊系统耦合动力分析[D]. 哈尔滨: 哈尔滨工程大学.

中国船级社, 2022. 海洋工程结构物疲劳强度评估技术指南(GD 12—2022)[S]. 北京: 中国船级社.

CHAKRABARTI S K, 2005. Handbook of offshore engineering[M]. Amsterdam: Elsevier.

CLAUSS G, LEHMANN E, ÖSTERGAARD C, 1992. Offshore structures volume i: conceptual design and hydromechanics[M]. Berlin: Springer.

MA K T, LUO Y, KWAN T, et al., 2019. Mooring system engineering for offshore structures[M].Cambridge, MA: Gulf Professional Publishing.